全国中等职业技术学校数控加工专业一体化精品教材

铣工工艺与技能

人力资源和社会保障部教材办公室组织编写

中国劳动社会保障出版社

简介

本书的主要内容包括：铣床的基本操作练习、铣削压板与阶梯垫铁、铣削特形沟槽垫铁、铣削花键轴上的键槽、铣削矩形齿牙嵌式离合器、加工球形手柄组件、铣削双孔曲面板及等速凸轮、铣床的常规调整与一级保养等。

本书由陈志毅主编，周兵、马苍平、徐琳、张谊春参编，何宏伟审稿。

图书在版编目(CIP)数据

铣工工艺与技能/人力资源和社会保障部教材办公室组织编写. —北京：中国劳动社会保障出版社，2010

全国中等职业技术学校数控加工专业一体化精品教材

ISBN 978-7-5045-8491-5

Ⅰ.①铣… Ⅱ.①人… Ⅲ.①铣削-专业学校-教材 Ⅳ.①TG54

中国版本图书馆 CIP 数据核字(2010)第 140081 号

中国劳动社会保障出版社出版发行

（北京市惠新东街1号 邮政编码：100029）

出版人：张梦欣

*

北京市艺辉印刷有限公司印刷装订 新华书店经销

787毫米×1092毫米 16开本 14.5印张 342千字

2010年7月第1版 2022年8月第9次印刷

定价：23.00元

读者服务部电话：(010) 64929211/84209101/64921644

营销中心电话：(010) 64962347

出版社网址：http://www.class.com.cn

http://jg.class.com.cn

前　言

为了更好地适应全国中等职业技术学校数控加工专业的教学要求，全面提升教学质量，人力资源和社会保障部教材办公室组织全国有关学校的一线教师和行业、企业专家，在充分调研企业生产和学校教学情况的基础上，研发、出版了全国中等职业技术学校数控加工专业一体化精品教材。本套教材充分吸收国内外职业教育教学的先进理念，借鉴一体化教学改革的最新成果，在体系构建和内容设置上具有突出特点。

一是教材体系完整，为教和学提供有力支持。

从数控加工专业教学实际需求出发，构建既有通用基础平台又有不同专业方向平台的完整的一体化教材体系。其中，通用基础平台的教材包括《机械基础》《极限配合与机械测量》《钳工工艺与技能》；专业方向平台的教材包括《车工工艺与技能》《铣工工艺与技能》《数控车床加工技术》《数控铣床加工中心加工技术》《数控电加工技术》等，适用于数控车床加工、数控铣床加工中心加工、数控电加工三个专业方向的教学。

从“助教”和“助学”的角度构建每门课程对应的教学资源，结构如下：

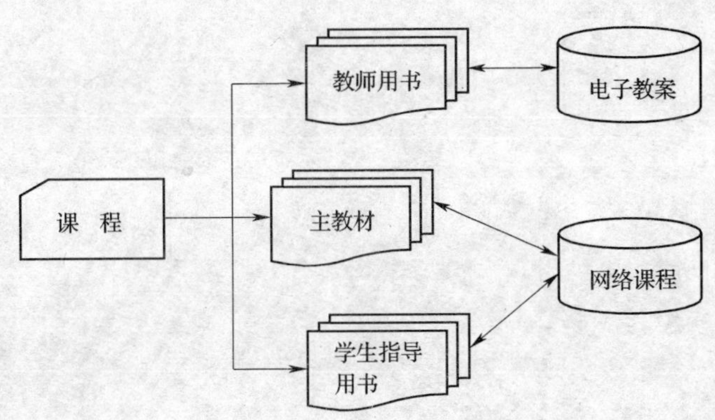

其中，主教材讲授各门课程的主要知识和技能，内容准确、针对性强，并通过课题的设置和栏目的设计，突出教学的互动性，启发学生自主学习。教师用书涵盖教材内容分析、教学过程建议、课堂活动设计等多个方面的内容，为教师提供全面的教学指导服务。在教师用书之后还附有教学用电子教案等多媒体教学素材光盘。学生指导用书除包含课后习题外，还设置了与教师用书配套的课堂活动设计内容，注重学生综合素质培养、知识面拓展和能力强化，成为贯穿学生整个学习过程的学习指导材料。网络课程根据主教材和学生指导用书开发，用于学生通过网络进行远程自学。

二是教材内容精良，为能力培养打造坚实平台。

在内容的选择和组织上，坚持以能力为本位，重视实践能力的培养。力求使教材内容涵盖相关国家职业标准中级的知识和技能要求。结合一体化教学理念，以典型工作任务为载体，整合相应的知识和技能，实现理论与操作技能的统一，使学生在一个个贴近企业的具体职业情境中学习，既符合职业教育的基本规律，又有利于培养学生分析问题和解决问题的综合职业能力。

在内容的呈现方式上，尽可能使用图片、实物照片或表格等形式将各个知识点和操作过程生动地展示出来，力求给学生营造一个更加直观的认知环境。同时，设计了很多贴近生活的导入和小栏目，以期激发学生的学习兴趣。

本套教材的开发得到了河北、江苏、陕西、河南、广西、广东等省、自治区人力资源和社会保障厅及有关学校的大力支持，在此我们表示诚挚的谢意。

人力资源和社会保障部教材办公室

2010 年 7 月

目　　录

项目一

铣床的基本操作练习

任务1　参观铣削加工现场

学习目标

1. 了解铣削加工的特点和生产发展。
2. 熟练掌握常用铣床的种类和型号。
3. 掌握典型铣床的组成和结构。

工作任务

本任务是由教师带领学生参观加工现场（见图1—1），从而比较深入地了解铣削加工的内容、加工特点、铣床种类等基本知识，让学生体验铣削加工的工作环境，了解铣床牌号和典型铣床，为进一步进行铣床的操作训练作准备。

图1—1　参观加工现场

相关理论

一、铣削加工及其特点

参观生产车间，我们可以看到很多机械加工方法。其中如图1—2所示的切削加工方法就是铣削。铣削是以铣刀的旋转动力为主运动，以铣刀或工件作进给运动的一种切削加工方法。

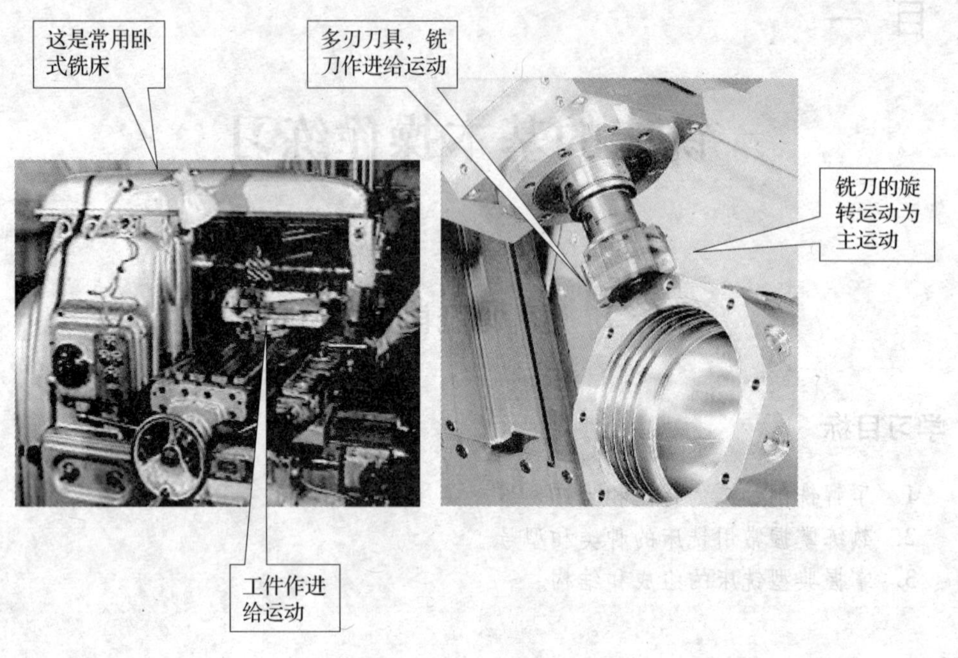

图 1—2　铣削加工

铣削加工的特点是：

1. 采用多刃刀具加工，刀齿轮替切削，刀具冷却效果好，耐用度高。

2. 铣削加工生产效率高、加工范围广，在普通铣床上使用各种不同的铣刀也可以完成加工平面（平行面、垂直面、斜面）、台阶、沟槽（直角沟槽、V 形槽、T 形槽、燕尾槽等特形槽）、特形面等加工任务。加上分度头等铣床附件的配合运用，还可以完成花键轴、螺旋槽、齿式离合器等工件的铣削，如图 1—3 所示。

3. 铣削加工具有较高的加工精度，其经济加工精度一般为 IT9 ~ IT7，表面粗糙度 *Ra* 值一般为 12.5 ~ 1.6 μm。精细铣削精度可达 IT5，表面粗糙度 *Ra* 值可达到 0.20 μm。

正因为铣削加工具有以上特点，所以特别适合模具等形状复杂的组合体零件的加工，在模具制造等行业中占有非常重要的地位。随着数控技术的快速发展，铣削加工在机械加工中的作用越来越重要，尤其是在各种特形曲面的加工中，有着其他加工方法无法比拟的优势。目前在五坐标数控铣削加工中心上，甚至可以高效率地连续完成整件艺术品的复制加工。如图 1—4 所示就是在五坐标铣削加工中心上，用黄铜棒料加工“维纳斯”雕像的过程。

二、铣床型号

铣床是以铣刀的旋转为主运动，以工件或铣刀作进给运动的一种金属切削机床。为了适应不同类型零件的加工特点，铣床的种类与型号有很多。目前在生产中数控铣床和铣削加工中心的使用已非常广泛。最新的虚拟轴铣床甚至可使主轴部件作任意轨迹的运动，从而使铣刀在工件上加工出复杂的三维曲面。要认识这些铣床，我们首先要从识读机床的型号入手。

图 1—3　普通铣床的主要工作内容

a）周铣平面　b）端铣平面　c）铣键槽　d）铣阶台　e）铣直角沟槽

f）切断　g）刻线　h）镗孔　i）铣削花键轴　j）铣 V 形槽

k）铣齿轮　l）铣刀具齿槽　m）铣特形面

a)  b)  c)

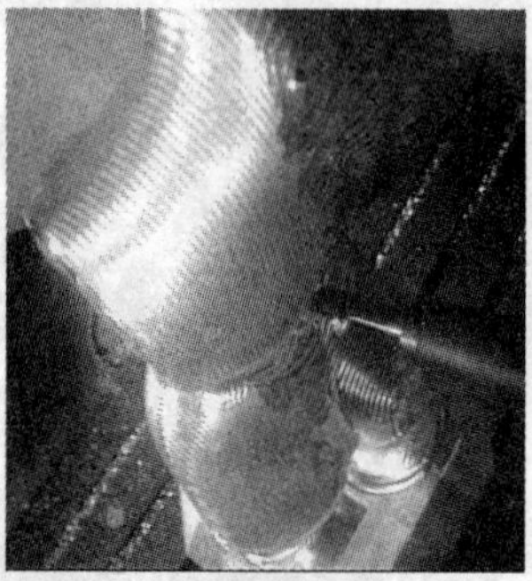

d) 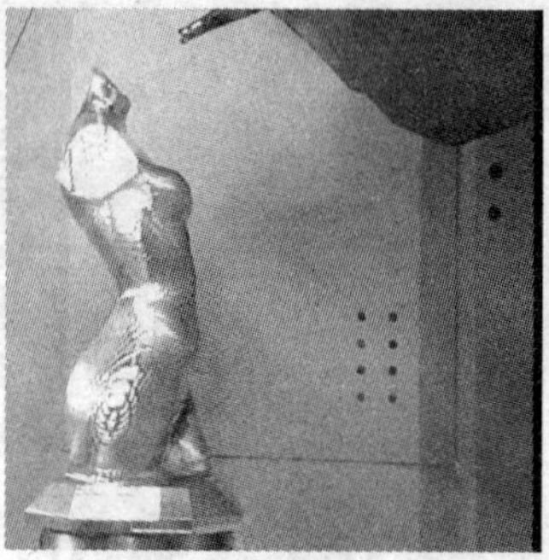 e) 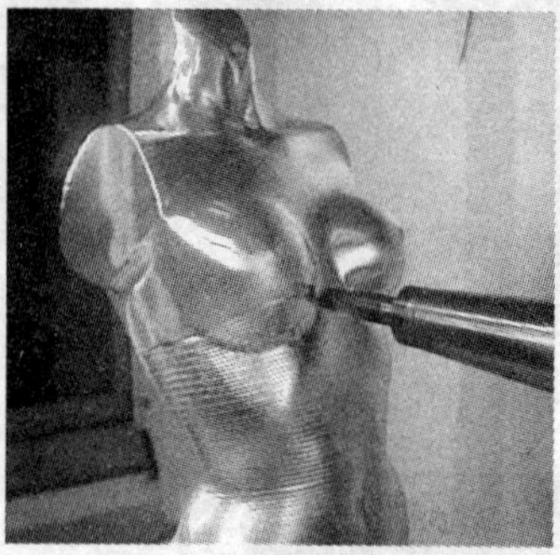 f)

图 1—4 在五坐标铣削加工中心上加工“维纳斯”雕像

a）在棒料上开始粗铣 b）正在粗铣 c）完成粗铣准备局部半精铣

d）正在进行局部半精铣 e）完成半精铣 f）正在精铣

图 1—5 是铣床的标牌，它标明了机床的型号。机床的型号是机床产品的代号，用以简明地表示机床的类别、结构特性等。根据《金属切削机床型号编制方法》（GB/T 15375—1994）的规定，我国将机床按工作原理划分为 11 类。机床的代号编制方法如下：

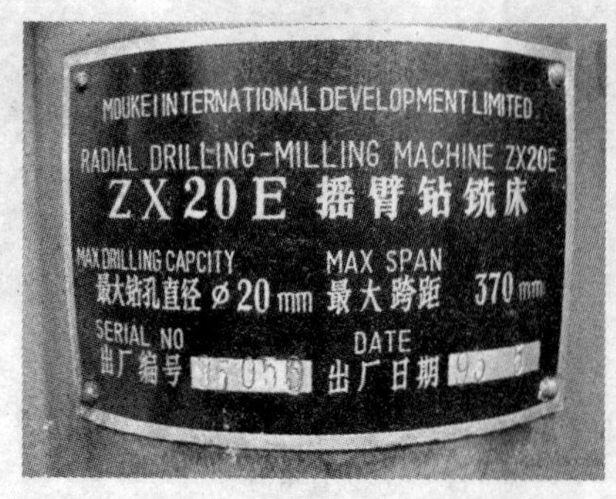

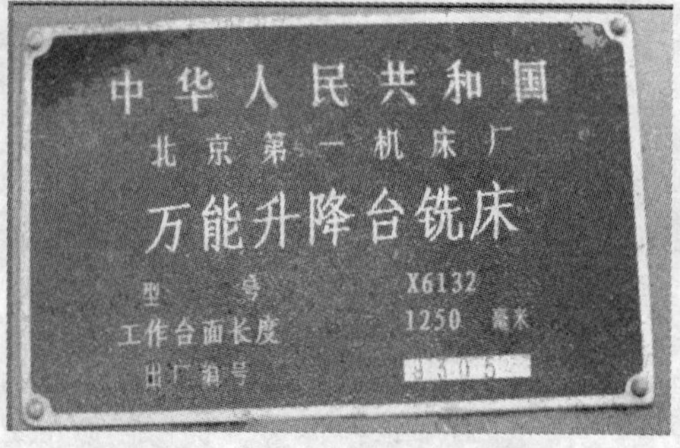

图 1—5 铣床上的标牌

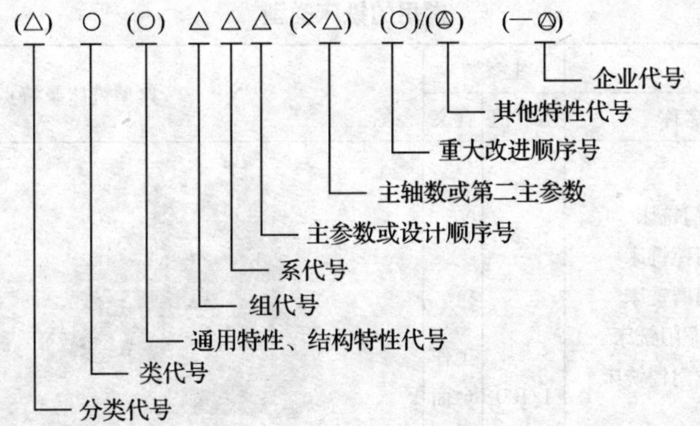

注：①有“( )”的代号或数字，当无内容时，则不表示；若有内容则不带括号。

②有“○”符号者，为大写的汉语拼音字母。

③有“△”符号者，为阿拉伯数字。

④有“◎”符号者，为大写的汉语拼音字母，或阿拉伯数字，或两者兼有之。

1．铣床的类代号

机床的类代号，用大写的汉语拼音字母表示。铣床的类代号是“X”，读作“铣”。所以当我们看到在机床的标牌上第一位字母（或第二位）标有“X”时，即可知道该机床为铣床。

2．机床的通用特性代号

机床标牌的第二位字母（或第三位）反映机床的通用性及结构上的特点。特性代号有着统一固定的含义，见表1—1。

表1—1　机床的通用特性代号

通用特性	高精度	精密	自动	半自动	数控	加工中心（自动换刀）	仿形	轻型	加重型	简式或经济型	柔性加工单元	数显	高速
代号	G	M	Z	B	K	H	F	Q	C	J	R	X	S
读音	高	密	自	半	控	换	仿	轻	重	简	柔	显	速

3．铣床的组系代号

铣床分为10个组，每组又分为10个系（系列）。铣床的组代号，见表1—2。

表1—2　铣床的10个分组

组别名称	仪表铣床	悬臂及滑枕铣床	龙门铣床	平面铣床	仿形铣床	立式升降台铣床	卧式升降台铣床	床身铣床	工具铣床	其他铣床
组别	0	1	2	3	4	5	6	7	8	9

4．机床的主参数

铣床型号中的主参数通常用工作台面宽度的折算值表示，折算值大于1时则取整数，前面不加“0”；当折算值小于1时，则取小数点后第一位数，并在前面加“0”。常用铣床的组、系划分及型号中主参数表示方法和典型铣床，见表1—3。

表 1—3　　　　　　　　　　　　　　　　**常用的铣床类型**

组		系		主参数		典型铣床及特点
代号	名称	代号	名称	折算值	含义	
2	龙门铣床	0 1 2 3 4 5 6 7 8 9	龙门铣床 龙门镗铣床 龙门磨铣床 定梁龙门铣床 定梁龙门镗铣床 龙门移动铣床 定梁龙门移动铣床 落地龙门镗铣床 	1/100	工作台面宽度	 X2010 床身呈水平布置，其两侧的立柱和连接梁构成门架的铣床。铣头装在横梁和立柱上，可沿其导轨移动。通常横梁可沿立柱导轨垂向移动，工作台可沿床身导轨纵向移动。用于大件加工
5	立式升降台铣床	0 1 2 3 4 5 6 7	立式升降台铣床 立式升降台镗铣床 摇臂铣床 万能摇臂铣床 摇臂镗铣床 转塔升降台铣床 立式滑枕升降台铣床 万能滑枕升降台铣床	1/10	工作台面宽度	  X5040(X53K)　　X5325 主轴位置与工作台面垂直，具有可沿床身导轨垂直移动的升降台的铣床，通常安装在升降台上的工作台和横向溜板可分别作纵向、横向移动
		8 9	圆弧铣床 			
6	卧式升降台铣床	0 1 2 3 4 5 6 7 8 9	卧式升降台铣床 万能升降台铣床 万能回转头铣床 万能摇臂铣床 卧式回转头铣床 广用万能铣床 卧式滑枕升降台铣床 	1/10	工作台面宽度	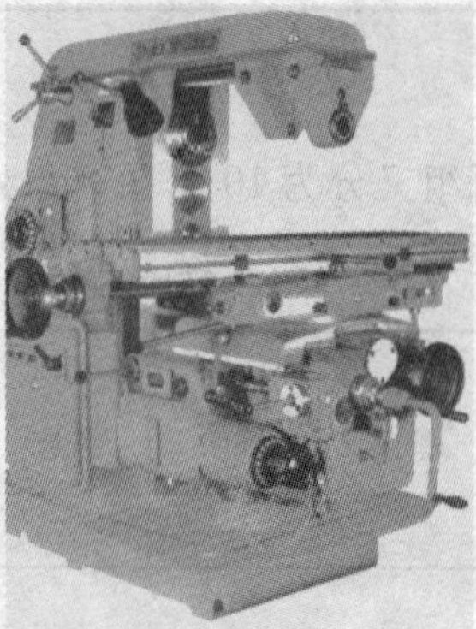  X6132　　XQ6225 主轴位置与工作台面平行，具有可沿床身导轨垂直移动的升降台的铣床，通常安装在升降台上的工作台和横向溜板可分别作纵向、横向移动

续表

组		系		主参数		典型铣床及特点
代号	名称	代号	名称	折算值	含义	
8	工具铣床	0 1 2	万能工具铣床	1/10	工作台面宽度	X8126C　X8130 用于铣削工具模具的铣床，配有立铣头、万能角度工作台和插头等多种附件，还可进行钻削、镗削和插削等加工，加工精度高，加工形状复杂
		3	钻铣床	1	最大钻头或铣刀直径	
		4				
		5	立铣刀槽铣床	1		
		6 7 8 9				

另外，在一般铣床的基础上发展起来的由程序控制的自动加工机床称为数控铣床，其结构与普通铣床有很大区别。数控铣床一般由数控系统、主传动系统、进给伺服系统、冷却润滑系统等几大部分组成。数控铣床一般采用滚动体丝杠副传动，传动间隙小，加工精度高，性能更加完善。如图 1—6a 所示为 XJK1010 型简易数控单臂铣床，如图 1—6b 所示为 XK5032 型立式升降台数控铣床。若数控铣床带有自动换刀系统，便称为加工中心，如图 1—6c 所示为 XH1060 加工中心。

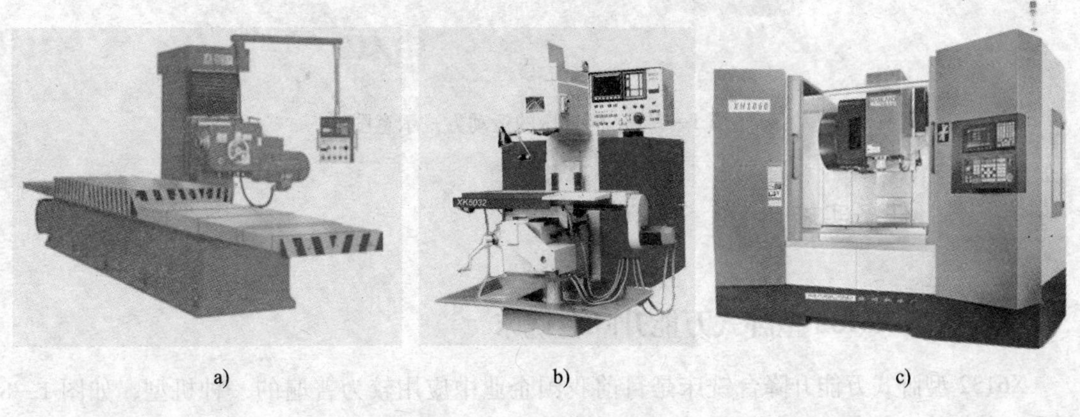

a)　b)　c)

图 1—6　其他常见铣床

a）简易数控单臂铣床　b）立式升降台数控铣床　c）加工中心

不同的铣床运动方式也有所不同，如 X6132 铣床的运动分主运动和进给运动。主运动为主轴的旋转运动，进给运动为工作台在纵向、横向、升降三个方向的移动。而有些铣床也可通过铣头、主轴箱的移动或转动带动铣刀作进给运动，或通过工件转动作进给运动。这类进给方式在数控铣床上尤为多见。铣床常见的运动方式如图 1—7 所示。

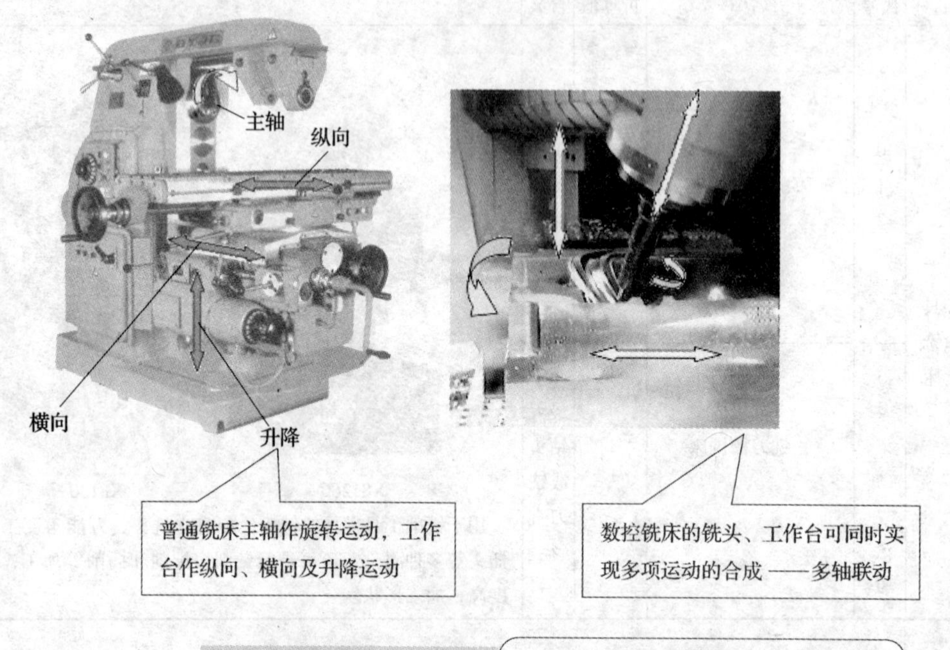

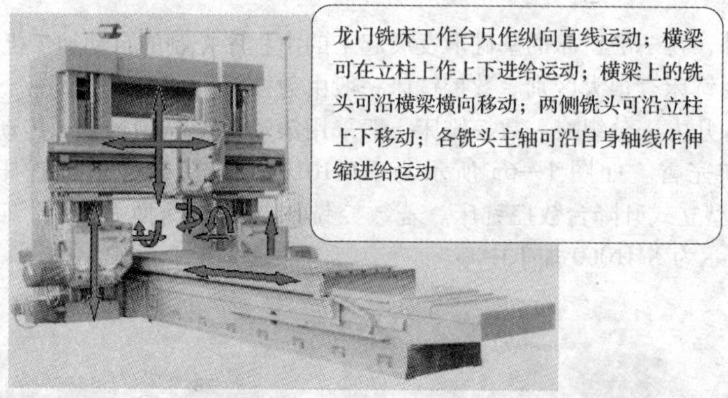

图 1—7　不同铣床的运动方式示意图

任务实施

一、认识 X6132 型卧式万能升降台铣床

X6132 型卧式万能升降台铣床是目前我国企业中应用较为普遍的一种机型，如图 1—8 所示。其结构、性能、功用等诸多方面均非常有代表性，具有功率大，转速高，变速范围广，操作方便、灵活，通用性强等特点。此外，它还可以安装万能立铣头（见图 1—9），使铣刀偏转任意角度，完成加工。下面以其为例认识铣床的组成和结构特点。其主要部件的功用见表 1—4。

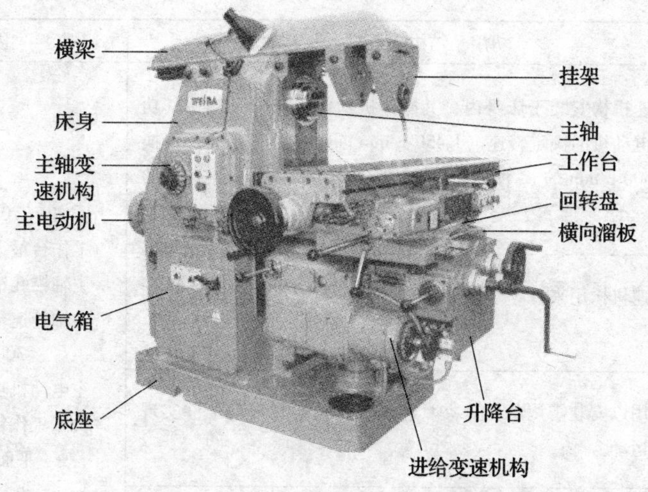

图 1—8　X6132 型卧式万能升降台铣床

图 1—9　万能立铣头及应用

表 1—4　　X6132 铣床主要部件的功用

部件名称	功用及结构特点	主要技术参数
底　座	底座用来支持床身，承受铣床全部质量，盛储切削液	工作台面尺寸（长×宽）： 320 mm×1 250 mm 工作台最大行程： 纵向（手动/机动） 700 mm/680 mm 横向（手动/机动） 255 mm/240 mm 垂向（手动/机动） 320 mm/300 mm 工作台进给速度（18 级）： 纵向、横向　23.5～1 180 mm/min 垂向　8～394 mm/min 工作台快速移动速度： 纵向、横向　2 300 mm/min
床身	床身是机床的主体，用来安装和连接机床其他部件。床身正面有垂直导轨，可引导升降台上下移动。床身顶部有燕尾形水平导轨，用以安装横梁并按需要引导横梁水平移动。床身内部装有主轴和主轴变速机构	
横梁与挂架	横梁可沿床身顶部燕尾形导轨移动，并可按需要调节其伸出床身的长度。横梁上可安装挂架，用以支撑刀杆的外端，增加刀杆的刚度	
主轴	主轴为前端带锥孔的空心轴，锥孔的锥度为 7∶24，用来安装铣刀刀杆和铣刀。主电动机输出的回转运动，经主轴变速机构驱动主轴连同铣刀一起回转，实现主运动	

续表

部件名称	功用及结构特点	主要技术参数
主轴变速机构	主轴变速机构安装于床身内，其操作机构位于床身一侧。其功用是将主电动机的额定转速（1 450 r/min）通过齿轮变速，转换成30～1 500 r/min的18种不同主轴转速，以适应不同铣削速度的需要	垂向 770 mm/min 工作台最大回转角度：±45° 主轴锥孔锥度：7:24 主轴转速（18级）： 30～1 500 r/min 主电动机功率：7.5 kW 机床工作精度： 平面度 0.02 mm 平行度 0.03 mm 垂直度 0.02 mm/100 mm 表面粗糙度 *Ra* 值：1.6 μm
进给变速机构	进给变速机构用来调整和变换工作台的进给速度，以适应铣削的需要	
工作台	工作台用以安装需用的铣床夹具和工件，铣削时带动工件实现纵向进给运动	
横向溜板	横向溜板铣削时用来带动工作台实现横向进给运动。在横向溜板与工作台之间设有回转盘，可以使工作台在水平面内作±45°范围内的回转	
升降台	升降台用来支撑横向溜板和工作台，带动工作台上下移动。升降台内部装有进给电动机和进给变速机构	

X6132型卧式万能升降台铣床在结构上还具有以下特点：

1. 机床工作台的机动进给操纵手柄操纵时所指示的方向，就是工作台进给运动的方向，这样操作时不易产生错误。

2. 机床的前面和一侧，各有一组按钮和手柄的复式操作装置，便于操作者在不同位置上进行操作。

3. 机床采用速度预选机构来改变主轴转速和工作台的进给速度，使操作简便明确。

4. 机床工作台的纵向传动丝杠上，有双螺母间隙调整机构，所以机床既可进行逆铣又能进行顺铣。

5. 机床工作台可以在水平面内作±45°范围内的回转，因而机床可进行各种螺旋槽的铣削。

6. 机床采用转速控制继电器（或电磁离合器）进行制动，能使主轴迅速停止回转。

7. 机床工作台有快速进给运动装置，可用按钮操纵，方便省时。

二、认识X5032型立式升降台铣床

X5032型立式升降台铣床也是生产中应用极为广泛的一种铣床，其外形如图1—10所示。其规格、操纵机构、传动变速等与X6132型铣床基本相同。主要不同点是：

1. X5032型铣床的主轴位置与工作台面垂直，安装在可以偏转的铣头壳体内，主轴可在正垂面内作±45°范围内的回转，以调整铣床主轴轴线与工作台面间的相对位置。

2. X5032型铣床的工作台与横向溜板连接处没有回转盘，所以，工作台在水平面内不能转动。

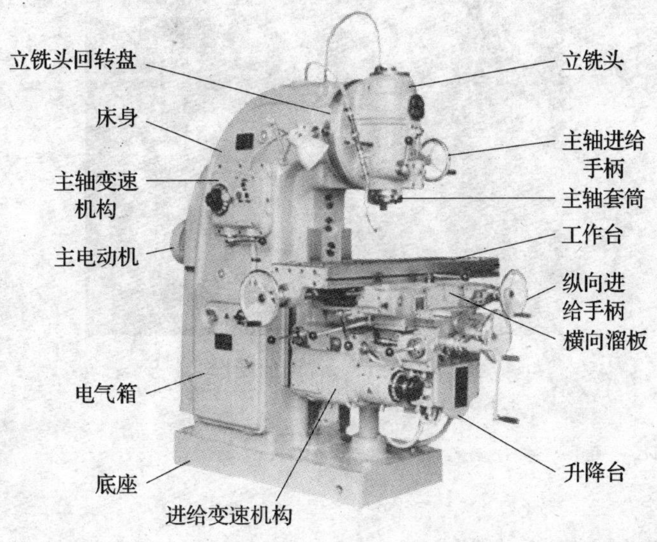

图 1—10　X5032 立式升降台铣床

3. X5032 型铣床的主轴带有套筒伸缩装置，主轴可沿自身轴线在 0 ~ 70 mm 范围内作手动进给。

4. X5032 型铣床的正面增设了一个纵向手动操作手柄，使铣床的操作更加方便。

任务 2　掌握 X6132 铣床的基本操作

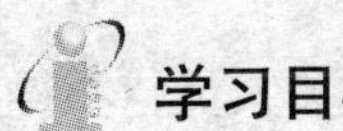

学习目标

1. 了解铣床安全操作规程。
2. 进一步熟悉 X6132 铣床，掌握铣床的润滑方法。
3. 掌握工作台的手动操纵。
4. 掌握铣床主轴的变速操纵和进给变速的操纵。
5. 掌握工作台的自动进给操纵。

工作任务

操作铣床前，首先要了解铣床的安全操作规程和文明生产要求，熟悉铣床上的各个操作手柄及其作用。为了保证铣床的工作精度和延长铣床的使用寿命，必须对铣床进行合理的保养。

本任务通过对铣床进行一次全面保养操作，从而了解铣床日常清洁、维护、保养的部位以及铣床的冷却润滑情况，并进一步熟悉铣床的结构；通过对铣床常用手柄的操作练习，初步掌握铣床的基本操作方法。

图 1—11 铣床的操作

相关理论

一、《铣工安全文明生产制度》

安全文明生产是搞好生产经营管理的重要内容之一，是有效防止人员或设备事故的根本保障。它直接关系到人身安全、产品质量、经济成本和生产效率，影响设备和工具、夹具、量具的使用寿命，以及生产工人技术水平的正常发挥。所以在学习操作技能的同时，必须养成良好的安全、文明生产习惯，为将来走向生产岗位，打下良好的基础。

1. 工作时应穿好工作服。女生应戴工作帽，并将长发盘起，塞入帽内。

2. 禁止穿背心、裙子、短裤，戴围巾，穿拖鞋或高跟鞋进入生产车间。

3. 遵守劳动纪律，团结互助，不准在车间内追逐、嬉闹。

4. 严格遵守生产操作规程，避免出现人身或设备事故。

5. 注意防火，安全用电。一旦出现电气故障，应立即关闭电源，报告相关人员，不得擅自进行处理。

6. 正确使用量具、工具和刀具，放置应稳妥、整齐、合理，有固定位置，便于操作时取用，用后放回原位。

7. 工具箱内的物件应分类、合理地摆放。

8. 经常保持量具的清洁。使用时应轻拿轻放，使用后应擦净、涂油、放入盒内，并及时归还。使用的量具必须是定期检验过的。

9. 爱护机床和车间其他设施。不准在工作台面和导轨面上放置毛坯工件或工具，更不允许在上面敲击工件。

10. 装卸较重的机床附件时，必须有他人协助。安装前，应先擦净机床工作台面和附件的基准面。

11. 图样、工艺卡片应放置在便于阅读的位置，并注意保持清洁和完整。

12. 毛坯、半成品和成品应分开放置，并堆放整齐。半成品和成品应轻拿轻放，不得碰伤工件。

13. 工作地应保持清洁整齐，避免堆放杂物，经常清扫。工作结束后，应认真擦拭机床、工具、量具和其他附件，使各物件归位，然后关闭电源。

二、《铣床安全操作规程》

1. 开始生产之前，应对机床进行以下检查工作：

（1）各手柄的位置是否正常。

（2）手摇进给手柄，检查进给运动和进给方向是否正常。

（3）各机动进给的限位挡铁是否在限位范围内，是否紧牢。

（4）进行机床主轴和进给系统的变速检查，检查主轴和工作台由低速到高速运动是否正常。

（5）开动机床使主轴回转，检查油窗是否甩油。

（6）各项检查完毕，若无异常，对机床各部位注油润滑。

2. 不准戴手套操作机床。

3. 装卸工件、刀具，变换转速和进给速度，测量工件，配置配换齿轮等必须在停车状态下进行。

4. 铣削时严禁离开岗位，不准做与操作内容无关的事情。

5. 工作台机动进给时，应脱开手动进给离合器，以防手柄随轴转动伤人。

6. 不准两个进给方向同时启动机动进给。

7. 高速铣削或刃磨刀具时，必须戴好防护眼镜。

8. 切削过程中不准测量工件，不准用手触摸工件。

9. 操作中出现异常现象应及时停车检查，出现故障、事故应立即切断电源，第一时间上报，请专业人员检修。未经修复，不得使用。

10. 机床不使用时，各手柄应置于空挡位置，各方向进给的紧固手柄应松开，工作台应处于各方向进给的中间位置，导轨面应适当涂抹润滑油。

三、铣床的润滑保养

机械中的可动零部件，在压力下接触而作相对运动时，其接触表面间就会产生摩擦，造成能量损耗和机械磨损，影响机械运动精度和使用寿命。因此，在机械设计中，如何降低摩擦、减轻磨损，是非常重要的问题，措施之一就是采用润滑。润滑的作用主要是：

1. 减少摩擦，减轻磨损

加入润滑剂后，在摩擦表面形成一层油膜，可防止金属直接接触，从而大大减少摩擦磨损和机械功率的损耗。

2. 降温冷却

摩擦表面经润滑后，其摩擦因数大大降低，使摩擦发热量减少；当采用液体润滑剂循环润滑时，润滑油流过摩擦表面带走部分摩擦热量，起散热降温作用，保证运动副的温度不会升得过高。

3. 清洗作用

润滑油流过摩擦表面时，能够带走磨损落下的金属磨屑和污物。

4. 防止腐蚀

润滑剂中都含有防腐、防锈添加剂，吸附于零件表面的油膜，可避免或减少由腐蚀引起的损坏。

5．缓冲减振作用

润滑剂都有在金属表面附着的能力，且本身的剪切阻力小，所以在运动副表面受到冲击载荷时，具有吸振的能力。

铣床润滑包括轴承、齿轮、导轨和挂架等部位的润滑，在铣床内部的齿轮变速箱、主轴等传动部位多采用自动润滑，也称强制循环润滑。只要开动机床，内部的油泵就开始工作，将润滑油输送到齿轮、轴承等各个需要润滑的部位。但导轨、丝杠、挂架等部位就需要每班进行手动滴油润滑。图 1—12 为 X6132 铣床日常润滑要求。

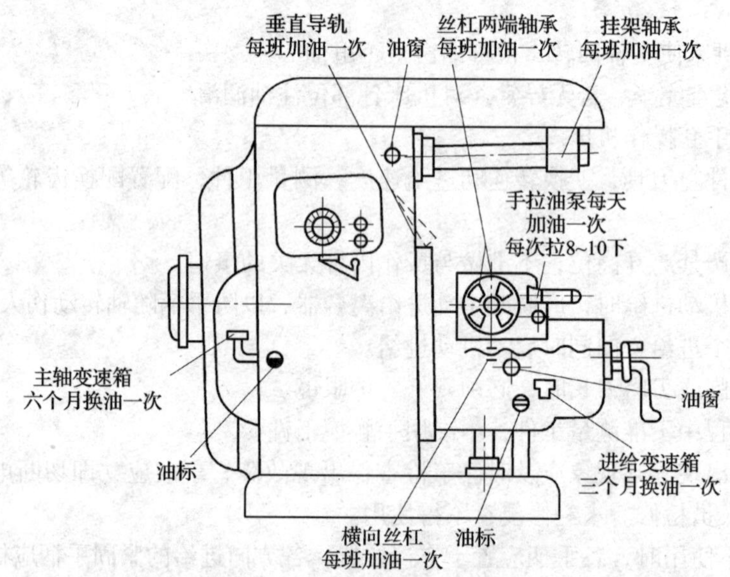

图 1—12　X6132 铣床日常润滑要求

任务实施

一、对铣床进行日常保养

合理地使用和保养机床是保持机床精度，延长机床使用寿命，保证产品质量的有效手段，是铣工职业素养和操作技能的一个重要组成部分。

1．清洁机床

（1）首先要关闭或切断铣床外接电源，以防触电或造成人身及设备事故，并用毛刷将工作台面及导轨等处的切屑清理干净，以免擦拭机床时切屑将手刺伤	

（2）从上到下用棉纱或软布擦洗床身各部，包括横梁、挂架、各个导轨、主轴锥孔、主轴端面、拨块、后尾、底座等各处

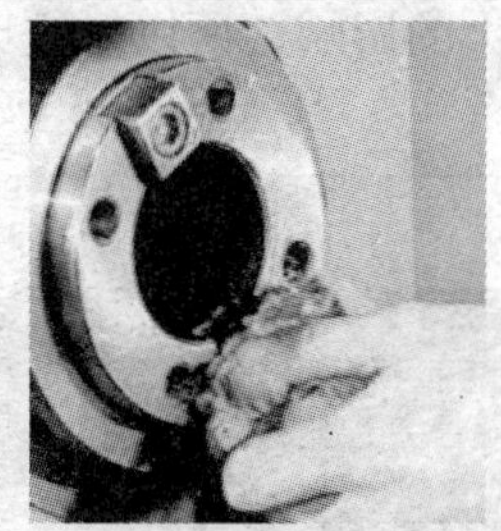
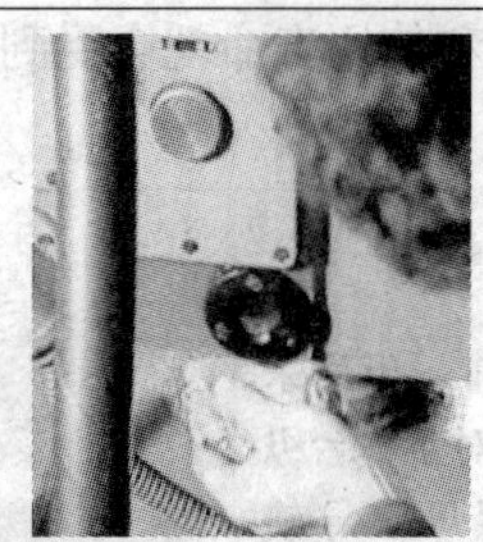

（3）上、下、左、右移动升降台和工作台，清洗升降丝杠和纵向丝杠

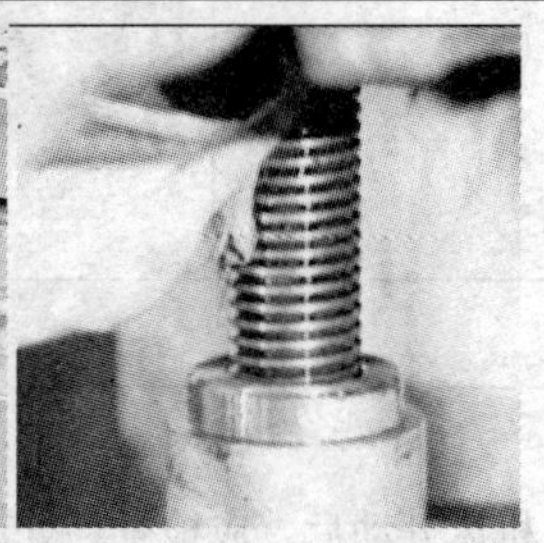

（4）拆下床身后的电动机防护罩，擦拭电动机，清洗冷却油泵过滤网，清扫电气箱、蛇皮管并检查是否安全可靠（每月一次）

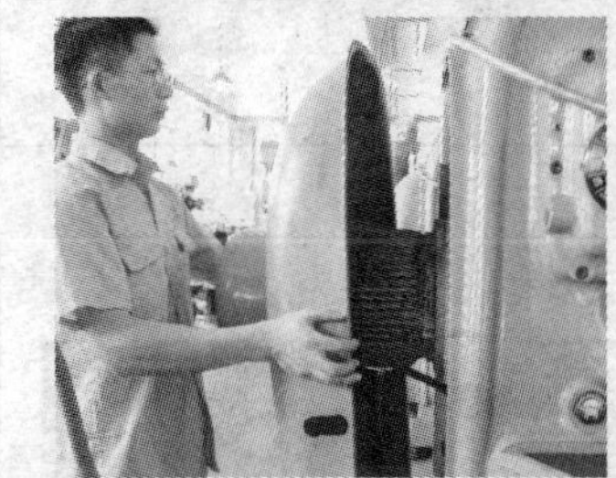
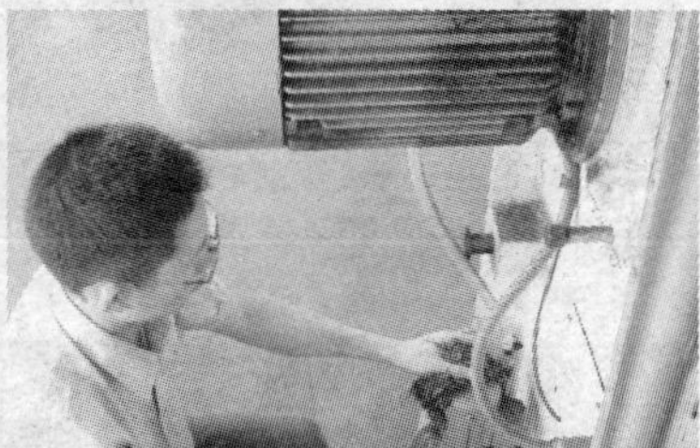
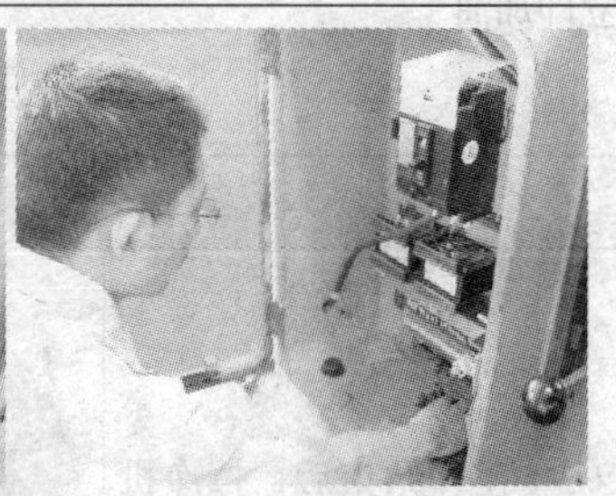

（5）擦洗附件并按文明生产要求清理工具箱，保证工具箱内整洁有序

（6）清理机床周围环境，做到干净整洁；按要求对机床导轨、丝杠轴承座等处进行润滑

（7）将工作台摇到各方向进给的中间位置，各手柄置于空挡位置，将各方向进给的紧固手柄松开，并在导轨面上涂抹润滑油

2. 对铣床进行润滑

机油是机床的“血液”。没有了机油的冷却、润滑，机床内部的零件就无法正常工作，机床的精度和使用寿命就会受到很大的影响，所以对铣床进行润滑是每天必做的一项重要工作。

（1）班前、班后采用手拉油泵对工作台纵向丝杠和螺母、导轨面、横向溜板导轨等注油润滑

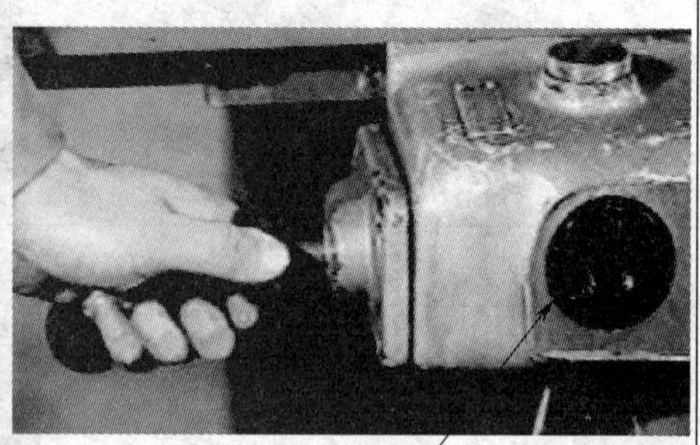

油窗

（2）机床开动后，应检查各处油窗是否甩油，铣床的主轴变速箱和进给变速箱均采用自动润滑，即可在流油指示器（油窗或油标）显示润滑情况。若油位显示缺油，应立即加油

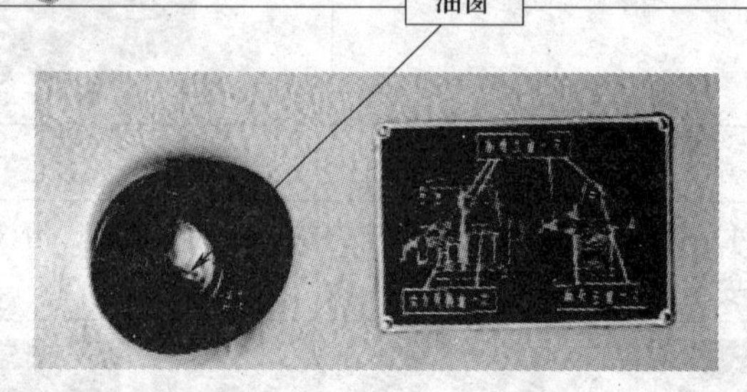

（3）工作结束后，擦净机床，然后对工作台纵向丝杠两端轴承、垂直导轨面、挂架轴承等采用油枪注油润滑

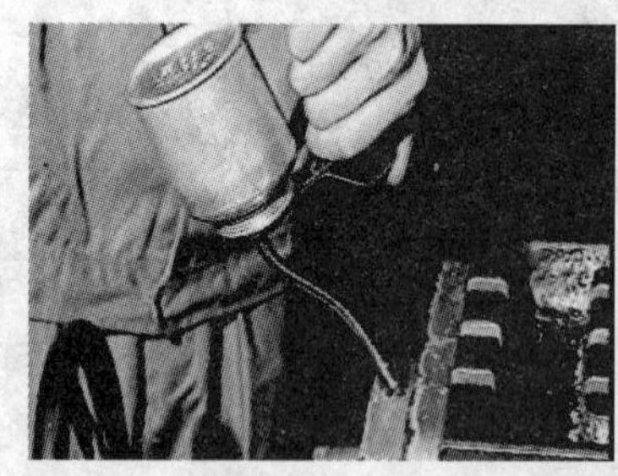

二、熟悉铣床的各操作手柄

X6132 型卧式铣床的各手动手柄如图 1—13 所示。

三、工作台纵向、横向和升降的手动操作练习

在进行工作台纵向、横向和升降的手动操作练习前，应先关闭机床电源（见图 1—14），检查各方向紧固手柄是否松开（见图 1—15），然后再分别进行各方向进给的手动练习。

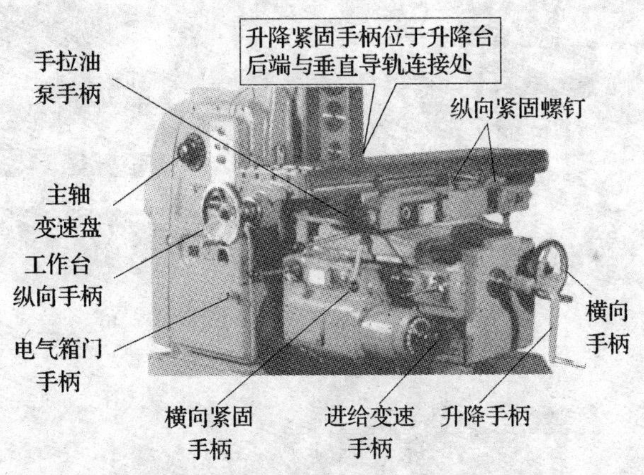

图 1—13　X6132 型卧式铣床的各手动手柄

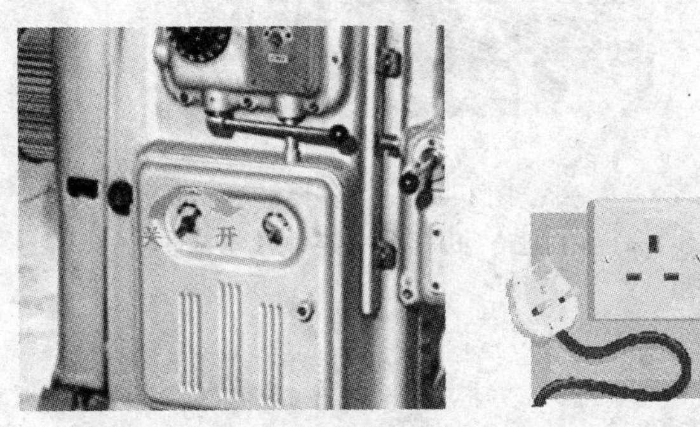

图 1—14　关闭机床电源

a)　　b)　　c)

图 1—15　松开各方向紧固手柄的方法

a）逆时针松开纵向紧固螺钉　b）向里推，松开横向紧固手柄　c）向外拉，松开升降紧固手柄

将某一方向手动操作手柄（见图 1—16）插入，接通该向手动进给离合器。摇动进给手柄，就能带动工作台作相应方向的手动进给运动。顺时针摇动手柄，可使工作台前进（或上升）；若逆时针摇动手柄，则工作台后退（或下降）。

练习时，先进行工作台在各个方向的空车手动匀速进给练习，再进行定距移动练习。定距移动练习，即使工作台在纵向、横向和垂直方向移动规定的格数、规定的距离，通过该练习训练操作者消除因丝杠间隙形成的空行程对工作台移动的影响。

a)

b)

c)

图 1—16　进给操纵

a）横向进给　b）纵向进给　c）升降进给

操作提示

纵向、横向刻度盘的圆周刻线为 120 格，每摇 1 转，工作台移动 6 mm，如图 1—17 所示，所以每摇过 1 格，工作台移动 0.05 mm。

图 1—17　纵向、横向刻度盘

垂直方向刻度盘的圆周刻线为 40 格，每摇 1 转，工作台移动 2 mm，因此，每摇过 1 格，工作台升（降）0.05 mm，如图 1—18 所示。

图 1—18　升降刻度盘

在进行移动规定距离的操作时，若手柄摇过了刻度，不能直接摇回。因为丝杠与螺母间存在着间隙，反摇手柄时由于间隙的存在，丝杠并不能马上一起转动，要等间隙消除后丝杠才能带动工作台运动，所以必须将其退回半转以上消除间隙后，再重新摇到要求的刻度位置。另外，不使用手动进给时，必须将各方向手柄与离合器脱开，以免机动进给时旋转伤人。

四、主轴的变速操作练习

变换主轴转速时，必须先接通电源，停车（主轴停转）后再按以下步骤进行。具体练习内容：将主轴转速分别变换为 30 r/min、300 r/min 和 1 500 r/min。

（1）手握变速手柄球部下压，使手柄定位榫块从固定环的槽 1 中脱出，参见图1—19

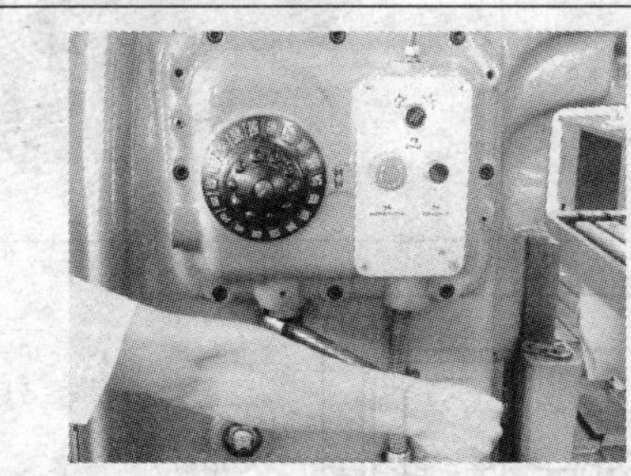

（2）外拉手柄，手柄顺时针转动，使榫块嵌入到固定环的槽 2 内。手柄处于脱开的位置Ⅰ，参见图 1—19

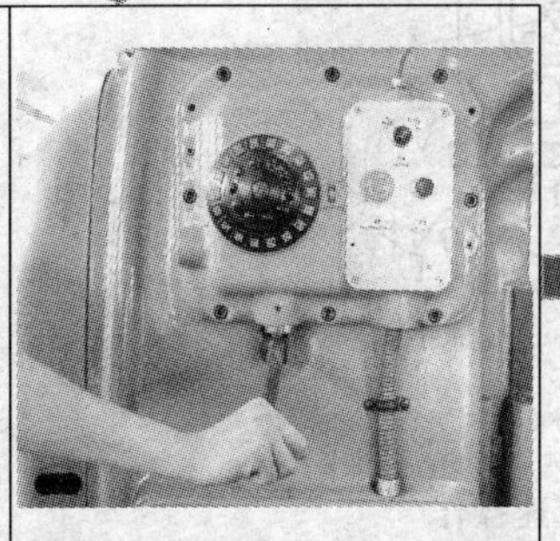

（3）调整转速盘，将所选择的转速对准指针，参见图 1—19

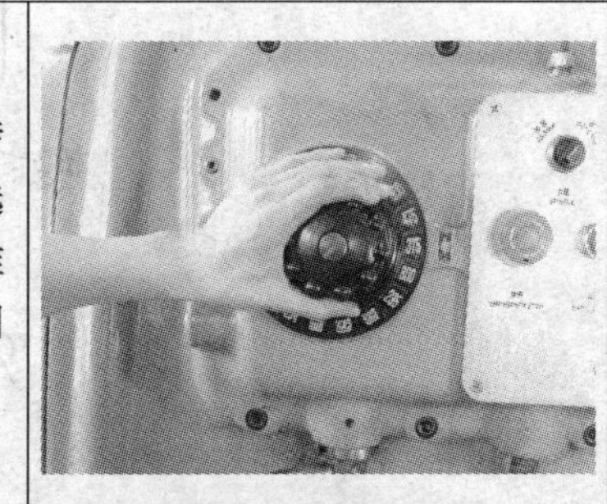

（4）下压手柄，并快速推至位置Ⅱ（参见图 1—19），即可接合手柄。此时，冲动开关瞬时接通，电动机转动，带动变速齿轮转动，使齿轮啮合。随后，手柄继续向右推至位置Ⅲ（参见图 1—19），并将其榫块送入固定环的槽 1 内复位。电动机失电，主轴箱内齿轮停止转动

（5）主轴变速操作完毕，按下启动按钮（铣床前面与侧面各有一套控制按钮，以方便操作者站在不同的位置操作），主轴即按选定转速旋转。检查油窗是否甩油（若不甩油，说明油位过低或润滑油泵出现了故障，需及时加油、检修）

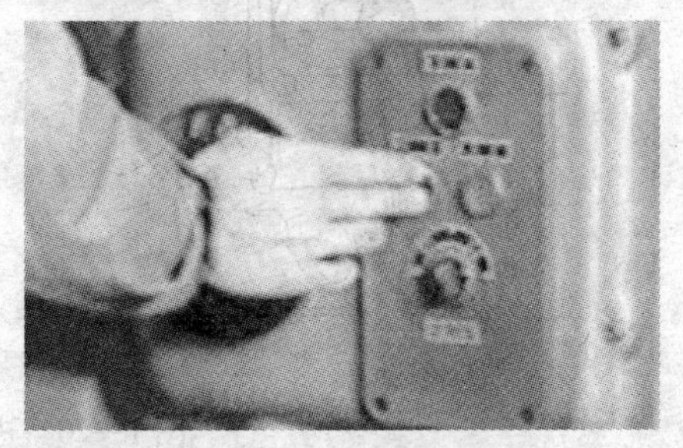

特别提示

在 X6132 铣床的床身侧面和工作台正面各有一套控制按钮，红色为“停止”，黑色为“起动”，绿色为“快速进给”，侧面控制板上还有主轴制动开关

由于电动机启动电流很大，主轴变速时连续变速不应超过 3 次，否则易烧毁电动机。若必须变速，中间的间隔时间应不少于 5 min

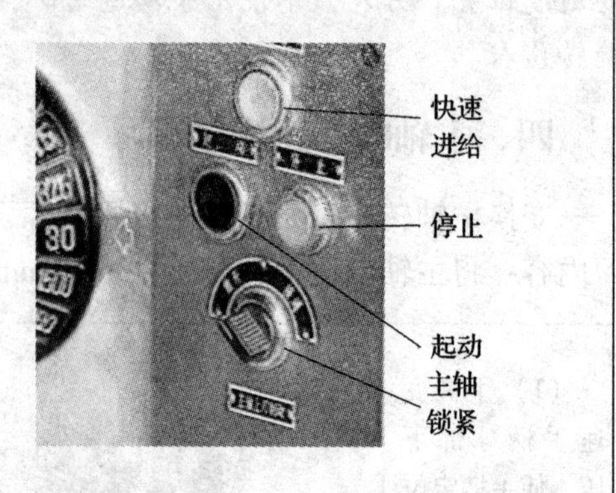

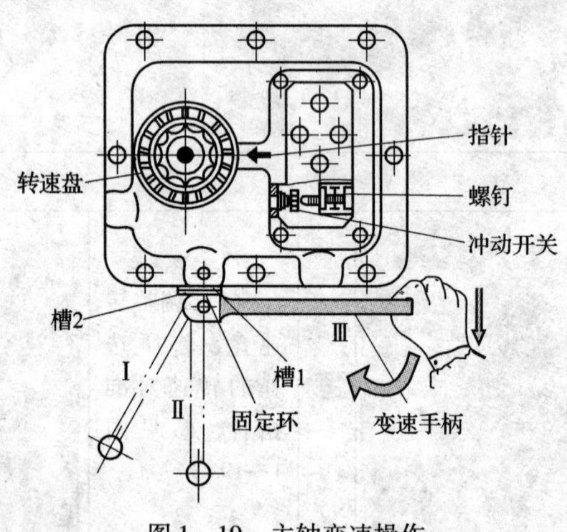

图 1—19　主轴变速操作

五、进给变速操作练习

铣床上的进给变速操作是为了改变机动进给时不同进给速度要求所进行的操作。操作时需在停止自动进给的情况下进行，操作步骤如下（见图 1—20）：

1. 向外拉出进给变速手柄。

2. 转动进给变速手柄，带动进给速度盘转动。将进给速度盘上选择好的进给速度值对准指针位置。

3. 将变速手柄推回原位，即完成进给变速操作。

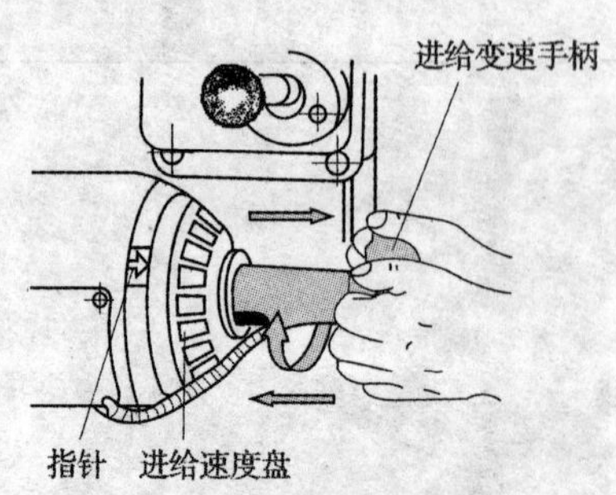

图 1—20　进给变速操作

六、工作台纵向、横向和升降的机动进给操作练习

如图 1—21 所示，与启动按钮一样，X6132 型铣床为了便于工人站在不同的位置进行操作，其各个方向的机动进给手柄都有两副，分别位于机床的正面和侧面，它们是联动的复式操纵机构。进行机动进给练习前，应先检查各手动手柄是否与离合器脱开（特别是升降手柄），以免手柄转动伤人。

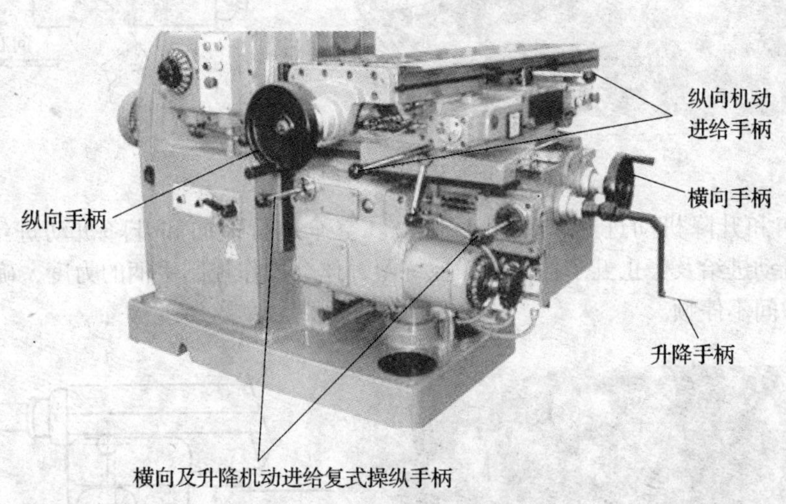

图 1—21　X6132 型铣床的操纵手柄

打开电源开关，将进给速度变换为 118 mm/min，按下面步骤进行各方向自动进给练习：

1. 检查各挡块是否安全、紧固（见图 1—22）。三个进给方向的安全工作范围各由两块限位挡块实现安全限位。若非工作需要，不得将其随意拆除。

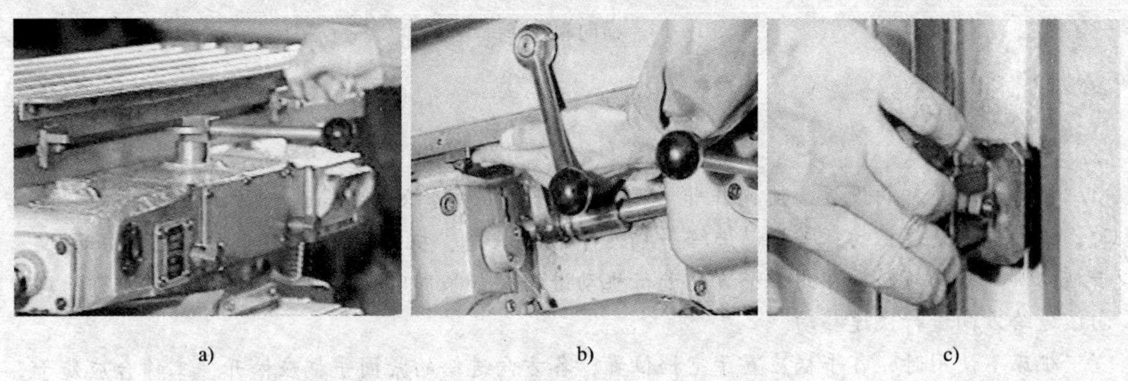

图 1—22　检查各挡块位置
a）横向　b）纵向　c）升降方向

2. 按所需进给的方向扳动相应手柄，工作台即按所需方向移动。

（1）纵向机动进给。如图 1—23 所示，纵向机动进给手柄有三个位置，即“向左进给”“向右进给”和“停止”。空车进行工作台纵向左右机动进给及停止机动进给的练习，体会操作控制手柄的力度，确保每次动作准确到位，中间不停顿。

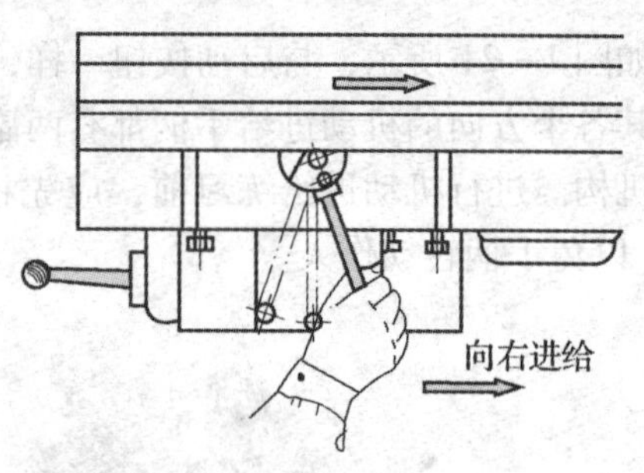

图 1—23　纵向机动进给

（2）横向和升降机动进给（见图 1—24）。空车进行横向和升降机动进给手柄的前、后、升、降机动进给及停止五个挡位的操控练习，体会操作控制手柄的力度，确保每次动作准确到位，中间不停顿。

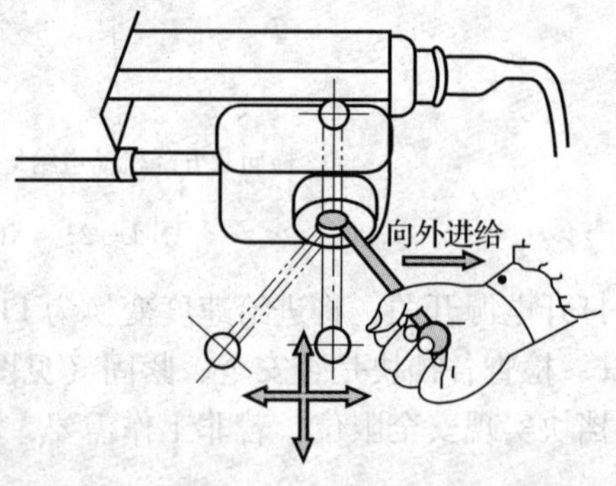

图 1—24　横向和升降机动进给

操作提示

机动进给手柄的设置，使操作非常形象化。当机动进给手柄与进给方向处于垂直状态时，机动进给是停止的；若机动进给手柄处于倾斜状态，机动进给被接通。在主轴转动时，手柄向哪个方向倾斜，即向哪个方向进行机动进给；如果同时按下快速移动按钮，工作台即向该进给方向进行快速移动。

机床不使用时，各手柄应置于空挡位置，各方向进给的紧固手柄应松开，工作台应处于各方向进给的中间位置，导轨面应适当涂抹润滑油。

七、任务评价

根据学生指导用书项目一任务 1 中的任务评价表，通过自评、互评和教师评分等方式，对完成任务情况进行综合评价（后面每一个任务也都有任务评价环节，不再赘述）。

任务3　常用铣刀及其装卸

学习目标

1. 了解常用铣刀及其分类。
2. 掌握常用铣刀的安装和拆卸方法。
3. 了解铣刀安装后的检查内容。

工作任务

铣刀是铣床上进行金属切削的专用刀具，由于铣床的种类及运动方式很多，所以铣刀的种类也很多，结构也要比一般的刀具复杂，本任务主要是认识不同用途的铣刀，掌握它们的安装和拆卸方法。

相关理论

一、常用铣刀的分类及用途

铣刀的分类方法较多，常用的分类方法有：

1．按铣刀切削部分的材料分类

可分为高速钢铣刀，硬质合金铣刀，高速钢和硬质合金的涂层铣刀及金刚石、陶瓷、立方氮化硼等超硬材料制造的铣刀。

2．按铣刀刀齿的结构分类

可分为尖齿铣刀和铲齿铣刀。尖齿铣刀（见图1—25a）在刀齿截面上的齿背廓线是由直线或折线构成的。这种齿形的铣刀制造和刃磨都较方便，铣刀的刃口也比较锋利，所以多数的铣刀都做成尖齿铣刀。铲齿铣刀的齿背轮廓在刀齿截面上是一条特殊的曲线（一般为阿基米德螺线），这种铣刀的齿背需在专用的铲齿机床上铲出，其优点是刀齿在刃磨后齿形不发生变化，但制造成本较高，切削性能较差，只适合于制造齿轮铣刀等成形铣刀，如图1—25b所示。

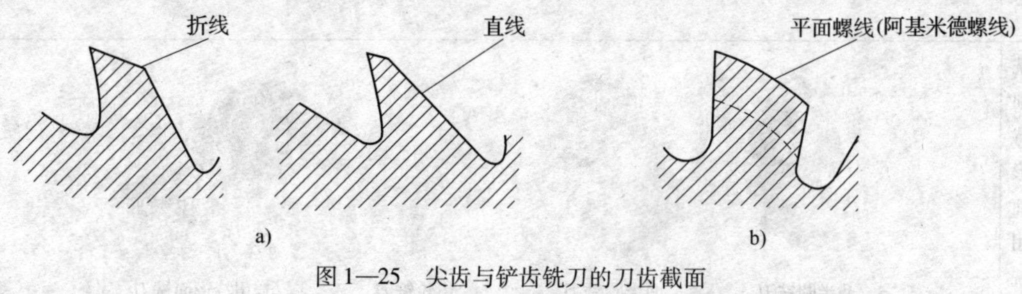

图1—25　尖齿与铲齿铣刀的刀齿截面

a）尖齿铣刀　b）铲齿铣刀

3．按铣刀的用途分类

可分为铣削平面用铣刀、铣削直角沟槽用铣刀、铣削特形沟槽用铣刀和铣削特形面用铣刀等，见表 1—5。

表 1—5　　　　常用铣刀及分类

<table>
<tr><th></th><th>简图及说明</th></tr>
<tr><td>铣削平面用铣刀</td><td>   
圆柱形铣刀　套式端铣刀　硬质合金可转位刀片端铣刀
铣削平面用铣刀，主要有圆柱形铣刀和端铣刀。圆柱形铣刀主要分为粗齿和细齿两种，用于粗铣和半精铣平面。端铣刀有整体式、镶嵌式和机械夹紧式三种</td></tr>
<tr><td>铣削直角沟槽用铣刀</td><td>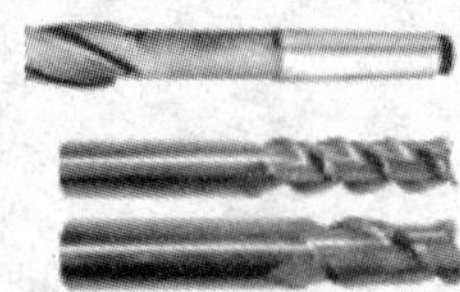    
立铣刀　直齿和镶齿三面刃铣刀　键槽铣刀　锯片铣刀
立铣刀的用途较为广泛，可以用来铣削各种形状的沟槽和孔，铣削台阶平面和侧面，铣削各种盘形凸轮与圆柱凸轮，铣削内外曲面。三面刃铣刀分直齿、错齿和镶齿等几种，用于铣削各种槽、台阶平面、工件的侧面及凸台平面。键槽铣刀主要用于铣削键槽。锯片铣刀用于铣削各种窄槽，以及对板料或型材的切断</td></tr>
<tr><td>铣削特形沟槽用铣刀</td><td> 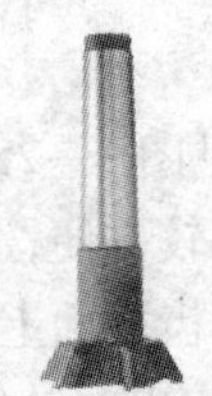  
T 形槽铣刀　燕尾槽铣刀　单角铣刀　双角铣刀
角度铣刀分为单角铣刀、对称双角铣刀和不对称双角铣刀三种</td></tr>
<tr><td>铣削特形面用铣刀</td><td>  
凸半圆铣刀　凹半圆铣刀　齿轮铣刀　专用特形面铣刀</td></tr>
</table>

二、铣刀的标记

1. 铣刀标记的内容

为了便于辨别铣刀的规格、材料和制造单位等，在铣刀上一般都刻有标记。标记的内容主要包括以下几个方面：

（1）制造厂家的商标。我国制造铣刀的工具厂有很多，如上海工具厂、哈尔滨量具刃具厂、成都量具刃具厂等。各制造厂家都有注册的商标置于其产品上。

（2）制造铣刀的材料。一般均用材料的牌号标记，如 W18Cr4V。

（3）铣刀的尺寸规格。铣刀标记中的尺寸，均为基本尺寸，铣刀在使用和刃磨后，往往会产生变化，在使用时应加以注意。

2. 各类铣刀尺寸规格的标注

铣刀的尺寸规格标注内容随铣刀种类不同而略有区别。

（1）圆柱形铣刀、三面刃铣刀、锯片铣刀等，都以外圆直径×宽度×内孔直径来表示。例如，圆柱形铣刀的外径为 80 mm、宽度为 100 mm、内孔直径为 32 mm，则其尺寸规格标记为 80×100×32。

（2）立铣刀、键槽铣刀等一般只以其外圆直径作为其尺寸规格的标记。

（3）角度铣刀、半圆铣刀等，一般以外圆直径×宽度×内孔直径×角度（或圆弧半径）表示。例如，角度铣刀的外径为 80 mm、宽度为 18 mm、内径为 27 mm、角度为 60°，则标记为 80×18×27×60°；凹半圆铣刀的外径为 80 mm、宽度为 32 mm、内径为 27 mm、圆弧半径为 8 mm，则标记为 80×32×27×8R。

常用的标准铣刀的规格可参见有关手册。

三、铣刀主要部分的名称和几何角度

铣刀是多刃刀具，每一个刀齿相当于一把简单的刀具（如切刀）。刀具上起切削作用的部分称为切削部分（多刃刀具有多个切削部分），它是由切削刃、前面及后面等产生切屑的各要素所组成。除切削部分外，组成刀具的要素还有刀体、刀柄、刀孔等。刀体是刀具上夹持刀条或刀片的部分，或由它形成切削刃的部分；刀柄是刀具上的夹持部分；刀孔是刀具上用以安装或紧固于主轴、心杆或心轴上的内孔。

1. 切刀切削时各部分名称和几何角度

最简单的单刃刀具切刀的切削情形如图 1—26 所示。切刀、工件上各部分的名称和几何角度如下：

（1）待加工表面。工件上有待切除的表面 1。

（2）已加工表面。工件上经刀具切削后产生的表面 6。

（3）基面。是一个假想平面 3。它是通过切削刃上选定点并与该点切削速度方向垂直的平面（对于铣刀而言，基面就是包含切削刃上选定点和铣刀轴线的那个平面）。

（4）切削平面。是一个假想平面 7。它是通过切削刃上选定点并与基面垂直的平面。在图 1—27 中，切削平面与已加工表面重合。

（5）前面。又称前刀面。是刀具上切屑流过的表面 4。

（6）后面。又称后刀面。是与工件上切削中产生的表面相对的表面 5。

（7）切削刃。在刀具前面上拟作切削用的刃。在图 1—26 中，切削刃即前面与后面的交线。

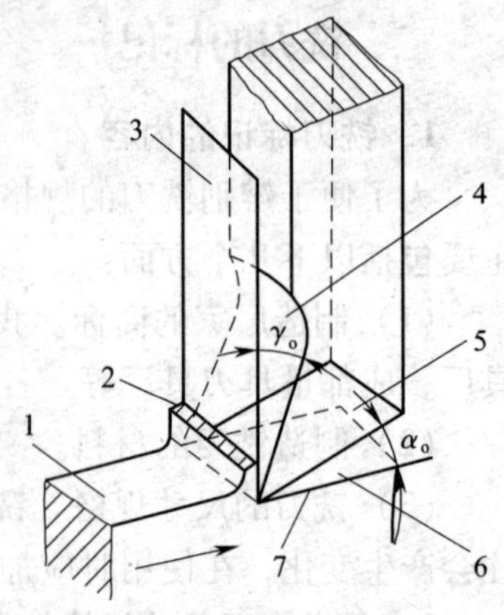

图 1—26　切刀切削时各部分的名称和几何角度

1—待加工表面　2—切屑　3—基面　4—前面　5—后面　6—已加工表面　7—切削平面

（8）前角。前面与基面间的夹角，符号是 γ_o。

（9）后角。后面与切削平面间的夹角，符号是 α_o。

2. 圆柱形铣刀的主要几何角度

圆柱形铣刀可以看成是由几把切刀均匀分布在圆周上形成的，如图 1—27a 所示。由于铣刀呈圆柱形，所以铣刀的基面是通过切削刃上选定点和圆柱轴线的假想平面。铣刀各部分的名称和几何角度如图 1—27b 所示。

在圆柱形铣刀的切削过程中，工件上会形成三种表面，除待加工表面和已加工表面外，还有过渡表面。过渡表面是工件上由切削刃形成的那一部分表面，它在下一切削行程，刀具或工件的下一转里被切除，或者由下一切削刃切除。过渡表面可以简单地理解成切削过程中待加工表面与已加工表面之间的那一部分连接表面，如图 1—27b 中的弧柱形表面 8。

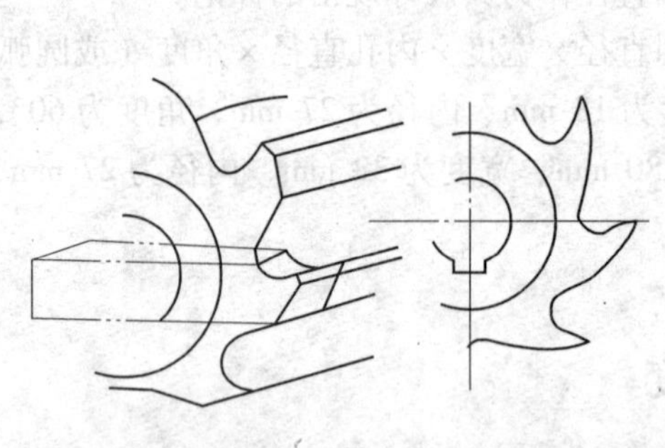

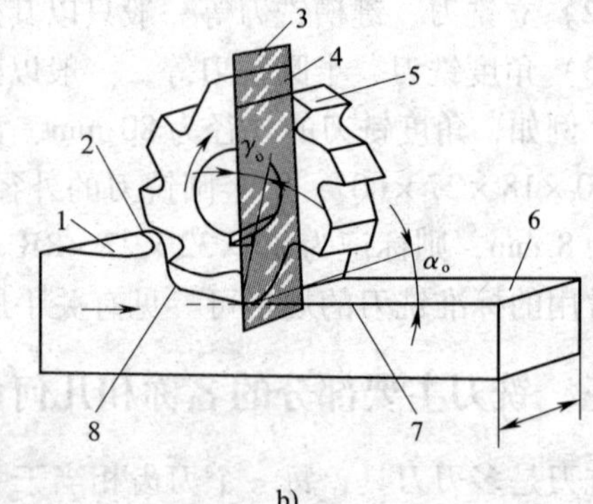

图 1—27　圆柱形铣刀及组成

1—待加工表面　2—切屑　3—基面　4—前面　5—后面　6—已加工表面　7—切削平面　8—过渡表面

为了使铣削平稳，排屑顺畅，圆柱形铣刀的刀齿一般都做成螺旋形（见图 1—28）。螺旋齿刀刃的切线与铣刀轴线间的夹角称为圆柱形铣刀的螺旋角，符号是 β。

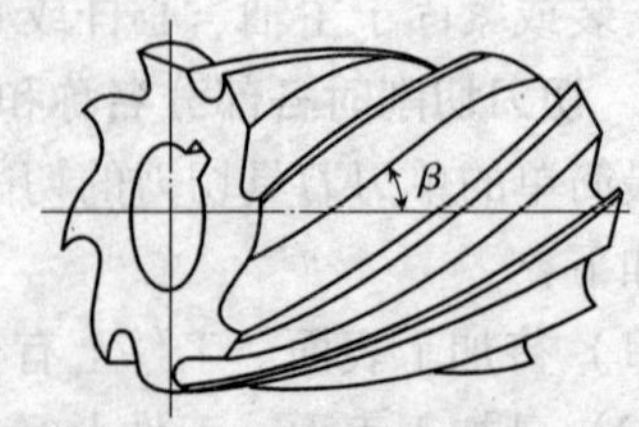

图 1—28　螺旋齿圆柱形铣刀及螺旋角

3. 三面刃铣刀的几何角度

三面刃铣刀可以看成是由几把简单的切槽刀均匀分布在圆周上形成的（见图 1—29b）。单把切槽刀切削的情形如图 1—29a 所示，为了减少刀具两侧对沟槽两侧的摩擦，切槽刀两侧加工出副后角 α' 和副偏角 κ_r'。三面刃铣刀圆柱面上的切削刃是主切削刃，主切削刃有直齿和斜齿（螺旋齿）两种，其几何角度前角、后角等与圆柱形铣刀相同。斜齿三面刃铣刀的刀齿间隔地向两个方向倾斜，以平衡切削过程中因刀齿倾斜而引起的轴向切削抗力，故称错齿三面刃铣刀。三面刃铣刀两侧面上的切削刃是副切削刃。

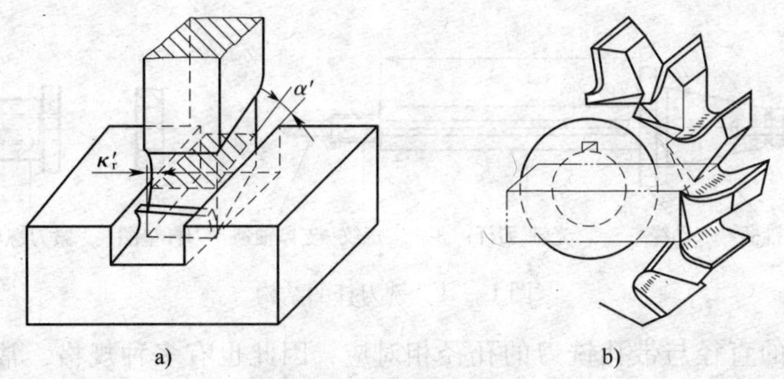

图 1—29　三面刃铣刀的构成

4. 端铣刀的几何角度

端铣刀可以看成是几把外圆车刀平行铣刀轴线且沿圆周均匀分布在刀体上组成的组合刀具，如图 1—30 所示。每把外圆车刀有两个切削刃，端铣刀的主切削刃与已加工表面之间的夹角是主偏角 κ_r，副切削刃与已加工表面之间的夹角是副偏角 κ_r'。主切削刃相对于基面倾斜的角度是刃倾角 λ_s。

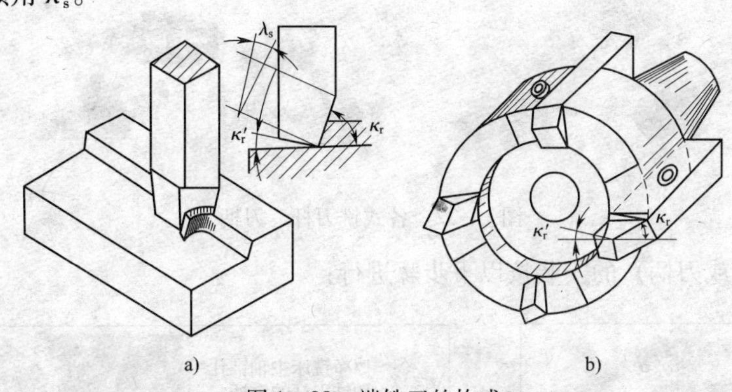

图 1—30　端铣刀的构成

任务实施

一、安装铣刀刀杆（或刀柄）

铣刀杆是用来将铣刀安装在铣床主轴上的铣床附件，所以要安装铣刀，首先要选择和安装相应的铣刀刀杆（或刀柄）。

如图 1—31 所示，X6132 型铣床上的铣刀杆的左端是 7∶24 的圆锥，用来与铣床主轴锥孔配合。若刀杆为莫氏 4 号圆锥，则需通过中间过渡锥套与主轴锥孔配合。锥体尾端有内螺纹孔，通过拉紧螺杆将铣刀杆拉紧在主轴锥孔内。锥体前端有一带两缺口的凸缘，与主轴轴端的凸键配合。

刀杆上装夹铣刀的部分由于铣刀种类不同，其结构种类也有很多。普通铣刀杆中部是长度为 l 的光轴，用来安装铣刀和垫圈，光轴上有键槽，可以安装定位键，将转矩传给铣刀。较长的铣刀杆的右端除螺纹外还有支撑轴颈。螺纹用来安装紧刀螺母，用于紧固铣刀。支撑轴颈用来与挂架轴承孔配合，支撑铣刀杆右端。

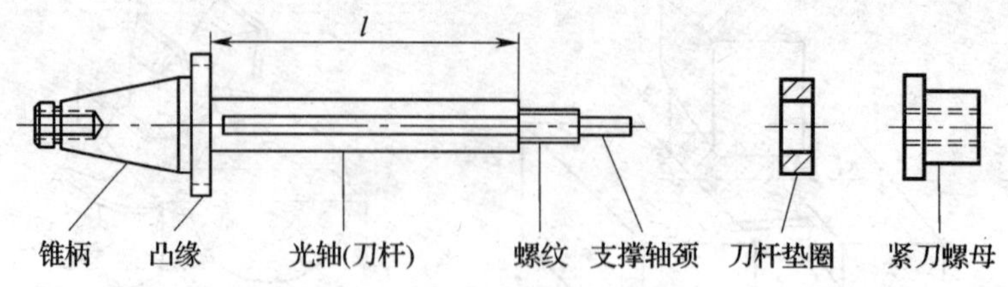

图 1—31　铣刀杆的结构

铣刀杆光轴的直径与带孔铣刀的孔径相对应，因此也有多种规格，常用的有 22 mm、27 mm和 32 mm 三种，应根据所选铣刀的孔径选用。铣刀杆的光轴长度 l 也有多种规格，可按工作需要选用。

各式铣刀杆、刀柄如图 1—32 所示。

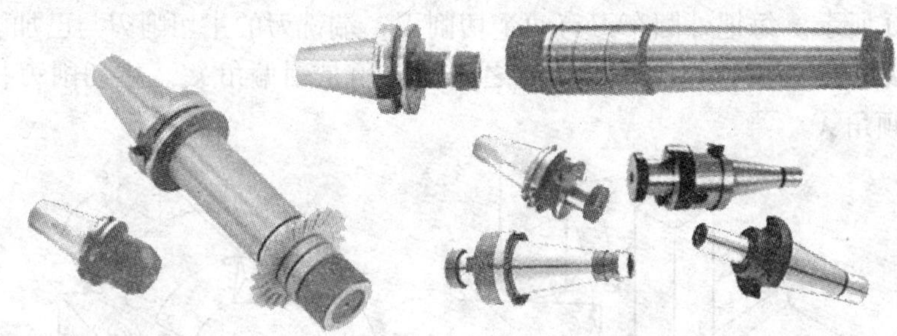

图 1—32　各式铣刀杆、刀柄

铣刀刀杆（或刀柄）的安装按以下步骤进行：

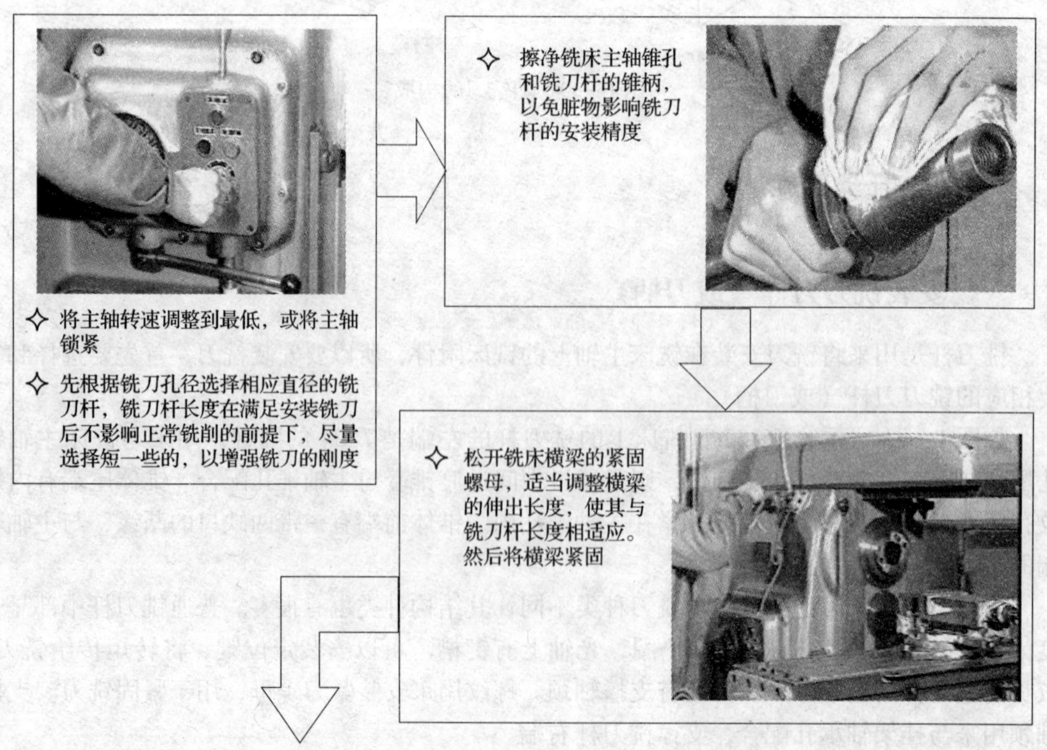

✧ 安装铣刀杆。右手将铣刀杆的锥柄装入主轴锥孔。此时铣刀杆凸缘上的缺口（槽）应对准主轴端部的凸键

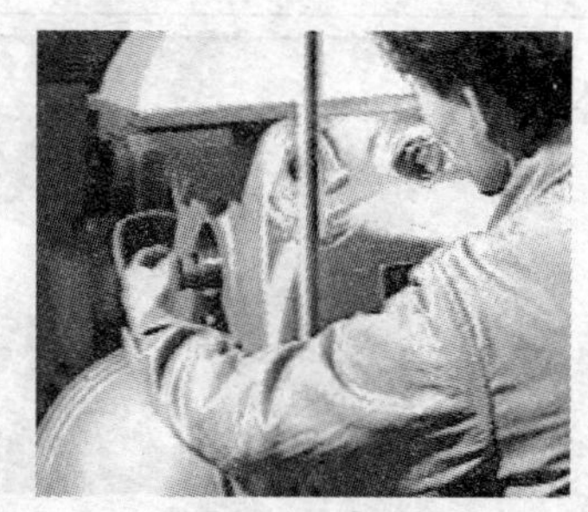

✧ 左手转动主轴孔中的拉紧螺杆，使其前端的螺纹部分旋入铣刀杆的螺纹孔6～7转

✧ 最后，用扳手旋紧拉紧螺杆上的背紧螺母，将铣刀杆拉紧在主轴锥孔内

二、装卸铣刀

1. 装卸带孔的铣刀

圆柱形铣刀、三面刃铣刀、锯片铣刀等带孔铣刀是借助于普通铣刀杆安装在铣床的主轴上的。安装带孔铣刀的步骤是：

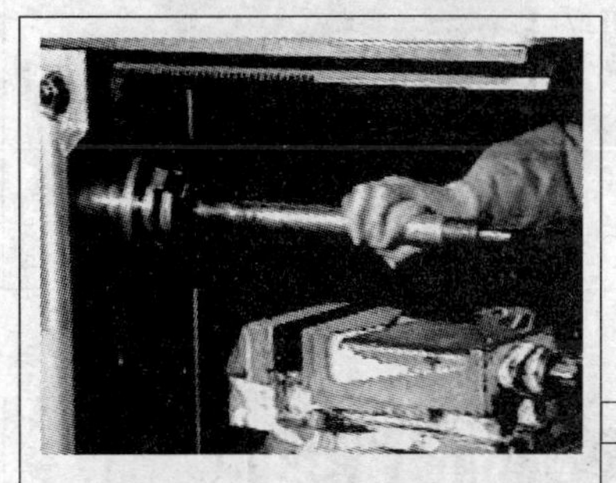

✧ 擦净铣刀杆、垫圈和铣刀。确定铣刀在铣刀杆上的位置

✧ 将垫圈和铣刀装入铣刀杆，并用适当分布的垫圈确定铣刀在铣刀杆上的位置。用手旋入紧刀螺母

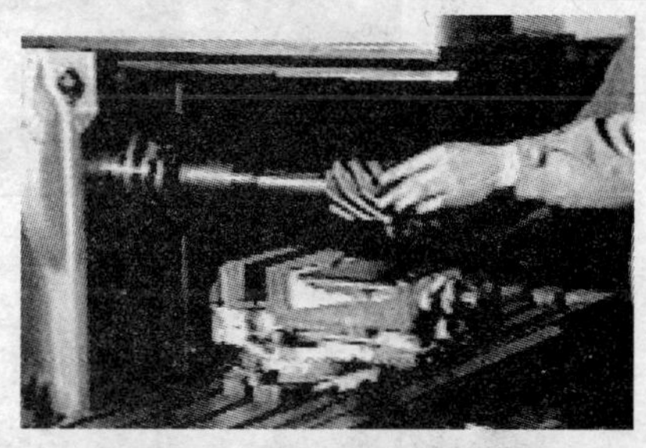

✧ 擦净挂架轴承孔和铣刀杆的支撑轴颈，将挂架装在横梁导轨上。注入适量的润滑油

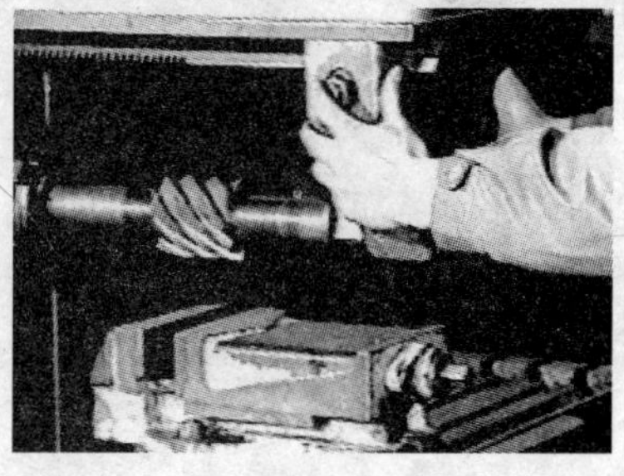

✧ 适当调整挂架轴承孔与铣刀杆支撑轴颈的间隙

✧ 用扳手将挂架紧固

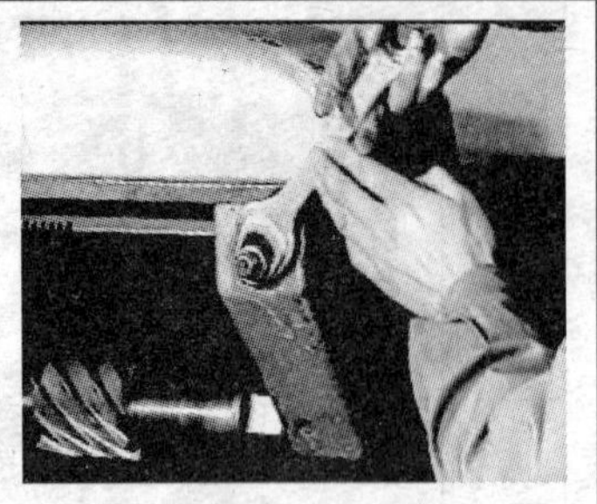

✧ 将铣床主轴锁紧，然后用扳手将铣刀杆紧刀螺母旋紧，使铣刀被夹紧在铣刀杆上

铣刀和铣刀杆的拆卸步骤是：

✧ 将铣床主轴转速调整到最低，或将主轴锁紧

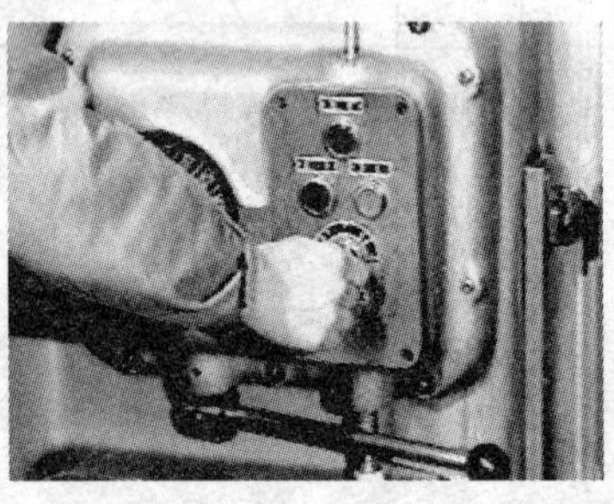

✧ 用扳手反向旋转铣刀杆上的紧刀螺母，松开铣刀

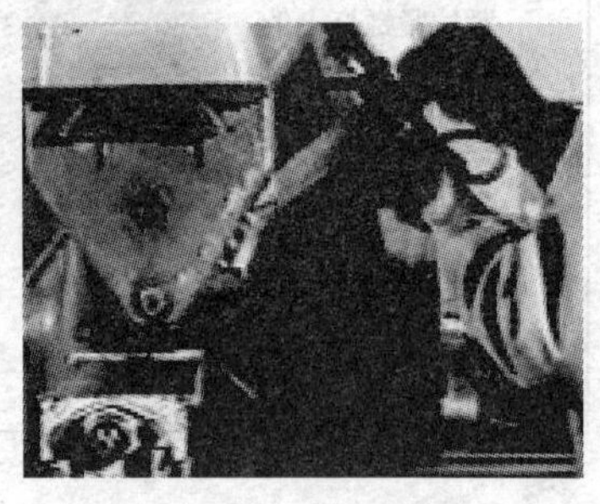

✧ 将挂架轴承间隙调大，然后松开并取下挂架

✧ 旋下紧刀螺母，取下垫圈和铣刀

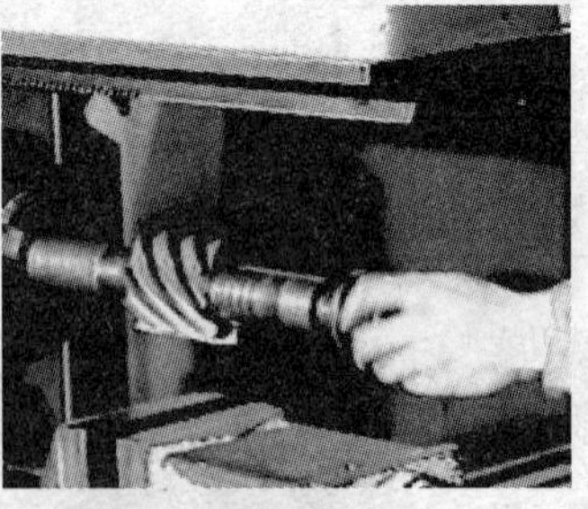

✧ 用扳手松开拉紧螺杆上的背紧螺母，再将其旋出一周。用锤子轻轻敲击拉紧螺杆的端部，使铣刀杆锥柄从主轴锥孔中松脱

✧ 右手握铣刀杆，左手旋出拉紧螺杆，取下铣刀杆，将铣刀杆擦净、涂油，然后将铣刀杆垂直放置在专用的支架上

2. 装卸带柄的铣刀

带柄铣刀有锥柄和直柄两种。直柄铣刀的柄部为圆柱形。锥柄铣刀的柄部一般采用莫氏锥度，有莫氏 1 号、2 号、3 号、4 号、5 号五种。

（1）安装直柄铣刀

直柄铣刀一般用专用夹头刀杆，通过钻夹头或弹簧夹头安装在主轴锥孔内，如图 1—33 所示。

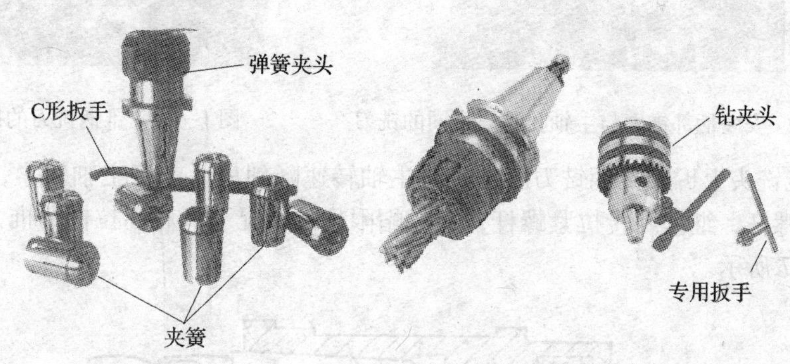

图 1—33　直柄铣刀的安装

用弹簧夹头安装直柄铣刀时，应按铣刀柄直径选择相同尺寸的装夹卡簧的内径。将铣刀柄插入到卡簧内，再一起装入弹簧夹头的孔内，用扳手将夹头锁紧螺母旋紧，即可将铣刀紧固。用钻夹头装夹时，将直柄铣刀直接插入钻夹头内，用专用扳手将铣刀旋紧即可。

（2）装卸锥柄铣刀

1）安装柄部锥度与主轴孔锥度相同的铣刀。擦净铣刀，将锥柄直接放入主轴锥孔中。然后旋入拉紧螺杆，用专用的拉杆扳手将其旋紧即可，如图 1—34 所示。

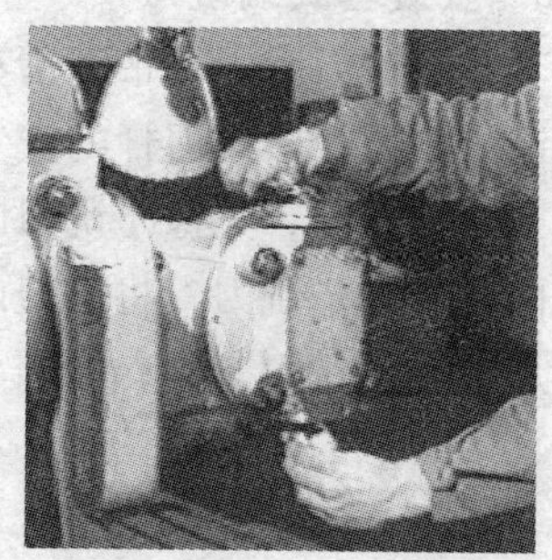

图 1—34　安装柄部锥度与主轴孔锥度相同的铣刀

2）安装柄部锥度与主轴孔锥度不同的铣刀。当铣刀柄部的锥度与铣床主轴锥孔的锥度不同时，需要借助中间锥套安装铣刀。中间锥套的外圆锥度与铣床主轴锥孔相同，而内孔锥度与铣刀锥柄锥度一致。安装时，先将铣刀插入中间锥套，然后将中间锥套连同铣刀一起放入主轴锥孔，旋紧拉紧螺杆，紧固铣刀，如图 1—35 所示。

3）拆卸锥柄铣刀。借助中间锥套安装的锥柄铣刀，卸刀时应连同中间锥套一并卸下。若铣刀落入中间锥套内，可用短螺杆旋入几圈后，用锤子敲下铣刀，如图 1—36 所示。

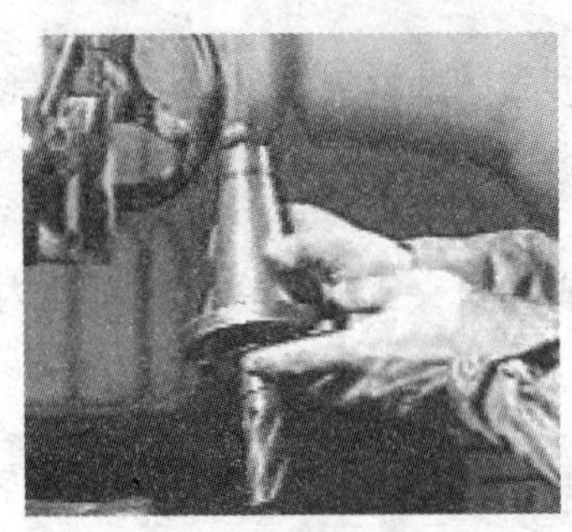

图 1—35　安装柄部锥度与主轴孔锥度不同的铣刀

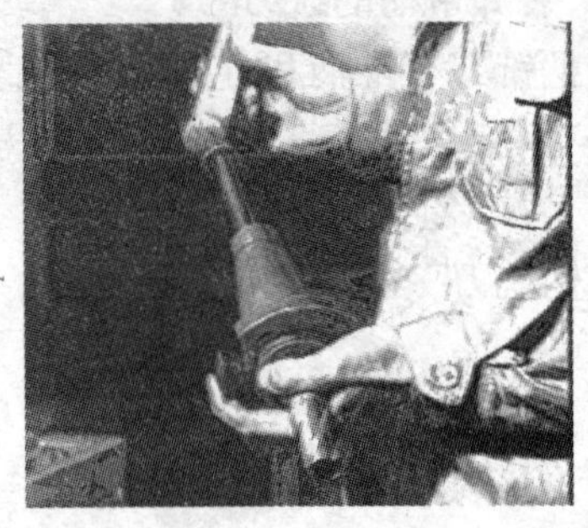

图 1—36　锥柄铣刀的拆卸

4）在万能铣头上拆卸锥柄铣刀时，先将主轴转速降到最低或将主轴锁紧，然后用拉杆扳手旋松拉紧螺杆，继续旋转拉紧螺杆，在背帽限位的情况下，利用拉杆的推力直接退下铣刀，如图 1—37 所示。

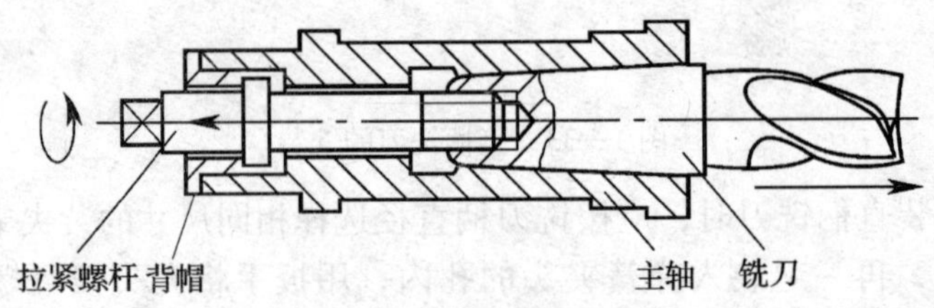

图 1—37　铣刀拆卸

另外，目前锥柄铣刀也可用快速安装刀柄安装。方法与弹簧夹头的安装基本相同，先将锥柄铣刀装在相应的过渡套内用短螺栓拉紧，然后插入快速安装刀杆的锥孔内，再用 C 形扳手将刀杆端面锁紧螺母旋紧即可。

3. 安装套式端铣刀

套式端铣刀有内孔带键槽和端面带槽两种结构形式。安装时分别采用带纵键的铣刀杆和带端键的铣刀杆，铣刀杆的安装方法与前面相同。

安装铣刀时，先擦净铣刀内孔、端面和铣刀杆圆柱面，按下面所示方法进行安装：

内孔带键槽铣刀，将铣刀内孔的键槽对准铣刀杆上的键装入铣刀，然后旋入紧刀螺钉，用叉形扳手将铣刀紧固，如图 1—38 所示。

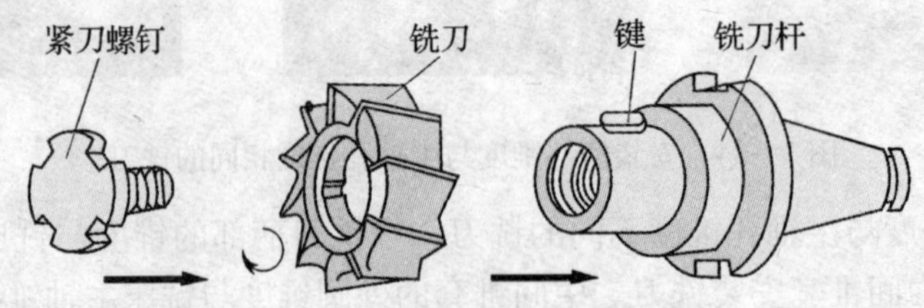

图 1—38　内孔带键槽套式端铣刀的安装

若是端面带槽铣刀，则将铣刀端面上的槽对准铣刀杆凸缘端面上的凸键，装入铣刀。然后旋入紧刀螺钉，用叉形扳手将铣刀紧固，如图 1—39 所示。

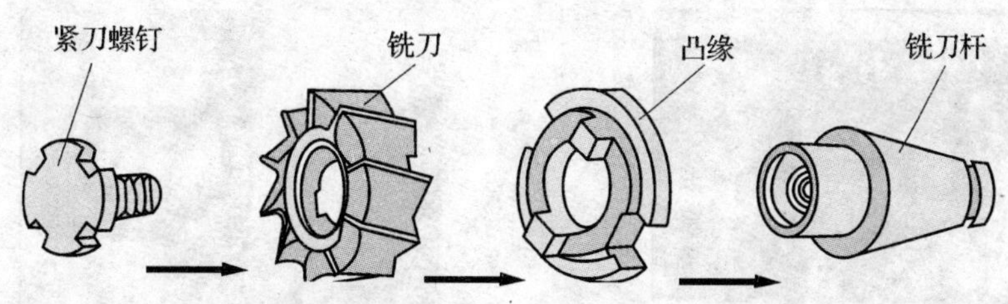

图 1—39　端面带槽套式端铣刀的安装

4. 安装机夹式硬质合金不重磨铣刀刀片（见图 1—40）

机夹式硬质合金不重磨铣刀不需要操作者刃磨，若铣削中刀片的切削刃用钝，只要用内六角扳手旋松双头螺钉，就可以松开刀片夹紧块取出刀片，把用钝的刀片转换一个位置（等多边形刀片的每一个切削刃都用钝后，更换新刀片），然后将刀片紧固即可。

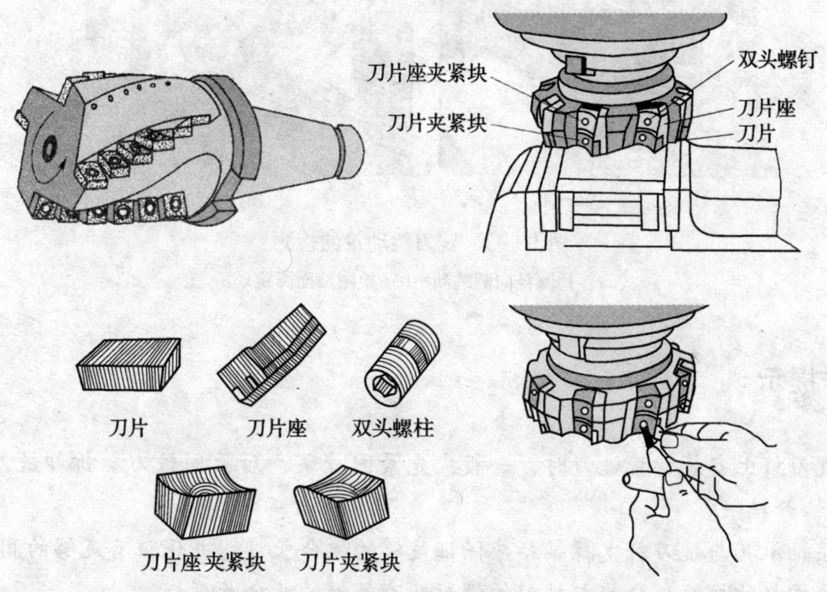

图 1—40　机夹式硬质合金不重磨铣刀刀片的安装

使用硬质合金不重磨铣刀，要求机床、夹具的刚度好，机床功率大，工件装夹牢固，刀片牌号与加工工件的材料相适应，刀片用钝后要及时更换。

三、铣刀安装后的检查

铣刀安装后，应做到以下几个方面的检查：

1. 检查铣刀装夹是否牢固，检查铣刀回转方向是否正确。铣刀应向着刀齿前面的方向回转，如图 1—41 所示。

2. 检查挂架轴承孔与铣刀杆支撑轴颈的配合间隙是否合适（见图 1—42）。间隙过大，铣削时会发生振动；间隙过小，铣削时挂架轴承会发热。

3. 用扳手反向转动铣刀，分别检测铣刀的径向圆跳动和端面圆跳动，如图 1—43 所示。跳动量应不超过 0. 06 mm。

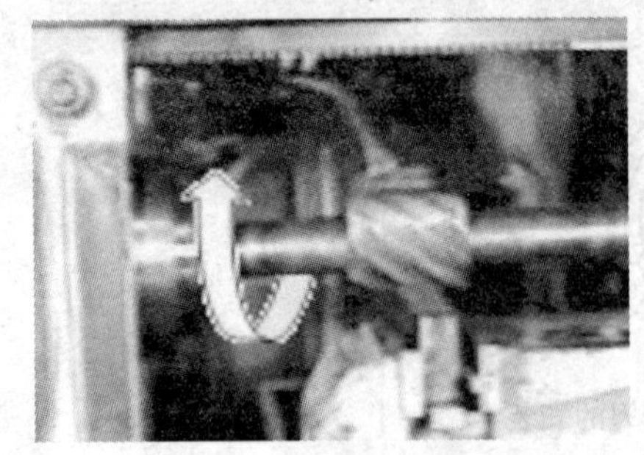

图 1—41 检查铣刀回转方向

图 1—42 检查挂架轴承孔与铣刀杆支撑轴颈的配合间隙

a)

b)

图 1—43 铣刀跳动量的检测

a）检测径向圆跳动 b）检测端面圆跳动

操作提示

1. 在铣刀杆上安装带孔铣刀时，一般应先紧固挂架，后紧固铣刀。拆卸铣刀时应先松开铣刀，再松开挂架。

2. 挂架轴承孔与铣刀杆支撑轴颈应保证足够的配合长度，并保证有足够的润滑油。

3. 拉紧螺杆的螺纹部分应与铣刀的螺纹孔有足够的旋合长度。

4. 装卸铣刀时，圆柱形铣刀应以手持两端面，立铣刀应垫棉纱握圆周，以防铣刀刃口划伤手。

5. 安装铣刀前，应先擦净各个接合表面，防止因附有脏物而影响铣刀的安装精度。

6. 铣刀安装自检后，应由教师或同组同学再仔细检查一遍。

任务 4 工件的装夹

学习目标

1. 了解装夹的概念和定位原理。

2. 了解平口钳的结构，掌握平口钳的安装校正方法。

3. 掌握用平口钳装夹工件的方法。
4. 掌握用压板装夹工件的方法。

工作任务

在铣床上装夹工件时，最常用的有两种方法：用平口钳装夹和用压板装夹。对于小型的工件，一般采用平口钳装夹；对于大中型的工件则多是在铣床工作台上用压板来装夹。本任务将通过对工件的装夹练习掌握工件装夹的基本方法。

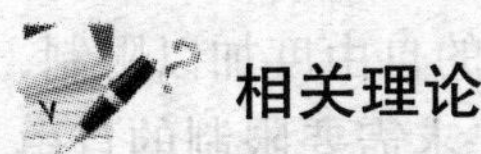

相关理论

一、工件装夹的概念

工件的装夹包含了两层含义：一是定位；二是夹紧。工件在开始加工前，首先必须使工件在机床上或夹具中占有某一正确的位置，这个过程称为定位。为了使定位好的工件不会在切削力的作用下发生位移，使其在加工过程中始终保持正确的位置，还需将工件压紧夹牢，这个过程称为夹紧。定位和夹紧的整个过程称为装夹。工件的装夹不仅影响加工质量，而且对生产效率、加工成本及操作安全都有直接影响。

二、工件的定位原理及相关概念

在工件的装夹校正过程中，经常要运用到定位方面的知识。确定工件在机床上或夹具中占有正确位置的过程，称为工件的定位。

1. 工件的六点定位原理

任一在空间处于自由状态的刚体，在空间直角坐标系中都有六个自由度，如图1—44a所示，即沿三个相互垂直坐标轴的移动自由度和绕这三个坐标轴的转动自由度。分别用$\vec{X}$、$\vec{Y}$、$\vec{Z}$表示X轴、Y轴、Z轴的移动自由度，用$\overset{\curvearrowright}{X}$、$\overset{\curvearrowright}{Y}$、$\overset{\curvearrowright}{Z}$表示绕$X$轴、$Y$轴、$Z$轴的转动自由度。

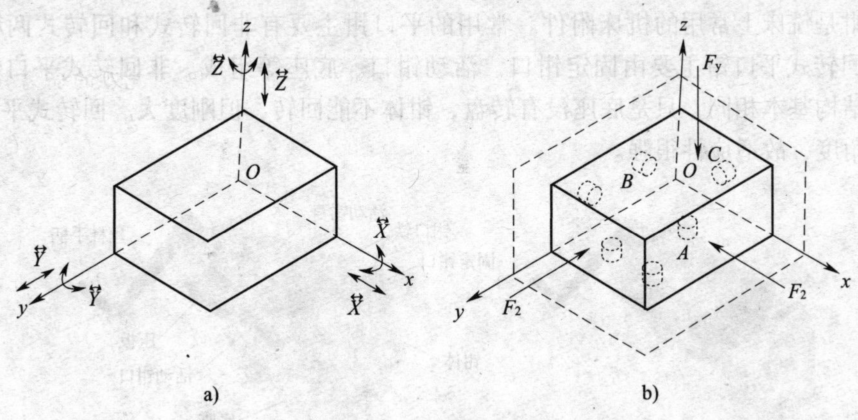

图1—44　工件的六点定位

要使工件在空间处于相对固定不变的位置，就必须限制其六个自由度，限制方法如图1—44b所示，用相当于六个支撑点的定位元件与工件的定位基面接触来限制。这种采用适当分布的六个支撑点来限制工件六个自由度的方法，称为六点定位原理。

必须再次强调，定位与夹紧是两个不同的概念。定位是使工件在机床或夹具中占据一正确位置，而夹紧是使工件的这一正确位置在加工过程中保持不变。

2. 完全定位

工件的六个自由度全部被限制，它在夹具中占有完全确定的位置（处于唯一的位置），称为完全定位。

3. 不完全定位

根据加工要求，有时并不需要限制六个自由度，只是对于应当限制的自由度加以限制，称为不完全定位或部分定位。工件采用部分定位时，必须限制按加工要求需要限制的自由度，而不影响加工要求的自由度，则可以不予限制，这样，可以简化夹具的结构。

4. 欠定位

工件定位时，定位元件实际限制的自由度数目，少于按加工要求需要限制的自由度数目，使工件不能正确定位，称为欠定位。显然，欠定位不能保证加工要求，往往会产生废品，因此是绝对不允许的。

5. 重复定位

工件的同一自由度，同时被几个定位支撑点重复限制的定位，称为重复定位或过定位。

造成重复定位的原因是夹具上的定位元件同时重复限制了工件的一个或几个自由度。后果是使定位不稳定，破坏预定的正确位置，使工件或定位元件产生变形，从而降低加工精度，甚至使工件无法装夹以致不能加工。因此，应尽量避免重复定位，只有当工件的定位基准和夹具上的定位元件精度都很高的情况下，才允许重复定位。这时它对提高工件的刚度和稳定性有一定的好处。

任务实施

一、安装和校正平口钳

平口钳是铣床上常用的机床附件。常用的平口钳主要有非回转式和回转式两种（见图1—45）。回转式平口钳主要由固定钳口、活动钳口、底座等组成。非回转式平口钳与回转式平口钳结构基本相同，只是底座没有转盘，钳体不能回转，但刚度大。回转式平口钳可以扳转任意角度，故适应性很强。

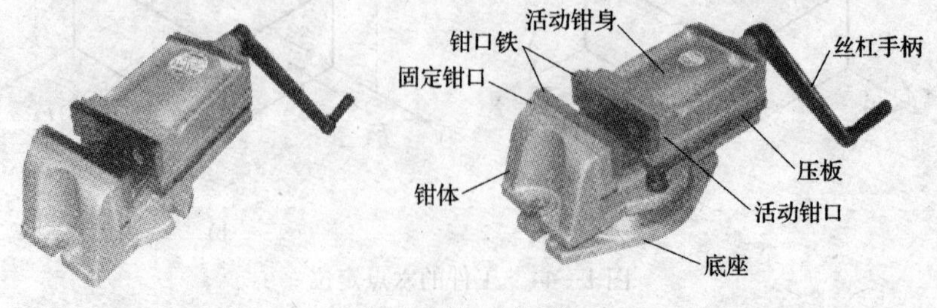

图1—45　平口钳

平口钳以钳口宽度为标准规格，常用的有 100、125、136、160、200、250 mm 六种。

通过反复练习，能够按下面的不同方法、步骤熟练安装与校正平口钳：

1．平口钳的安装

平口钳的安装非常方便，先擦净钳底座面和铣床工作台表面，将底座上的定位键放入工作台的中央 T 形槽内，即可对平口钳进行固定夹紧（见图 1—46）。

a)

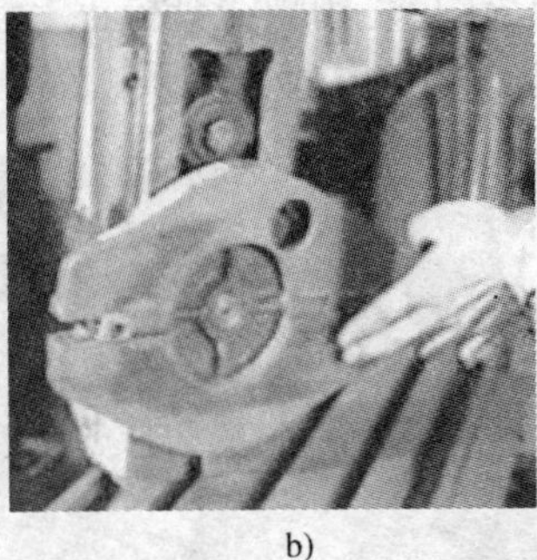

b)

c)

图 1—46　平口钳的安装

a）擦干净钳底座和铣床工作表面　b）钳底座的定位键要放在 T 形槽里　c）紧固平口钳

2．平口钳的校正

若加工相对位置精度要求较高的工件，比如要求钳口平面与铣床主轴轴线有较高的垂直度或平行度时，应对固定钳口面进行校正。校正固定钳口面常用的方法有用划针校正、用 90°角尺校正和用百分表校正。校正平口钳时，应先松开平口钳的紧固螺母，校正后将紧固螺母旋紧。具体操作步骤如下：

（1）将划针夹持在铣刀杆垫圈间。调整工作台使划针靠近固定钳口铁表面，纵向移动工作台，观察并调整钳口平面与划针针尖的距离大小，使其均匀，并在钳口全长范围内一致，此法常用于精度较低的粗校正，如图 1—47 所示。

（2）将 90°角尺的尺座底面紧靠在床身的垂直导轨面上，调整钳体使固定钳口铁表面与 90°角尺尺苗的外测量面密合。然后紧固钳体，并进行复验，以免紧固钳体时发生偏转，如图 1—48 所示。

（3）将磁性表座吸在铣床横梁导轨面上。安装百分表，使测量触头接触钳口铁表面，并使活动测量杆压缩 1 mm 左右。移动工作台，参照百分表读数来调整钳口平面。在钳口全长范围内，使百分表读数的差值在 0.03 mm 范围内。此法用于加工较高精度的工件时对固定钳口面精确校正，如图 1—49 所示。

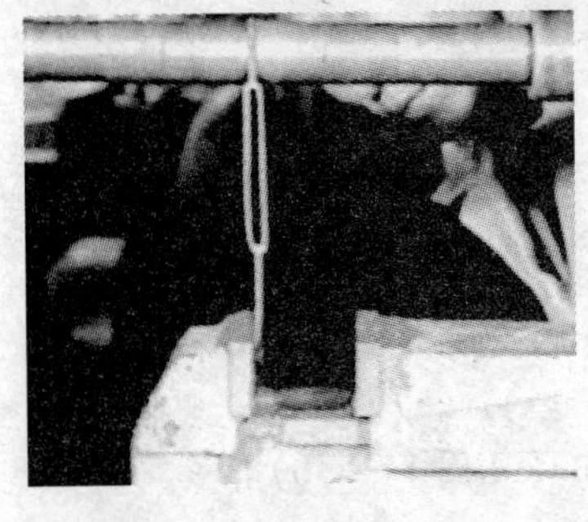

图 1—47　用划针校正

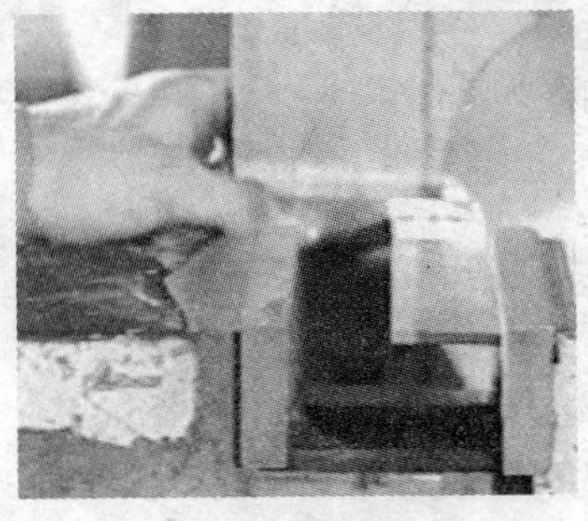

图 1—48　用 90°角尺校正

图 1—49　用百分表校正

二、用平口钳装夹工件

铣削一般长方体工件的平面、斜面、台阶或轴类工件的键槽时，都可以用平口钳来进行装夹，用平口钳装夹工件的方法如下：

1. 选择毛坯件上的一个大而平整的毛坯面作为粗基准，将其靠在固定钳口面上。最好在钳口与工件之间垫上铜皮，以防损伤钳口。用划线盘校正毛坯上表面的位置，符合要求后夹紧工件，如图 1—50 所示。校正时，工件不宜夹得太紧。

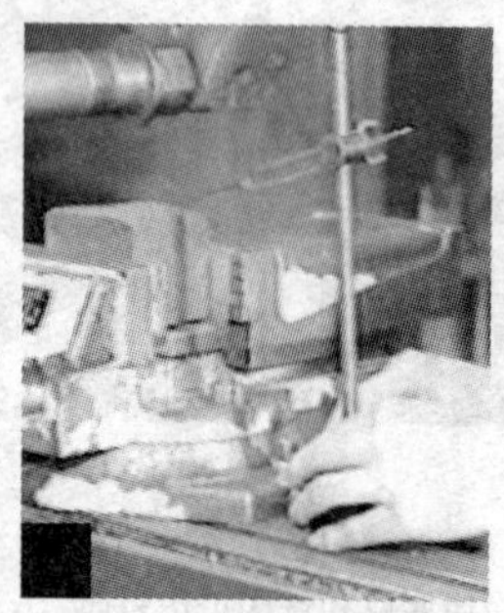

图 1—50　毛坯件的装夹

2. 以平口钳固定钳口面作为定位基准时，将工件的基准面靠向固定钳口面，并在活动钳口与工件间放置一圆棒。圆棒要与钳口的上平面平行，其位置应在工件被夹持部分高度的中间偏上。通过圆棒夹紧工件，能保证工件的基准面与固定钳口面的密合，如图 1—51 所示。

3. 以钳体导轨平面作为定位基准时，将工件的基准面靠向钳体导轨面。在工件与导轨面之间有时要加垫平行垫铁（视工件大小和高度而定）。为了使工件基准面与导轨面平行，工件夹紧后，可用铝棒或紫铜棒轻击工件上平面，并用手试移垫铁。当垫铁不再松动时，表明垫铁与工件、垫铁与水平导轨面三者密合较好。敲击工件时，用力要适当，并逐渐减小。用力过大，会因产生的反作用力而影响平行垫铁的密合，如图 1—52 所示。

图 1—51　利用圆棒夹紧工件

图 1—52　加垫平行垫铁

操作提示

1. 安装工件时，应将各接合面擦净（见图 1—53a）。
2. 工件的装夹高度，以铣削时铣刀不接触钳口上平面为宜（见图 1—53b）。
3. 工件的装夹位置，应尽量使平口钳钳口受力均匀。必要时，可以加垫块进行平衡。

4. 用平行垫铁装夹工件时，所选垫铁的平面度、平行度和垂直度应符合要求，且垫铁表面应具有一定的硬度。

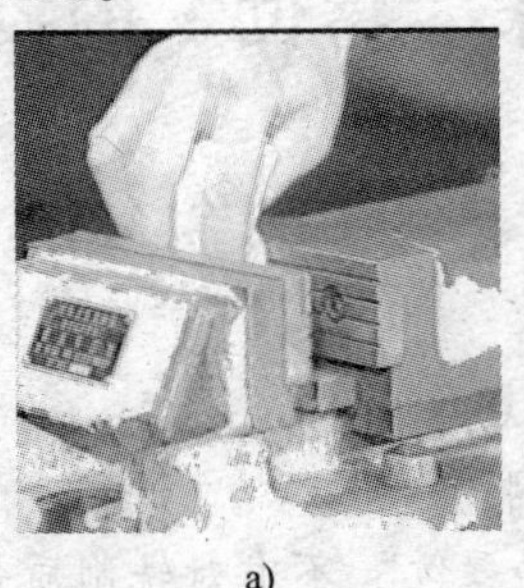
a)

b)

图 1—53 工件的装夹

三、用压板装夹工件

外形尺寸较大或不便用平口钳装夹的工件，常用压板将其压紧在铣床工作台台面上进行装夹。具体方法如下：

使用压板夹紧工件时，应选择两块以上的压板。压板的一端搭在垫铁上，另一端搭在工件上。垫铁的高度应等于或略高于工件被压紧部位的高度。位于垫铁和工件间的T形螺栓相对垫铁应略靠近于工件。在螺母与压板之间必须加垫垫圈，以防紧固时压板和工件的位置发生变动，如图 1—54 所示。

图 1—54 用压板装夹工件

特别提示

1. 在铣床工作台面上，不允许拖拉表面粗糙的工件。夹紧时，应在毛坯件与工作台面间衬垫铜皮，以免损伤工作台表面。

2. 用压板在工件已加工表面上夹紧时，应在工件与压板间衬垫铜皮，避免损伤工件已加工表面。

3. 正确选择压板在工件上的夹紧位置，使其尽量靠近加工区域，并处于工件刚度最大的部位。若夹紧部位有悬空现象，应将工件垫实。图 1—55 列举了用压板装夹工件正确和错误的做法。

4. 螺栓要拧紧，尽量不使用活扳手，以防滑脱伤人。

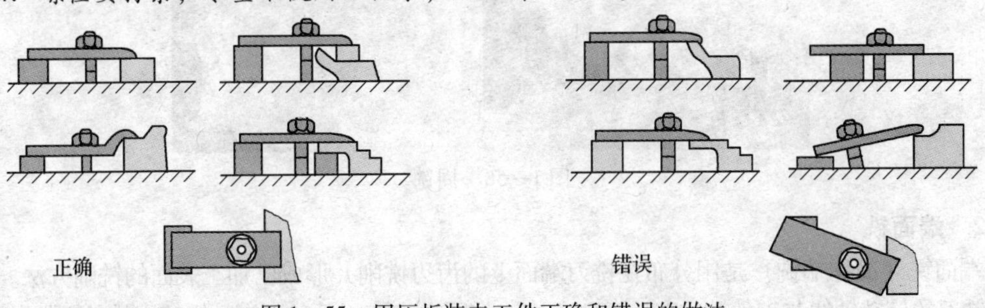

图 1—55 用压板装夹工件正确和错误的做法

任务5　铣削方法与铣床“零位”的校正

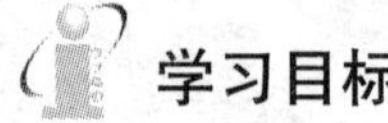

学习目标

1. 认识铣削方法，了解不同铣削方法的特点。
2. 掌握顺铣与逆铣，了解不同铣削方式的特点。
3. 掌握铣床“零位”的校正方法，了解“零位”不准对铣削质量的影响。

工作任务

在工件的铣削过程中除了工件的装夹质量会影响工件的加工质量外，铣削的方式方法、机床的自身精度也是直接影响工件加工质量的重要因素。在这一任务中我们将了解有关铣削方式、方法及铣床“零位”对加工质量的影响和铣床“零位”的具体调整方法。

相关理论

一、铣削方法

在铣床上铣削工件时，由于铣刀的结构不同，工件上所加工的部位不同，具体的铣削方式、方法也不一样。根据铣刀在切削时刀刃与工件接触的位置不同，铣削方法可分为圆周铣、端面铣以及圆周铣与端面铣同时进行的混合铣削。

1．圆周铣

圆周铣（简称周铣）是用分布在铣刀圆周面上的刀刃铣削并形成已加工表面的一种铣削方法。周铣时，铣刀的旋转轴线与工件被加工表面相平行。如图1—56所示分别为卧铣和立铣的周铣。

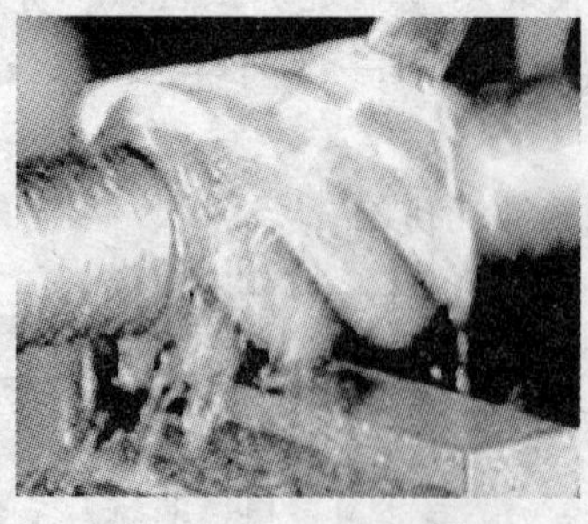

图1—56　周铣

2．端面铣

端面铣（简称端铣）是用分布在铣刀端面上的齿刃铣削并形成已加工表面的铣削方法。端铣时，铣刀的旋转轴线与工件被加工表面相垂直。如图1—57所示分别为卧铣和立铣的端铣。

图 1—57　端铣

3. 混合铣削

混合铣削（简称混合铣）是指在铣削时铣刀的圆周刃与端面刃同时参与切削的铣削方法。混合铣时，工件上会同时形成两个或两个以上的已加工表面。如图 1—58 所示分别为在卧铣和立铣上进行的混合铣。

图 1—58　混合铣

特别提示

三种不同铣削方法的特点：

1. 端铣时铣刀所受铣削力主要为轴向力，加之端铣刀刀杆较短，所以刚度好，同时参与切削的齿数多，因此振动小，铣削平稳，效率高。

2. 端铣刀的直径可以做得很大，能一次铣出较大的表面而不用接刀。周铣时工件加工表面的宽度受周刃宽度的限制不能太宽。

3. 端铣刀的刀片装夹方便、刚度好，适宜进行高速铣削和强力铣削，可大大提高生产效率和减小表面粗糙度值。

4. 端铣刀每个刀齿所切下的切屑厚度变化较小，因此端铣时铣削力变化小。

5. 周铣时，能一次切除较大的铣削层深度（铣削宽度 a_e）。

6. 混合铣时，由于铣削速度受到周铣的限制，所以在混合铣时，周铣加工出的表面比用端铣加工出的表面表面粗糙度值小。

7. 由于端铣具有较多的优点，所以在单一平面的铣削中大多采用端铣。

二、铣削方式

根据铣刀切削部位产生的切削力与进给方向间的关系，铣削方式可分为顺铣和逆铣，如图 1—59 所示。

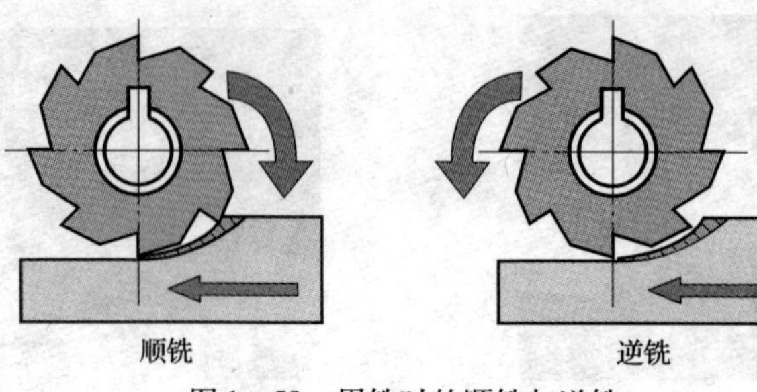

图1—59　周铣时的顺铣与逆铣

◇　顺铣——铣削时，铣刀对工件的作用力在进给方向上的分力与工件进给方向相同的铣削方式。

◇　逆铣——铣削时，铣刀对工件的作用力在进给方向上的分力与工件进给方向相反的铣削方式。

1．周铣时的顺铣与逆铣

在铣削过程中，由于铣床工作台是通过丝杠螺母副来实现传动的，要使丝杠在螺母中能轻快地旋转，在它们之间一定要留适当的间隙。此时在工作台丝杠螺母副的一侧，两条螺旋面紧密贴合在一起；在另一侧，丝杠与螺母上的两螺旋面间存在着间隙。也就是说，工作台的进给运动是工作台丝杠与丝杠螺母在其接合面处实现运动传递，进给的作用力发自工作台丝杠上。同时丝杠螺母也受到铣刀在水平方向的铣削分力 F_f 的作用（见图1—60）。根据对传动结构的分析可知：当铣削力的方向与工作台移动的方向相反时，工作台不会被推动；而铣削力的方向与工作台移动的方向一致时，工作台将会被拉动（或推动）。

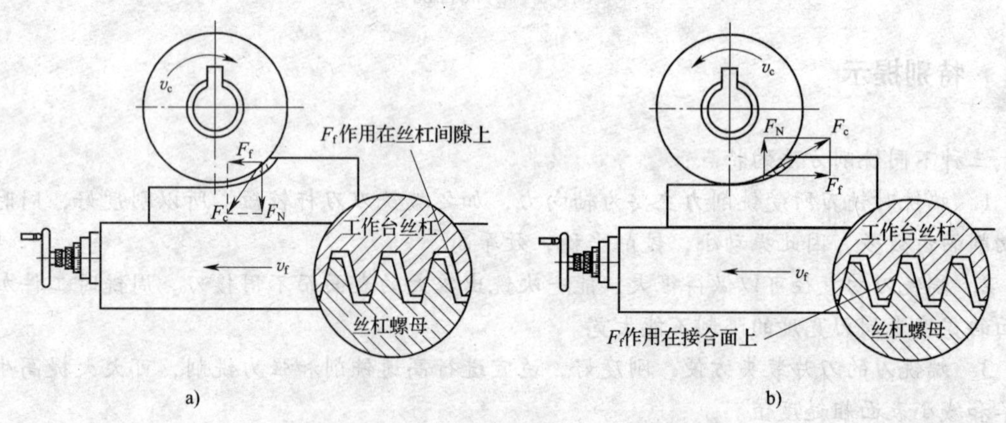

图1—60　周铣时的切削力对工作台的影响

a）顺铣　b）逆铣

顺铣时，工作台进给速度 v_f 方向与其水平方向的铣削分力 F_f 方向相同，F_f 作用在丝杠和螺母的间隙上。当 F_f 大于工作台滑动的摩擦力时，F_f 将工作台推动一段距离，使工作台发生间歇性窜动，会啃伤工件，损坏刀具，甚至损坏机床。逆铣时的工作台进给速度 v_f 方向与其水平方向上的铣削分力 F_f 方向相反，两种作用力同时作用在丝杠与螺母的接合面上，工作台在进给运动中，绝不会发生工作台的窜动现象，即水平方向上的铣削分力 F_f 不会拉动工作台。所以在一般情况下都采用逆铣。

周铣时的顺铣与逆铣的优缺点见表1—6。

表 1—6　　顺铣和逆铣的比较

	优点	缺点
顺铣	1. 铣刀对工件的作用力 F_c 在垂直方向的分力 F_N 始终向下，对工件起压紧的作用。因此铣削平稳，对不易夹紧的工件及细长的薄板形工件的铣削尤为合适 2. 铣刀刃切入工件时的切屑厚度最大，并逐渐减小到为零。刀刃切入容易，故工件的被加工表面质量较高 3. 顺铣在进给运动方面消耗的功率较小	1. 铣刀对工件的作用力 F_c 在水平方向上的分力 F_f 作用在工作台丝杠及其螺母的间隙上，会拉动工作台，使工作台发生间歇性窜动，导致铣刀刀齿折断、铣刀杆弯曲、工件与夹具产生位移，甚至更严重的事故 2. 铣刀刀刃从工件外表面切入工件，当工件表面有硬皮或杂质时，容易磨损或折断铣刀
逆铣	1. 在铣刀中心进入工件端面后，铣刀刃沿已加工表面切入工件，工件表面有硬皮或杂质时，对铣刀刃损坏较小 2. 铣刀对工件的作用力 F_c 在水平方向上的分力 F_f 作用在工作台丝杠及其螺母的接合面上，不会拉动工作台，得到广泛的应用	1. 铣刀对工件的作用力 F_c 在垂直方向上的分力 F_N 始终向上，将工件向上铲起。工件需要使用较大的夹紧力 2. 刀刃切入工件时的切削层厚度为零，并逐渐增到最大。使铣刀与工件的摩擦、挤压严重，加速刀具磨损，降低工件加工表面质量 3. 在进给运动方面消耗的功率较大

2. 端铣时的顺铣与逆铣

改用立铣刀的端面刃进行端铣练习时，我们会发现铣刀的切入边与切出边的切削力方向总是相反的。这样根据铣刀与工件之间相对位置的不同，可分为以下两种情况：

（1）对称铣削

铣削宽度 a_e 对称于铣刀轴线的端铣方式，称为对称铣削。铣削时，以轴线为对称中心，切入边与切出边所占的铣削宽度相等，切入边为逆铣；切出边为顺铣。对称铣削如图 1—61 所示。

图 1—61　对称铣削

（2）非对称铣削

铣削宽度 a_e 不对称于轴线的端铣方式，称为非对称铣削。按切入边和切出边所占铣削宽度的比例不同，非对称铣削又分为非对称顺铣和非对称逆铣两种，如图1—62所示。

1）非对称顺铣。顺铣部分（切出边的宽度）所占的比例较大的端铣形式。

与周铣的顺铣一样，非对称顺铣也容易拉动工作台。因此很少采用非对称顺铣。只有在铣削塑性和韧性好、加工硬化严重的材料（如不锈钢、耐热合金等）时，采用非对称顺铣，以减少切屑黏附和提高刀具寿命。此时，必须调整好铣床工作台的丝杠螺母副的传动间隙。

2）非对称逆铣。逆铣部分（切入边的宽度）所占的比例较大的端铣形式。

铣刀对工件的作用力在进给方向上的两个分力的合力 F_f 作用在工作台丝杠及其螺母的

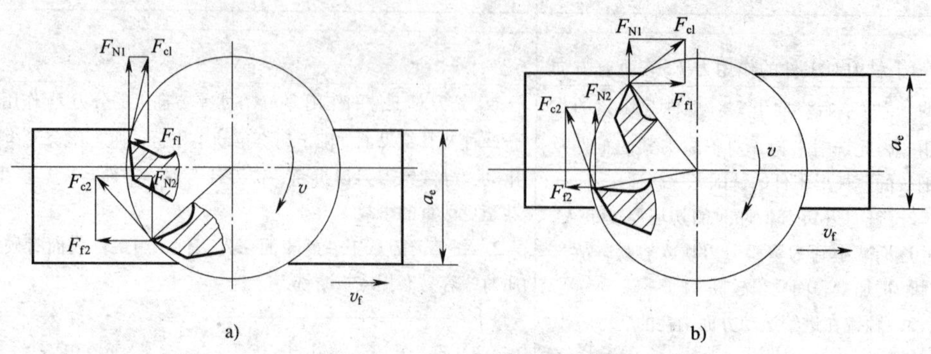

图 1—62 非对称铣削

a）非对称逆铣 b）非对称顺铣

接合面上，不会拉动工作台。此时铣刀刃切出工件时，切屑由薄到厚，因而冲击小，振动较小，切削平稳，得到普遍应用。

三、铣床的“零位”

所谓铣床的“零位”校正，是指铣床的主轴轴线与进给方向的垂直度的校正。铣床“零位”的校正，又可分为立铣头“零位”的校正和万能卧式铣床工作台“零位”的校正。

由于端铣时铣刀的轴线与工件的加工表面应是垂直的，因此用端铣的方法铣出的平面，其平面度的好坏主要取决于铣床主轴轴线与进给方向的垂直度。若主轴轴线与进给方向垂直，铣刀刀尖会在工件表面铣出网状的弧形刀纹，工件表面是一平面；若主轴轴线与进给方向不垂直，铣刀刀尖会在工件表面铣出单向的弧形刀纹，将工件表面铣成一个凹面。因此在用端铣和混合铣两种方法进行铣削时，其端面刃铣削部分会对工件的形状精度产生影响，如图 1—63 所示。所以，采用端铣和混合铣时，首先应校正铣床主轴轴线与铣床进给方向的垂

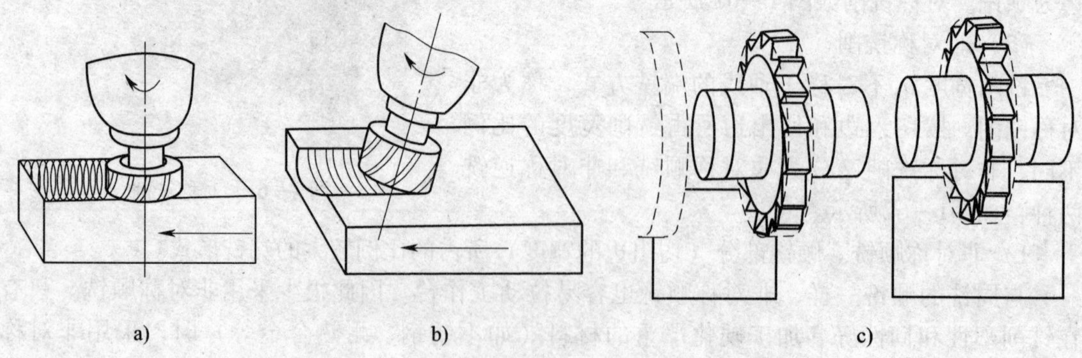

图 1—63 铣床“零位”不准确对工件形状精度的影响

a）“零位”准确时 b）“零位”不准确时呈凹面

c）混合铣时“零位”不准确，其端面刃在切削时造成的凹面

直度，即进行铣床“零位”的校正。

任务实施

一、顺铣与逆铣的荒铣练习

用立铣刀在石蜡工件上进行周铣、端铣和混合荒铣（不规定尺寸）练习。并进一步采用立铣刀周刃对石蜡工件进行顺铣与逆铣的控制铣削练习。通过铣刀在工件不同部位上不同方向的手动进给操控，注意观察体会铣刀在工件的不同部位、不同进给方向进给时，铣削力的方向、切屑厚度、切入切出位置及已加工表面质量等方面变化的情况。

操作提示

1. 在立式铣床上周铣时，铣刀相对工件的位置不同，则铣削方式不同；当进给方向转换时，往往会出现铣削方式的突然转换（由逆铣变为顺铣），这是铣削过程中最常见的打刀原因之一。所以掌握铣削方式的控制方法非常重要。

2. 本练习可用石蜡或肥皂作为铣削材料。目的是使学生既能获得铣削的真实体验，又避免因操作不熟练而造成打刀。

3. 练习时，采用 $\phi16\sim20$ mm 的立铣刀，切深控制在 $1\sim3$ mm，主轴转速可取 $375\sim475$ r/min。

4. 养成切削前对铣削方式进行判断的良好习惯，避免因铣削方式错误而引起铣刀折损和工件的报废。

二、铣床的“零位”校正

1. 对立铣头的“零位”进行校正

（1）用90°角尺和锥柄心轴进行校正

擦净与主轴锥孔有相同锥度的锥柄心轴，轻轻插入主轴锥孔内。将90°角尺尺座底面贴在工作台台面上，将尺苗外侧测量面靠向心轴圆柱表面，观察二者之间是否密合或上下间隙是否均匀，以确定立铣头主轴轴线与工作台台面是否垂直。检测时，应在工作台进给方向的平行和垂直两个方向上进行，如图1—64所示。

（2）用百分表进行校正

先将主轴转速调至最高，以使主轴转动灵活，断开主轴电源。

如图1—65所示，将角形表杆固定在立铣头主轴上。安装百分表，使百分表测量杆与工作台台面垂直。升起工作台，使测量触头与工作台台面接触，并将测量杆压缩0.5 mm左右。将表的指针调至“零”位，然后扳转立铣头180°，观察百分表的读数。若表的读数差值在300 mm范围内大于0.02 mm，就需要对立铣头进行校正。校正时，先松开立铣头紧固螺母，用木锤敲击立铣头端部。校正完毕，将螺母紧固。

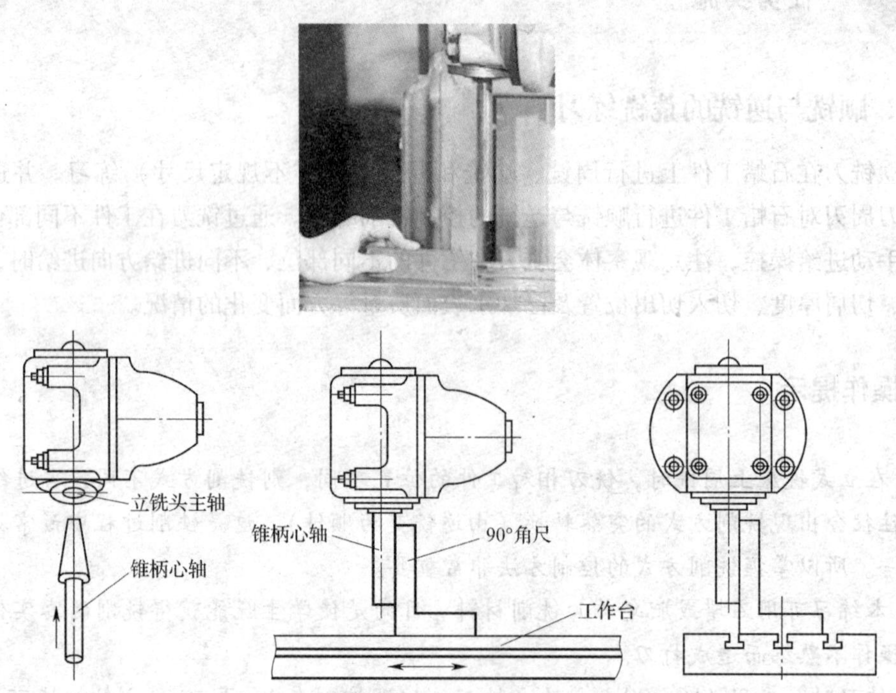

图 1—64　用 90°角尺和锥柄心轴进行立铣头“零位”校正

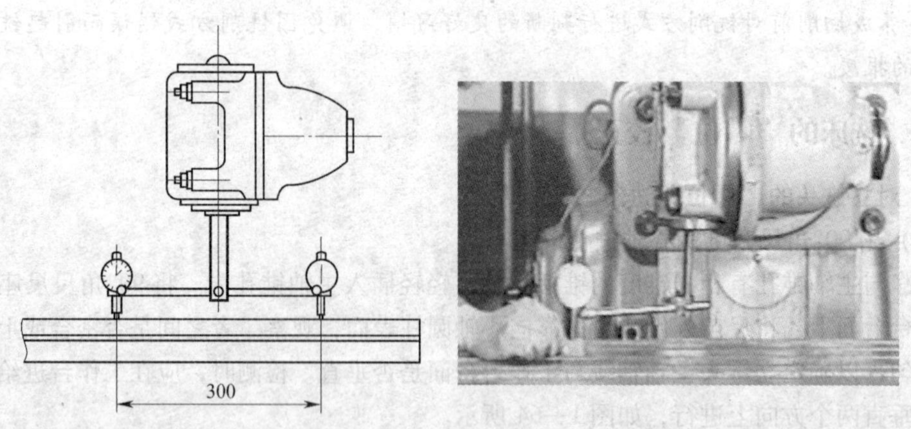

图 1—65　用百分表进行立铣头“零位”校正

2. 卧式铣床工作台“零位”的校正

如图 1—66 所示，将磁性表座吸在铣床主轴端面上，调整铣床工作台位置，使百分表活动测量杆触头接触与工作台纵向进给已校正平行的垫铁的侧面，压上 0.3 ~ 0.5 mm 后，将百分表指针“归零”。用手慢慢转动主轴，若百分表在垫铁侧面上指针的变化量超过 0.02 mm（300 mm 内），就需要校正工作台。校正时，先松开工作台回转盘锁紧螺母，用木锤敲击工作台端部。校正符合要求后，紧固锁紧螺母。

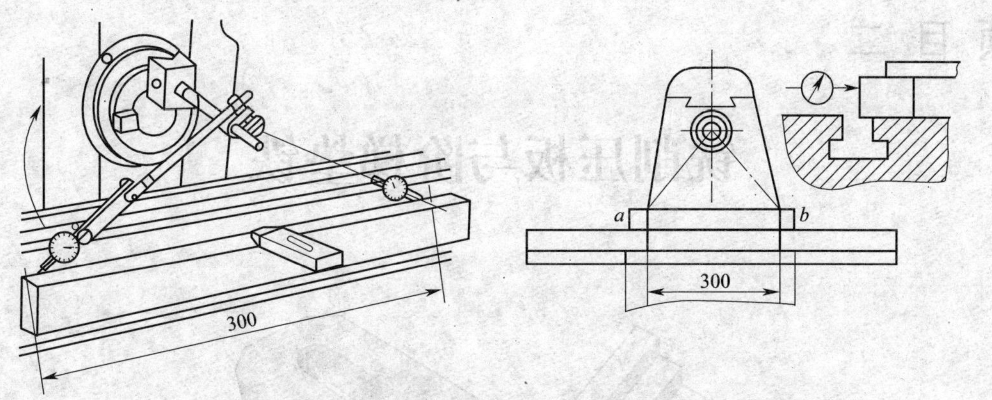

图 1—66　卧式铣床工作台“零位”校正

项目二

铣削压板与阶梯垫铁

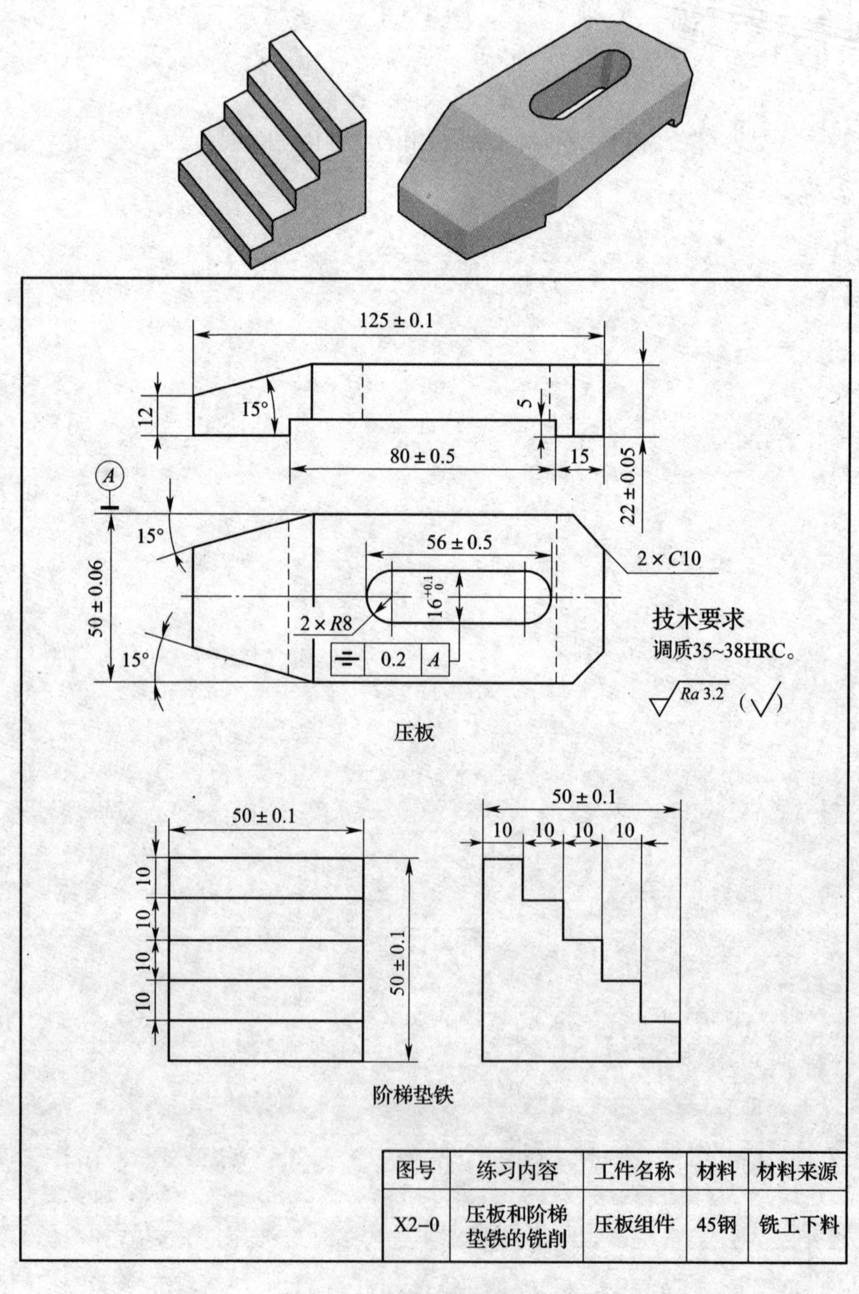

图号	练习内容	工件名称	材料	材料来源
X2−0	压板和阶梯垫铁的铣削	压板组件	45钢	铣工下料

图 2—1　阶梯垫铁与压板组件

在这一项目我们将通过完成压板和阶梯垫铁的加工，来学习切削用量的选择等理论知识；还要通过工件的切断、单一平面的铣削、长方体工件的铣削、斜面的铣削、直角沟槽的铣削和台阶面的铣削等一系列任务的实施，掌握它们的基本加工方法。

任务1　切 断 工 件

学习目标

1. 了解切削液的相关知识和切削液的选择原则。
2. 掌握工件切断的工艺方法。
3. 掌握切断工件时的装夹、校正方法。

工作任务

在铣床上采用锯片铣刀切断工件、下料及铣窄槽，这是铣工常见的工作之一。通常工件的切断、下料等工作选择在卧式铣床上进行比较方便。本任务是压板铣削的第一道工序——用锯片铣刀将板料切割成待加工压板所需的坯料。要完成如图 2—2 所示压板的下料，其基本步骤包括以下几方面：

1. 根据板料厚度正确选择铣刀。
2. 确定板料的装夹方式。
3. 进行铣削加工，完成铣削。

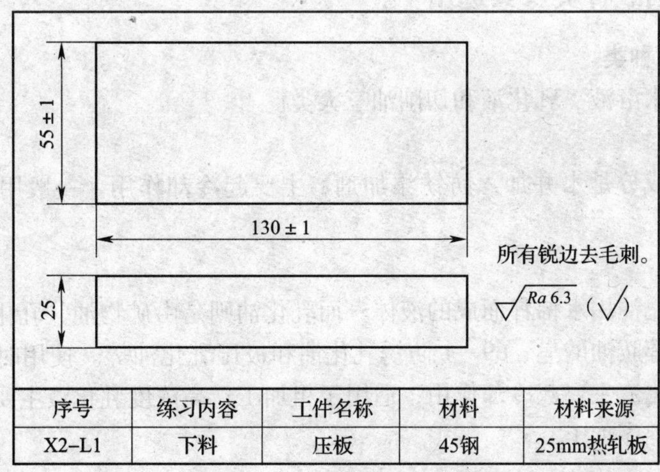

序号	练习内容	工件名称	材料	材料来源
X2–L1	下料	压板	45钢	25mm热轧板

图 2—2　压板坯料零件图

相关理论

一、切削液的作用

切削过程中，切屑、刀具和工件相互挤压摩擦会产生大量的切削热。在正确使用刀具的基础上合理选用切削液，可以减小切削过程中的摩擦，从而降低切削温度，减小切削力，减少工件的热变形，对提高加工精度和表面质量尤其是对提高刀具耐用度起到很重要的作用。切削液主要有以下作用：

1．冷却作用

切削液浇注到切削区域后，通过切削热的热传递和汽化，能吸收和带走切削区大量的热量，从而改善散热条件，使切屑、刀具和工件上的温度降低，尤为重要的是可降低前刀面上的温度。切削液中，一般水溶液的冷却性能最好，油类最差，乳化液介于两者之间而接近于水溶液。

2．润滑作用

切削加工时，切削液渗透到工件与刀具、切屑的接触表面之间形成润滑膜而达到润滑作用。

3．清洗作用

浇注切削液时能冲走在切削过程中产生的碎细切屑，从而起到清洗的作用，防止切屑刮伤已加工表面和机床导轨面。

4．防锈作用

在切削液中加入防锈添加剂，如亚硝酸钠、磷酸三钠和石油磺酸钡等，使金属表面生成保护膜，使机床、工件不受空气、水分和酸等介质的腐蚀，从而起到防锈作用。

二、常用切削液种类及其选用

1．常用切削液种类

常用切削液有水溶液、乳化液和切削油三大类。

（1）水溶液

水溶液的主要成分是水并加入防锈添加剂，主要起冷却作用，一般用于精加工和铰孔等。

（2）乳化液

乳化液是将乳化油用水稀释而成的液体。而乳化油则是由矿物油、乳化剂及添加剂配成的。常用的有三乙醇胺油酸皂、69—1 防锈乳化油和极压乳化油等。使用时，按产品说明配制使用。低浓度乳化液主要起冷却作用，适用于粗加工；高浓度乳化液主要起润滑作用，适用于精加工和复杂工序加工。

（3）切削油

切削油包括机械油、轻柴油、煤油等矿物油，还有豆油、菜子油、蓖麻油、鲸油等动植物油。普通钢件切削可选用机油；加工有色金属时应选用黏度小、浸润性好的煤油与其他矿物油的混合油。

2．切削液的选用原则

粗加工时，切削余量大，生产热量多，切削温度高，而对零件表面质量的要求不高，所以主要选用以冷却为主的切削液。精加工时，加工余量小，对冷却要求不高，但对工件表面质量要求较高，并希望铣刀耐用，所以应选用以润滑为主的切削液。另外在切削铸铁、黄铜等脆性材料或用硬质合金刀具高速切削时，一般不用切削液。

总之，切削液的选用应根据工件材料、刀具材料、加工方法和加工要求来确定，而不是一成不变。相反，如果选择不当就得不到应有的效果。

操作提示

普通铣床将切削液盛储于机床的底座中，切削液不易更换。因此，在实际生产中除大批量生产中一般根据被切削材料选择配制切削液外，一般均选用腐蚀性小、不易变质、通用性比较好的混合油（煤油＋机油）作为首选切削液，而很少选用乳化液作为切削液（夏季及在南方地区易变质，易造成铸铁的锈蚀及环境的污染）。

三、切断用的铣刀

锯片铣刀是在铣床上铣窄槽或切断工件时所用的铣刀，如图 2—3 所示。锯片铣刀的刀齿有粗齿、中齿和细齿之分。粗齿锯片铣刀的齿数少，齿槽的容屑量大，主要用于切断工件。细齿锯片铣刀的齿数最多，齿槽的容屑量最小。中齿和细齿锯片铣刀适用于切断较薄的工件和铣窄槽。

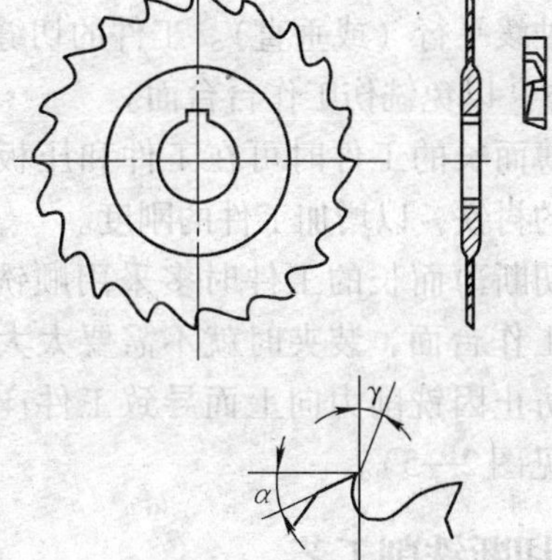

图 2—3　锯片铣刀

用锯片铣刀切断时，主要选择锯片铣刀的直径和宽度。在能够将工件切断的前提下，尽量选择直径较小的锯片铣刀。铣刀直径 D 由铣刀杆直径 d 和工件切断厚度 t 确定：

$$D > d + 2t$$

用于切断的铣刀的宽度是根据其直径变化的，若工件材质较硬、所选铣刀直径大，则铣刀的宽度应选大一些；反之，则铣刀的宽度就选小一些。

为了提高切断的工作效率，还可以使用疏齿的错齿锯片铣刀，进一步提高铣削的进给速度。

四、工件的装夹

在切断工作中经常会因为工件的松动而使铣刀折断（俗称打刀）或工件报废，甚至发生安全事故，所以工件的装夹必须做到牢固、可靠。在铣床上切断或切槽时，根据工件的尺寸、形状不同，常用平口钳、压板或专用夹具等对工件进行装夹。

1. 用平口钳装夹

用平口钳装夹工件，无论是切断还是切槽，工件在钳口上的夹紧力方向应平行于槽侧面（夹紧力方向与槽的纵向平行），以避免工件夹住铣刀（见图 2—4）。

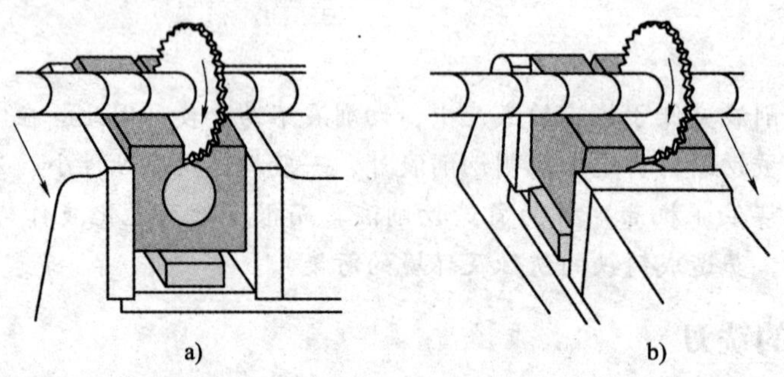

图 2—4　工件进行切断时夹紧力的方向

a）装夹错误，易夹刀　b）装夹正确，不夹刀

2. 用压板装夹

加工大型工件及板料时，多采用压板装夹工件，压板的压紧点应尽可能靠近铣刀的切削位置，压板下的垫铁应略高于工件。有条件的工件可用定位靠铁定位，装夹前先校正定位靠铁与主轴轴线平行（或垂直）。工件的切缝应选在T形槽上方，以免铣伤工作台台面。

切断薄而长的工件时可在工件和压板之间加一块较厚的衬铁，以增加工件的刚度。

另外切断薄而长的工件时多采用顺铣，使切削力朝向工作台面，装夹时就不需要太大的夹紧力，并可防止因铣削力向上而导致工件产生振动和变形（见图 2—5）。

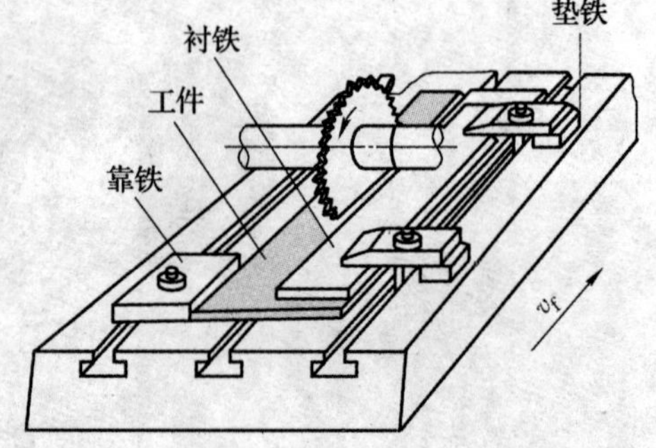

图 2—5　用压板装夹工件

五、切断铣削工艺

1. 切断薄块

可逐次切出几件工件。切断工件之前，将工作台按其位移量 A 横向移动一段切削距离，并锁紧横向进给机构。工作台位移量 A 等于铣刀宽度 L 与工件厚度 B 之和，即 $A = L + B$，如图 2—6a 所示。

2. 切断厚块

切断厚块时，一次装夹，只能切下一块工件。铣刀的切削位置距离平口钳口不可太远，又不可太近，以免铣伤钳口。切断前，先将条料端部多伸出一些，使铣刀能划着工件，再将工作台按其位移量 A（$A = L + B$）横向移动，如图 2—6b 所示。

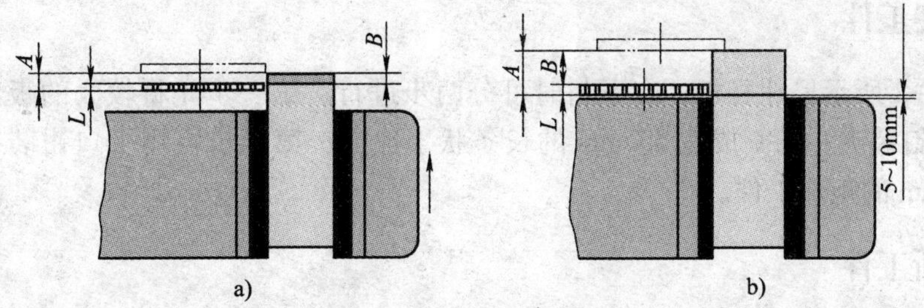

图 2—6　切断铣削工艺

a）切断薄块　b）切断厚块

任务实施

一、选择和安装锯片铣刀

切断工件时选择卧式铣床比较方便，故现选择 X6132 型卧式铣床进行下料工作。进行切断工作前，先检查铣床工作台的“零位”是否准确，以防工作台进给方向与铣床主轴轴线不垂直而折断铣刀。

由于在图 2—2 中的板料厚度 $t=25$ mm，为避免刀杆与工件相撞，铣刀直径 D 至少应满足 $D>d+2t$，故可选择规格为 100 mm × 3 mm × 27 mm（垫圈外径 d 约为 40 mm）的粗齿锯片铣刀。

另外，本任务开始所切断的板料较大，需用压板、螺钉装夹；若为增大夹紧力，在铣刀两侧安装加大垫圈时，为避免垫圈与压板、螺钉或工件相碰，则需选择直径更大的铣刀。

锯片铣刀的直径大而厚度小，刚度、强度较低。当受弯、扭载荷时，铣刀极易碎裂、折断。安装锯片铣刀时应注意安装提示中的内容。

锯片铣刀安装提示

1. 安装锯片铣刀时，不要在刀杆与铣刀间装键。铣刀紧固后，依靠刀杆垫圈与铣刀两侧端面间的摩擦力带动铣刀旋转。

2. 在靠近紧刀螺母的垫圈内装键，可以有效防止铣刀松动（见图 2—7）。

3. 安装大直径锯片铣刀时，应在铣刀两端面采用大直径的垫圈，以增大其刚度和摩擦力，使铣刀工作更加平稳。

4. 为增强刀杆的刚度，锯片铣刀应尽量靠近主轴或挂架安装。

5. 锯片铣刀安装后，应保证刀齿的径向和端面跳动量不超过规定值。

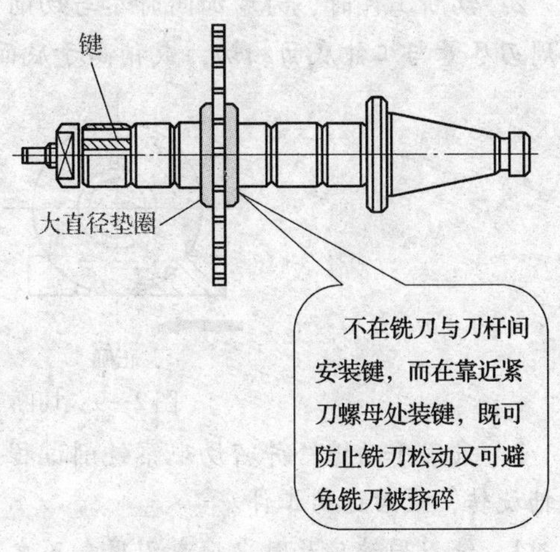

图 2—7　锯片铣刀的安装

二、装夹工件

根据图 2—2 所示尺寸要求，在下料时可分两步进行。第一步先将较大的板料在工作台上用压板、螺钉装夹，切割成宽 55 mm 的长条状半成品；第二步再用平口钳装夹，切割成 55 mm × 130 mm 的矩形工件。

三、切断工件

由于零件的尺寸较长（130 mm），所以切断时，一次装夹只能切下一块工件。铣刀的切削位置距离平口钳口不可太远，以免铣削时工件松动；又不可太近，以免铣刀铣伤钳口。切断前，先将条料端部多伸出一些，使铣刀能划着工件，再将工作台按其位移量 A（$A = L + B$）横向移动（见图 2—6）。这样在切断该工件时，应将工件伸在钳口外的尺寸定为 140 mm 左右。

操作提示

在切断过程中还应特别注意以下几点：

1. 切断时应尽量采用手动进给，进给速度要均匀（见图 2—8）。若采用机动进给时，铣刀切入或切出还需要手动进给，进给速度不宜太快，并将不使用的进给机构锁紧。切削钢件时应充分浇注切削液。

图 2—8　工件的切断

2. 切断工件时，为增加同时参与切削的铣刀齿数，减小冲击力，防止打刀，应使铣刀圆周刃尽量与工件底面相切，或稍高于底面，如图 2—9 所示，即铣刀刚刚切透工件。

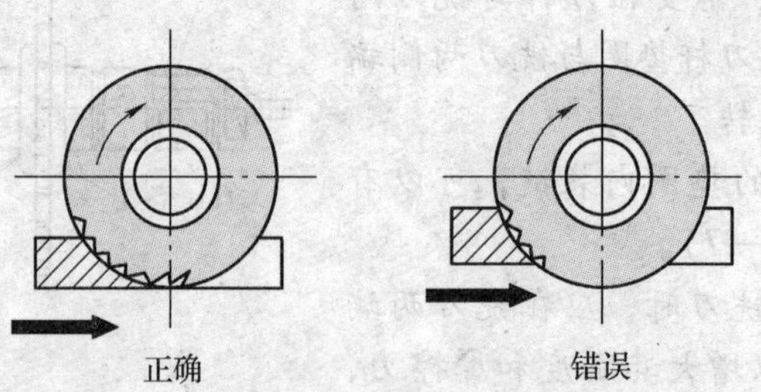

图 2—9　切断工件时铣刀位置的调整

3. 采用手动进给并密切观察铣削过程，若有异常，应先立即停止工作台进给，再停止主轴旋转，最后退出工件。

4. 铣刀用钝应及时更换或刃磨，不允许使用磨钝的铣刀进行切断。

5. 检测毛坯零件的尺寸时，一般不允许用游标卡尺，而应用钢板尺进行检测。

任务2 铣削基准平面

学习目标

1. 掌握铣削用量的概念和选择方法。
2. 了解平面的技术要求，掌握单一平面铣削的方法。
3. 掌握平面的检测方法。

工作任务

在任务1中我们已完成了为压板下料的工作。下面我们将再分两个任务将如图2—10a所示的长方体毛坯，加工成如图2—10b所示的长方体零件。

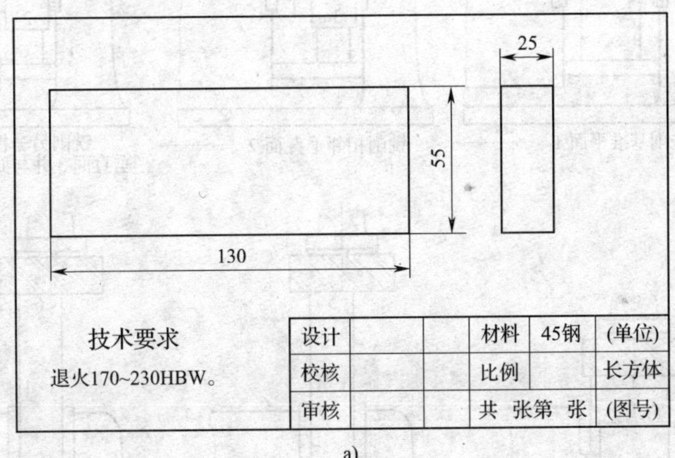

a)

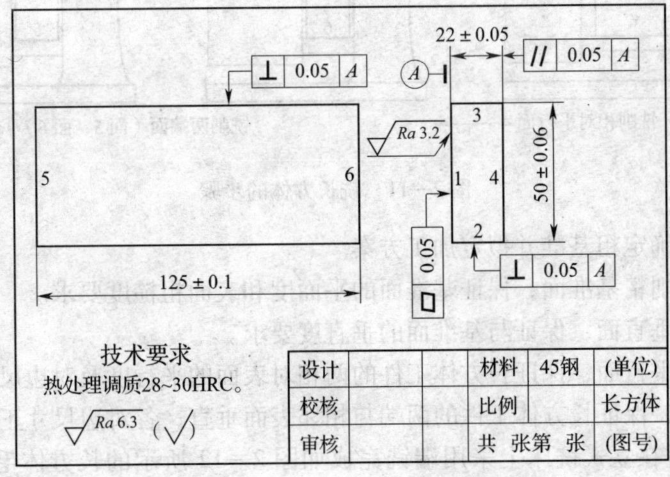

b)

图2—10 毛坯图与零件图

a）毛坯图 b）零件图

工件可以由许多不在同一平面上的平面组成。它们互相直接或间接的交接，被称为连接面。相对于各自的基准面，连接面之间有平行、垂直或倾斜的位置关系。当工件表面与其基准面相互平行时，称之为平行面；当工件表面与其基准面相互垂直时，称之为垂直面；当工件表面与其基准面相互倾斜时，称之为倾斜面。因此，连接面的铣削分为平行面、垂直面和斜面的铣削。

长方体零件由六个相互连接的平面组成。在这些平面中凡相邻平面均相互垂直、相对平面均相互平行，因此在长方体工件的铣削中第一个面的铣削将为后续的铣削创造出精基准，所以在第一个面铣削时，余量的控制、质量的好坏将直接影响到后面其他表面的铣削。整个长方体的加工过程及其加工步骤如图 2—11 所示。

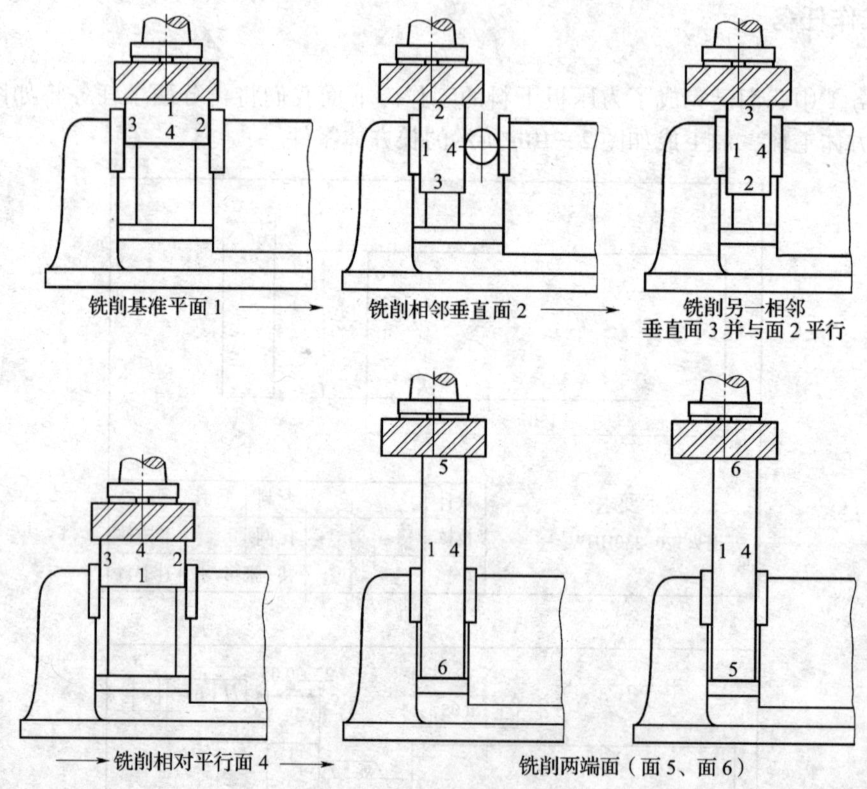

图 2—11　铣长方体的步骤

1. 根据坯料确定粗基准并拟定加工方案。
2. 确定并铣削精基准面，保证基准面的平面度和表面粗糙度要求。
3. 铣削相邻垂直面，保证与基准面的垂直度要求。
4. 铣削相对平行面，保证长方体工件的两相对表面的平行度及对边尺寸要求。
5. 铣削两端，保证长方体工件的两端与相邻表面垂直，各对边尺寸正确。

本任务是通过在立式铣床上采用端铣完成如图 2—12 所示的长方体毛坯第一个面（基准面 A）的加工，来掌握单一平面铣削时的方法、步骤及切削用量的选取。

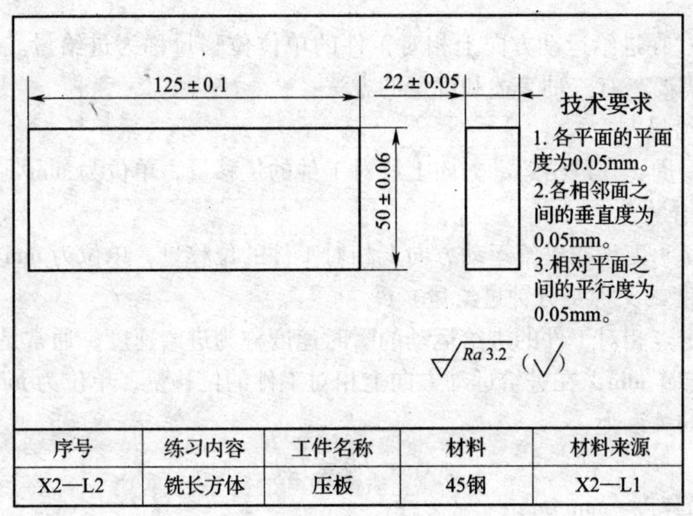

序号	练习内容	工件名称	材料	材料来源
X2—L2	铣长方体	压板	45钢	X2—L1

图 2—12　长方体零件图

相关理论

一、铣削用量及相关计算

铣削用量是指在铣削过程中，铣刀相对工件运动所选择的参考量。铣削用量包括：铣削速度 v_c、进给量 f、铣削深度 a_p 和铣削宽度 a_e。铣削时合理地选择铣削用量，对保证零件的加工精度与加工表面质量、提高生产效率、提高铣刀的使用寿命、降低生产成本，都有重要作用。

1．铣削速度 v_c

铣削时铣刀切削刃上选定点相对于工件的主运动的瞬时速度称为铣削速度。铣削速度可以简单地理解为切削刃上选定点在主运动中的线速度，即切削刃上离铣刀轴线距离最大的点在 1 min 内所经过的路程。铣削速度的单位是 m/min，铣削速度与铣刀直径、铣刀转速有关，计算公式为：

$$v_c = \frac{\pi d n}{1\ 000} \qquad (2—1)$$

式中　v_c——铣削速度，m/min；

d——铣刀直径，mm；

n——铣刀或铣床主轴转速，r/min。

铣削时，根据工件的材料、铣刀切削部分材料、加工阶段的性质等因素，确定铣削速度，然后根据所用铣刀的规格（直径），按式（2—2）计算并确定铣床主轴的转速。

$$n = \frac{1\ 000 v_c}{\pi d} \qquad (2—2)$$

在实际选取时，若计算所得数值处在铭牌上两个数值的中间时，则应按较小的铭牌值选取。

2. 进给量f

刀具（铣刀）在进给运动方向上相对工件的单位位移量称为进给量。铣削中的进给量根据具体情况的需要，有三种表述和度量的方法：

（1）每转进给量f

铣刀每回转一周，在进给运动方向上相对工件的位移量，单位为 mm/r。

（2）每齿进给量f_z

铣刀每转中每一刀齿在进给运动方向上相对工件的位移量，单位为 mm/z。

（3）进给速度（又称每分钟进给量）v_f

切削刃上选定点相对工件的进给运动的瞬时速度称为进给速度，通常是用每分钟进给量表示，即铣刀每转 1 min，在进给运动方向上相对工件的位移量，单位为 mm/min。

三种进给量的关系为：

$$v_f = fn = f_z zn \tag{2—3}$$

式中 v_f——进给速度，mm/min；

f——每转进给量，mm/r；

n——铣刀或铣床主轴转速，r/min；

f_z——每齿进给量，mm/z；

z——铣刀齿数。

铣削时，根据加工性质先确定每齿进给量f_z，然后根据所选用铣刀的齿数z和铣刀的转速n计算出进给速度v_f，并以此对铣床进给量进行调整（铣床铭牌上的进给量以进给速度v_f表示）。

3. 铣削深度a_p和铣削宽度a_e

（1）铣削深度a_p

铣削深度是指在平行于铣刀轴线方向上测得的切削层尺寸，单位为 mm。

（2）铣削宽度a_e

铣削宽度是指在垂直于铣刀轴线方向和工件进给方向上测得的切削层尺寸，单位为 mm。

铣削时，由于采用的铣削方法和选用的铣刀不同，铣削深度a_p和铣削宽度a_e的表示也不同。如图 2—13 所示为用圆柱形铣刀进行周铣与用端铣刀进行端铣时，铣削深度与铣削宽度的表示。不难看出，不论是采用周铣还是端铣，铣削深度a_p，总是表示沿铣刀轴向测量的切深；而铣削宽度a_e都表示沿铣刀径向测量的铣削弧深。因为不论使用哪一种铣刀铣削，其铣削弧深的方向均垂直于铣刀轴线。

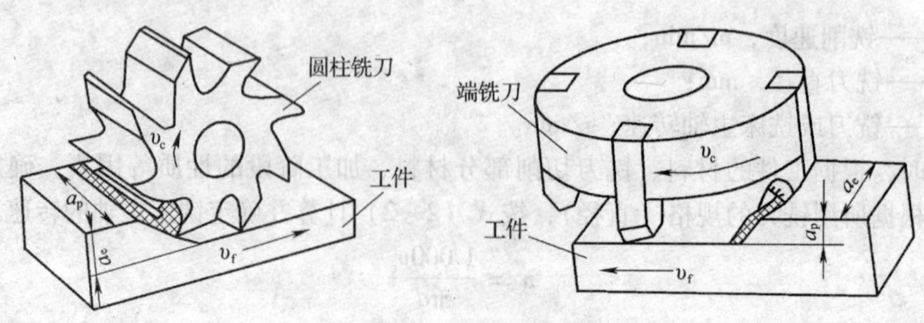

图 2—13 周铣与端铣时的铣削用量

二、铣削用量的选择原则

所谓合理的铣削用量，是指充分利用铣刀的切削能力和机床性能，在保证加工质量的前提下，获得高的生产效率和低的加工成本的铣削用量。

选择铣削用量的原则是在保证加工质量，降低加工成本和提高生产效率的前提下，使铣削宽度（或铣削深度）、进给量、铣削速度的乘积最大。这时工序的切削工时最少。

由于粗铣的目的是尽快去除工件的加工余量，所以在机床动力和工艺系统刚度允许并具有合理的铣刀寿命的条件下，按铣削宽度（或铣削深度）、进给量、铣削速度的次序，选择和确定铣削用量。在铣削用量中，铣削宽度（或铣削深度）对铣刀寿命影响最小，进给量的影响次之，而铣削速度对铣刀寿命的影响最大。因此，在确定铣削用量时，应尽可能选择较大的铣削宽度（或铣削深度），然后按工艺装备和技术条件选择较大的每齿进给量，最后根据铣刀的耐用度选择允许的铣削速度。

精铣主要是为了保证工件最终的尺寸精度和加工表面质量。因此工件切削层宽度应尽量一次铣出（不接刀）。切削层深度一般在 0.5 mm 左右，再根据表面粗糙度要求选择合适的每齿进给量，最后根据铣刀的耐用度确定铣削速度。

1．切削层深度的选择

端铣时的铣削深度 a_p、周铣时的铣削宽度 a_e，即是被切金属层的深度。当条件允许时，可一次进给铣去全部余量。当加工精度要求较高或加工表面的表面粗糙度 Ra 值要小于 6.3 μm时，应分粗铣和精铣。粗铣时，除留下精铣余量（0.5 ~ 2.0 mm）外，应尽可能一次进给切除全部粗加工余量。

端铣时，铣削深度 a_p的推荐值见表 2—1。当工件材料的硬度和强度较高时，取表中较小值。

表 2—1　　端铣时铣削深度 a_p的推荐值　　mm

工件材料	高速钢铣刀		硬质合金铣刀	
	粗铣	精铣	粗铣	精铣
铸铁	5 ~ 7	0.5 ~ 1	10 ~ 18	1 ~ 2
软钢	<5	0.5 ~ 1	<12	1 ~ 2
中硬钢	<4	0.5 ~ 1	<7	1 ~ 2
硬钢	<3	0.5 ~ 1	<4	1 ~ 2

周铣时的铣削宽度 a_e，在粗铣时可比端铣时的铣削深度 a_p大，在允许的条件下，尽量在一次进给中把粗铣余量全部切除。精铣时，a_e值可参照端铣时的 a_p值。

2．进给量的选择

粗铣时，进给量主要根据铣床进给机构的强度、铣刀杆尺寸、刀齿强度以及工艺系统（如机床、夹具等）的刚度来确定。在上述条件许可的情况下，进给量应尽量取得大些。

精铣时，限制进给量提高的主要因素是加工表面的表面粗糙度，进给量越大，表面粗糙度值也越大。一般采用较小的进给量。表 2—2 所列为各种常用铣刀对不同工件材料铣削时的每齿进给量，粗铣时取较大值，精铣时取较小值。

表 2—2 每齿进给量 f_z 推荐值

工件材料	工件材料硬度（HBW）	硬质合金		高速钢			
		端铣刀	三面刃铣刀	圆柱形铣刀	立铣刀	端铣刀	三面刃铣刀
低碳钢	~150	0.20~0.40	0.15~0.30	0.12~0.20	0.04~0.20	0.15~0.30	0.12~0.20
	150~200	0.2~0.35	0.12~0.25	0.12~0.20	0.03~0.18	0.15~0.30	0.10~0.15
中、高碳钢	120~180	0.15~0.50	0.15~0.30	0.12~0.20	0.05~0.20	0.15~0.30	0.12~0.20
	180~220	0.15~0.40	0.12~0.25	0.12~0.20	0.04~0.20	0.15~0.25	0.07~0.15
	220~300	0.12~0.25	0.07~0.20	0.07~0.15	0.03~0.15	0.10~0.20	0.05~0.12
灰铸铁	150~180	0.20~0.50	0.12~0.30	0.20~0.30	0.07~0.18	0.20~0.35	0.15~0.25
	180~200	0.20~0.40	0.12~0.25	0.15~0.25	0.05~0.15	0.15~0.30	0.12~0.20
	200~300	0.15~0.30	0.10~0.20	0.10~0.20	0.03~0.10	0.10~0.15	0.07~0.12
铝镁合金	95~100	0.15~0.38	0.12~0.30	0.15~0.20	0.05~0.15	0.20~0.30	0.07~0.20

3. 铣削速度的选择

在铣削深度 a_p、铣削宽度 a_e、进给量 f 确定后，最后选择确定铣削速度 v_c。铣削速度 v_c 是在保证加工质量和铣刀寿命的前提下确定的。

铣削时，影响铣削速度的主要因素有：铣刀材料的性质和铣刀耐用度、工件材料的性质、铣削条件及切削液的使用情况等。

粗铣时，由于金属切除量大，产生热量多，切削温度高，为了保证合理的铣刀耐用度，铣削速度要比精铣时低一些。在铣削韧性好、强度高以及硬度高、热强度高的材料时，铣削速度应更低一些。此外，粗铣时铣削力大，必须考虑铣床功率是否足够，必要时应适当降低铣削速度，以减小功率。

精铣时，由于金属切除量小，通常可采用比粗铣时高一些的铣削速度。但在精铣加工面积大的工件（即一次铣削宽而长的加工面）时，往往采用铣削速度比粗铣时还要低的低速铣削，以使刀刃和刀尖的磨损量减小，从而获得高的加工精度。表 2—3 所列为常用材料 v_c 的推荐值，实际工作中可按实际情况适当修正。

表 2—3 常用材料 v_c 的推荐值

工件材料	硬度（HBW）	铣削速度 v_c（m/min）	
		硬质合金铣刀	高速钢铣刀
低、中碳钢	<220	80~150	21~40
	225~290	60~115	15~36
	300~425	40~75	9~20
高碳钢	<220	60~130	18~36
	225~325	53~105	14~24
	325~375	36~48	9~12
	375~475	36~45	9~10

续表

工件材料	硬度（HBW）	铣削速度 v_c（m/min）	
		硬质合金铣刀	高速钢铣刀
灰铸铁	100～140 150～225 230～290 300～320	110～115 60～110 45～90 21～30	24～36 15～21 9～18 5～10
铝镁合金	95～100	360～600	180～300

三、铣削用量选择实例

例 2—1 用一把直径为 25 mm、齿数为 3 的高速钢立铣刀，在 X5032 型铣床上精铣一 45 钢的零件，试确定铣床主轴的转速 n 和进给速度 v_f。

解：已知 $d=25$ mm，$z=3$。

由于加工零件的材料为中碳钢，铣削性质为精铣，根据表 2—2 可选取每齿进给量 f_z 为 0.04 mm/z；又根据表 2—3 推荐值及铣刀耐用度等综合因素，铣削速度 v_c 可选取为 25 m/min。

$$n = \frac{1\,000 v_c}{\pi d} = \frac{1\,000 \times 25}{3.14 \times 25} = 318.5(\text{r/min})$$

根据铣床铭牌，实际选择为 300 r/min。

$$v_f = fn = f_z zn = 0.04 \times 3 \times 300 = 36(\text{mm/min})$$

根据铣床铭牌，实际选取 37.5 mm/min。

答：精铣该零件时，调整铣床的转速为 300 r/min，进给速度为 37.5 mm/min。

例 2—2 用一把直径为 150 mm、齿数为 6 的硬质合金端铣刀，在 X5032 型铣床上粗铣一灰铸铁的零件，零件余量为 8 mm，试确定铣削深度 a_p 及铣床主轴的转速 n 和进给速度 v_f。

解：已知 $d=150$ mm，$z=6$；零件余量为 8 mm。

由于加工零件的材料为灰铸铁，铣削性质为粗铣，考虑精铣的余量（1 mm）并根据表 2—1 可选取铣削深度 a_p 为 7 mm；根据表 2—2 可选取每齿进给量 f_z 为 0.3 mm/z；又根据表 2—3 推荐值及铣刀耐用度等综合因素，铣削速度 v_c 可选取为 60 m/min。

$$n = \frac{1\,000 v_c}{\pi d} = \frac{1\,000 \times 60}{3.14 \times 150} = 127.4(\text{r/min})$$

根据铣床铭牌，实际选择为 118 r/min。

$$v_f = fn = f_z zn = 0.3 \times 6 \times 118 = 212.4(\text{mm/min})$$

根据铣床铭牌，实际选取 190 mm/min。

答：粗铣时调整端铣刀的铣削深度为 7 mm，铣床主轴的转速为 118 r/min，进给速度为 190 mm/min。

四、平面的铣削方法

铣平面是铣工最常见的工作，既可以在卧式铣床上铣平面，也可以在立式铣床上进行铣削（见图 2—14）。平面质量的好坏，主要从它的平整程度和表面的粗糙度两个方面来衡量，分别用平面度和表面粗糙度来考核。

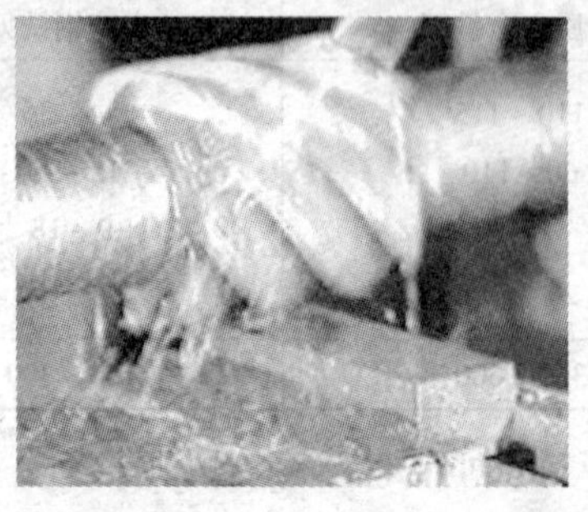
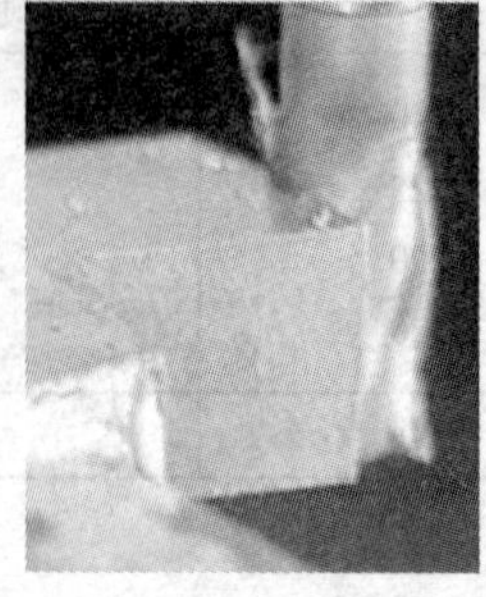

图 2—14　平面的铣削

平面的铣削方法分为周铣和端铣。采用周铣时，可一次铣削比较深的切削层余量（a_e），但受铣刀长度限制，不能切削太宽的宽度（a_p），切削效率较低；端铣平面时，可以通过选取大直径的端铣刀来满足较宽的切削层宽度（a_e），但切削层深度（a_p）较小，一般取 3 ~ 5 mm。

余量较大或表面粗糙度值要求高时，可分粗铣和精铣两步完成。粗铣主要目的是去除加工余量，若条件允许可一次完成，只保留 0.5 ~ 1 mm 的精铣余量；精铣是为了保证工件最后的尺寸精度和表面粗糙度。

任务实施

一、检查毛坯尺寸，进行余量合理分配

用钢板尺检查毛坯看各尺寸方向上是否有足够的余量，根据余量得出合理的余量分配方案。根据毛坯图所示，该零件长度（面 5 与面 6 间）、高度尺寸（面 2 与面 3 间）的总余量为 5 mm，而宽度尺寸（面 1 与面 4 间）的总余量只有 3 mm。故在加工如图 2—10 所示长方体零件中的 1、4，2、3，5、6 这些相对的平面中的第一个面时，切削深度都应尽量取小些（取 1 ~ 1.5 mm），铣削时见光即可，以将余量尽量留给后铣的那一面。

二、装夹工件

将毛坯上选好的粗基准面 2 或 3 靠在固定钳口面上。最好在钳口与工件之间垫上铜皮，以便于作微量调整及不致损伤钳口。用划线盘校正毛坯待加工的上平面 1，使上表面与划针针尖间的缝隙各处基本保持一致后，夹紧工件，以保证铣去的余量尽量少（见图2—15）。

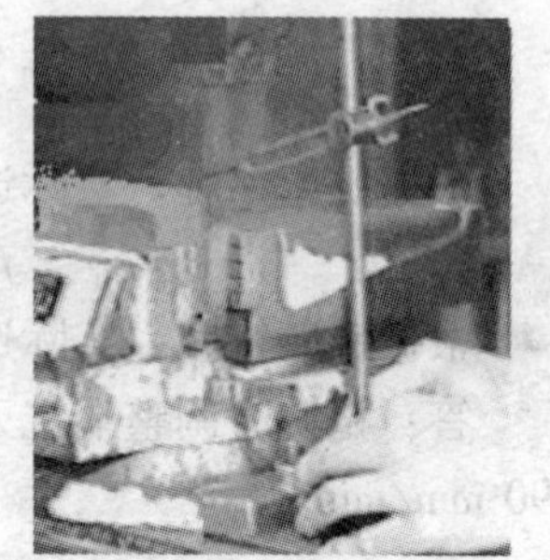

图 2—15　用划线盘校正毛坯待加工面

三、选择铣刀、确定铣削用量进行基准面 1 的铣削

根据本任务相关理论部分铣削用量选取方面的知识可知，在切削普通钢件时，高速钢铣刀的铣削速度通常取 15 ~ 35 m/min，硬质合金铣刀的铣削速度可取80 ~ 120 m/min，粗铣时取较小值，

精铣时取较大值。进给量的大小，在粗铣时通常以每齿进给量为依据，取 0.04 ~ 0.3 mm/z，铣刀及机床系统刚度大时取较大值，刚度小时取较小值；精铣时的进给量以每转进给量为依据，通常取 0.1 ~ 2 mm/ r，表面粗糙度值要求越高，取值就越小。

现选择直径 100 mm 左右的硬质合金端铣刀进行铣削。将铣刀安装好后，将主轴转速调到 300 r/min，即选择 v_c = 100 m/min 左右的铣削速度进行铣削。启动主轴，将工件调整到端铣刀下，手动慢慢上升工作台，当刀尖轻轻划到工件后，纵向退出工件，将工作台上升 1 mm。横向调整到处于不对称逆铣的位置，锁紧横向溜板。将进给速度调到 75 mm/min，机动进给铣出平面 1（见图 2—16）。

铣出的平面 1（基准面 *A*）将为后续垂直面与平行面的铣削创造定位基准，所以要确保平面 1 的平面度及表面粗糙度要求。观察加工表面粗糙度，并用刀口形直尺检测平面度，合格后卸下工件。若表面粗糙度不符合要求，可将工作台再上升 0.5 mm，将主轴转速调高一挡或将进给速度降低一挡，再铣一刀。

图 2—16　端铣平面 1

操作提示

在用机夹式端铣刀进行铣削时，应先佩戴好防护眼镜，以避免高速飞出的切屑损伤眼睛。

四、对加工好的平面进行检测

加工完毕后，停车待工件退出后先用表面粗糙度比较样块（见图 2—17）通过目测法检测工件的表面粗糙度要求，合格后卸下工件，锉修毛刺。再根据图 2—18 所示方法，用刀口形直尺通过透光法来检测所加工平面的平面度是否合格。检测时，刀口应紧贴在工件被测表面上，观察刀口与被测平面之间透光缝隙的大小，并沿加工面的纵向、横向和对角线方向逐一检测，以透光的均匀强弱来判断加工面是否平直。其平面度误差的大小可用塞尺来检查确定。只要 0.05 mm 厚的塞尺无法塞入间隙，该平面的平面度就是合格的。

图 2—17　表面粗糙度比较样块

图 2—18　平面度的检测

操作提示

铣削第一个基准平面时，在保证平面度和表面粗糙度值的前提下，应注意切削余量的合理分配，以确保在铣削对面时能有足够的余量。另外铣削时还应注意：

1. 用平口钳装夹工件后，应先取下平口钳扳手方能进行铣削。
2. 铣削时应紧固不使用的进给机构，工作完毕再松开。
3. 铣削中不准用手触摸工件和铣刀，不准测量工件，不准变换主轴转速。
4. 铣削中不准任意停止铣刀旋转和自动进给，以免损坏刀具、啃伤工件。若必须停止，则应先降落工作台，使铣刀与工件脱离接触方可停止操作。
5. 每铣削完一个平面，都要将毛刺锉去，而且不能伤及工件的已加工表面。铣削相对的平行面时，应注意余量的分配和工件最终尺寸的控制。

任务 3　铣削长方体零件

学习目标

1. 了解平行面、垂直面铣削的方法。
2. 掌握平行面、垂直面加工的装夹方法。
3. 掌握垂直面、平行面铣削和检测的方法。

工作任务

上一任务完成了长方体零件基准面 1 的铣削，本任务将通过对与面 1 相邻或相对的其他五个平面的铣削（见图 2—19），来掌握平行面和垂直面的铣削方法，完成长方体零件的加工。在平行面和垂直面的铣削中，零件的装夹方法和铣削步骤的选择都对零件的加工质量有着非常重要的影响。

相关理论

一、垂直面的铣削方法

进行工件被加工表面与基准面有相互垂直要求的铣削，称为铣垂直面。垂直面铣削除了像平面铣削那样需要保证其平面度和表面粗糙度的要求外，还需要保证相对其基准面位置精度（垂直度）的要求。

铣削垂直面时关键的问题是保证工件定位的准确与可靠。当工件在平口钳上装夹时，要保证基准面与固定钳口铁紧贴并在铣削时不产生移动。为满足这一要求，工件在装夹铣削时应采取以下措施：

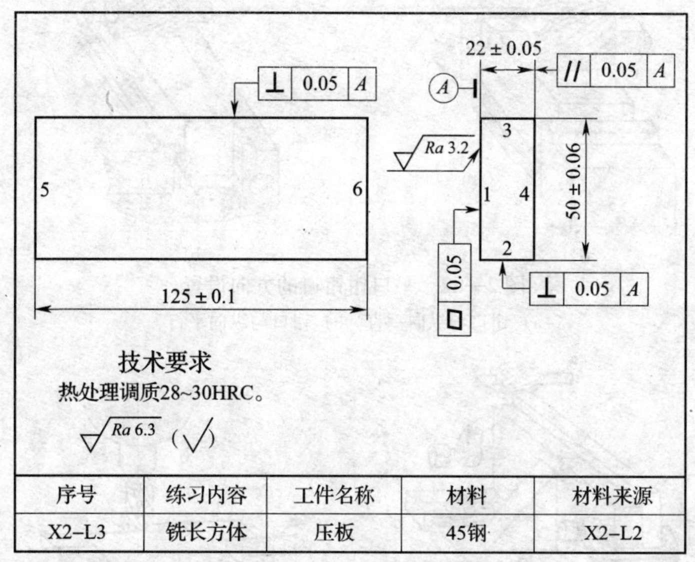

图 2—19　长方体零件图

1. 在平口钳上装夹并加工高精度工件时，若以其固定钳口面为定位基准，就要检测并校正固定钳口与工作台台面的垂直度是否符合要求。检测时，为使垂直度误差明显，选一块表面磨得光滑平整的平行块，紧贴在固定钳口面上，并在活动钳口处，横向夹一圆棒，将平行块夹牢。在上下 200 mm 的垂直移动中，若百分表读数的变动量在 0. 03 mm 以内为合适（见图 2—20）。否则，就要卸下固定钳口铁，修整固定钳口定位面或在平面磨床上修磨固定钳口铁。

2. 擦拭干净固定钳口和工件的定位基准面，将工件的基准面紧贴固定钳口，并在工件与活动钳口之间位于活动钳口一侧中间的位置上加一根圆棒，以保证工件的基准面在夹紧后仍然与固定钳口贴合（见图 2—21）。

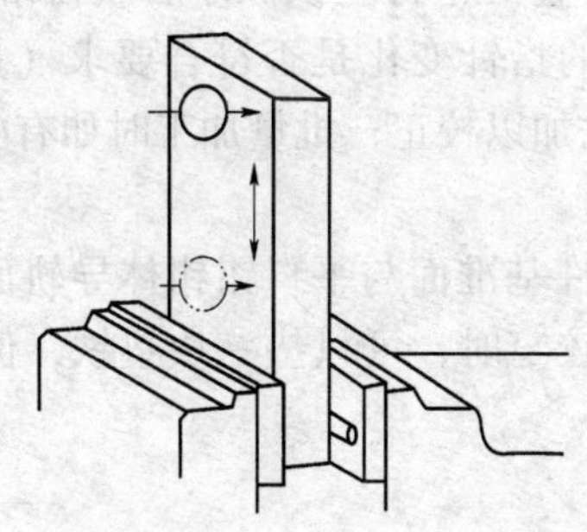

图 2—20　检测固定钳口面的垂直度

图 2—21　用圆棒夹紧工件

3. 在装夹时钳口的方向可与工作台纵向进给方向垂直（见图 2—22a）或平行，其目的是使铣削时切削力朝向固定钳口，以保证铣削过程中工件的位置不发生移动，但对于较薄或较长的工件，则一般采用钳口的方向与工作台纵向进给方向平行的方法（见图 2—22b）。

4. 对于薄而宽大的工件可选择在弯板（角铁）上装夹来进行铣削或直接装夹在工作台面上进行铣削（见图 2—23）。

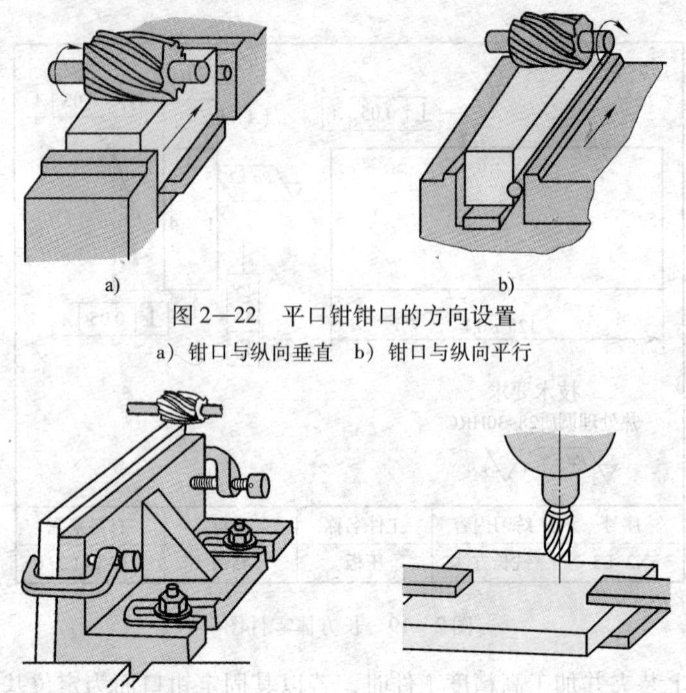

图 2—22　平口钳钳口的方向设置

a）钳口与纵向垂直　b）钳口与纵向平行

图 2—23　宽大工件的装夹

二、平行面的铣削方法

要求工件待加工表面与基准面相互平行的铣削，称为铣平行面。平行面铣削除了像平面铣削那样需要保证其平面度和表面粗糙度的要求外，还需要保证相对其基准面位置精度（平行度）的要求。因此，在卧式铣床上用平口钳装夹进行铣削时，平口钳钳体导轨面是主要定位表面。铣削时的装夹方法如下：

1. 铣削时以其钳体导轨面为定位基准表面，因此要检测钳体导轨平面与工作台台面的平行度是否符合要求。检测时，将一块表面光滑平整的平行垫铁擦净后放在钳体导轨面上。移动工作台，观察用百分表检测平行垫铁平面时的指针变化是否符合要求（见图 2—24）。若不平行，可采取在导轨或底座上加垫纸片的方法加以校正；批量加工时如有必要，可在平面磨床上修磨钳体导轨面。

2. 工件高度低于平口钳钳口高度时，要在工件基准面与平口钳钳体导轨面之间垫两块高度相等的平行垫铁（见图 2—25）。若工件宽度较窄时，可只垫一块垫铁，但垫铁的厚度必须小于工件的宽度。

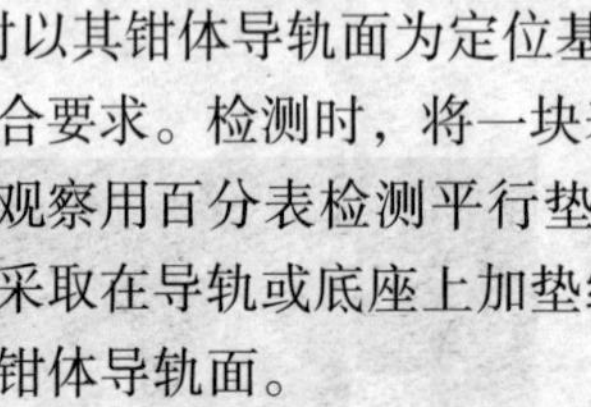

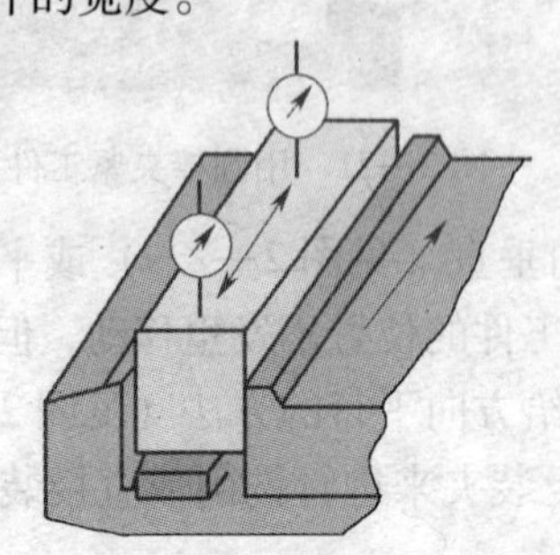

图 2—24　检测导轨面

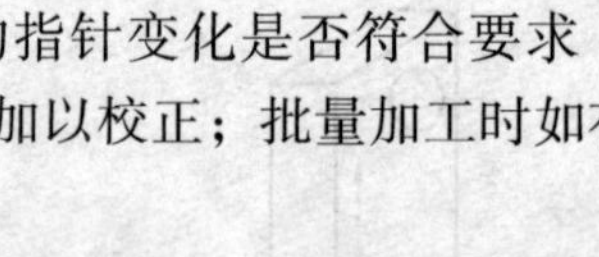

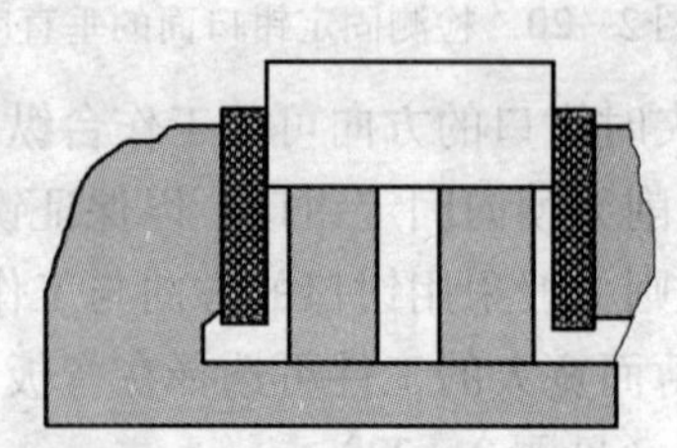

图 2—25　平行垫铁的设置

三、端铣垂直面和平行面的方法

1. 若用端铣的方法铣削该工件的垂直面和平行面，工件一般用平口钳装夹，多在立式铣床上进行铣削（见图2—26）。装夹、调整和铣削的方法与周铣时基本相同，其不同之处在于：

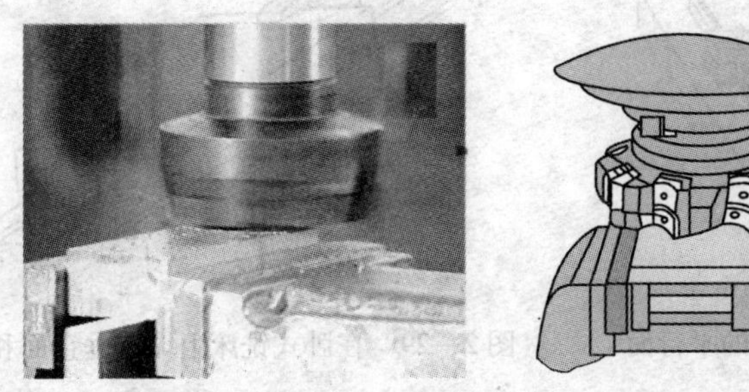

图2—26　端铣平行面和垂直面

（1）端铣时不会因铣刀的圆柱度或刀齿高低不齐而影响所铣平面与基准面间的垂直度和平行度。

（2）在端铣时会因铣床“零位”不准而影响所铣削平面与基准面间的垂直度和平行度。具体情况如下：

1）在立式铣床上进行端铣时，若立铣头“零位”不准：用横向进给时，会铣削出一个与工作台面倾斜的平面；用纵向进给作非对称铣削时，则会铣出一个不对称的凹面。

2）在卧式铣床上进行端铣时，若工作台“零位”不准：用升降进给时，会铣出一个斜面；用纵向进给作非对称铣削时，也会铣出一个不对称的凹面。

2. 用端铣的方法铣削较大工件的垂直面和平行面，可直接将工件装夹在工作台面上，用立式铣床或卧式铣床进行铣削。其方法如下：

（1）若工件的基准面窄长，可以采用定位垫铁进行定位，在卧式铣床的工作台面上装夹铣削（见图2—27a）；用压板将定位垫铁轻轻压上，再用百分表校正定位基准表面。此法铣出的表面，可同时保证与定位垫铁和工作台面相接触的两个基准平面相互垂直（见图2—27b）。

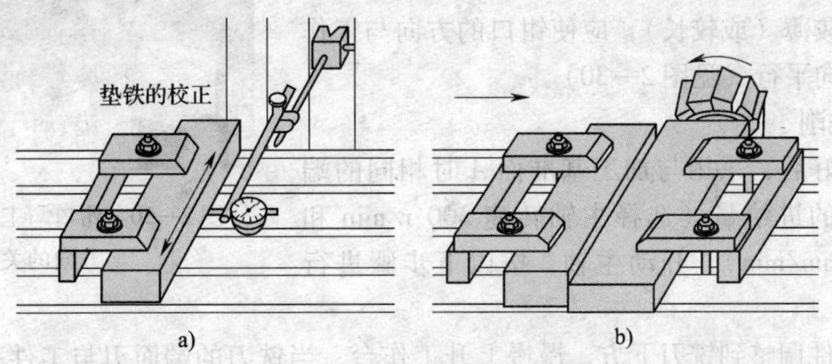

图2—27　用定位垫铁装夹铣垂直面

（2）当工件上有台阶时，可直接用压板将工件装夹在立式铣床的工作台面上，使基准与工作台面贴合，铣削平行面；为了防止工件在铣削力作用下产生位移，在没有布置压板且迎着铣削力方向的侧面，可通过设置挡铁来避免工件在铣削中发生移动（见图

2—28）。

（3）在卧式铣床上端铣垂直面和平行面。铣削以侧面为基准面的平行面时，可用定位键定位。若底面与基准面不垂直，则须通过底面垫铜皮或纸片进行校准；若底面与基准面垂直，可同时保证铣出的平面与基准面平行、与底面垂直（见图 2—29）。

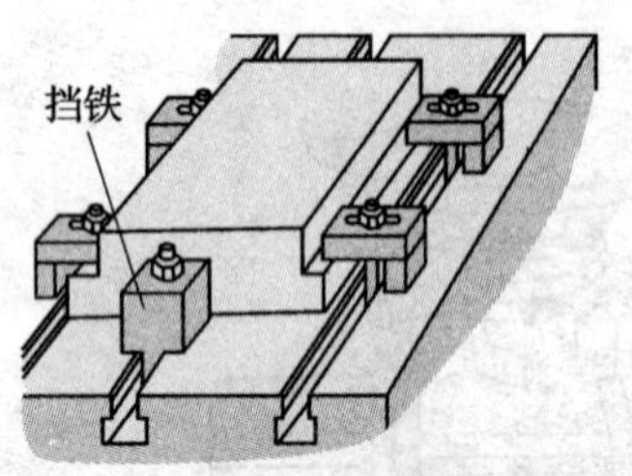

图 2—28　端铣带台阶的平行面

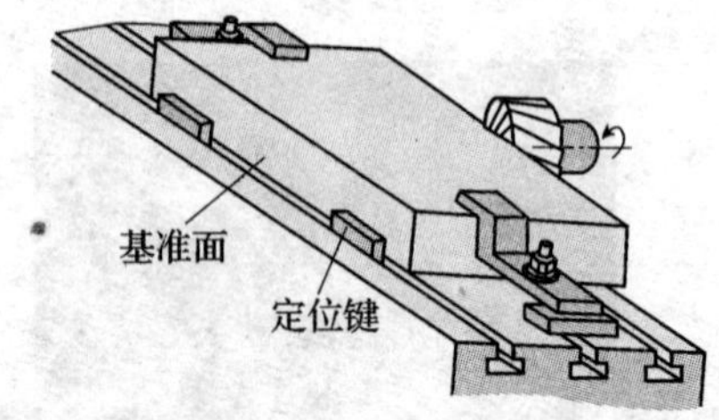

图 2—29　在卧式铣床上端铣垂直面和平行面

任务实施

一、铣削与基准面 A 相邻的表面 2

1. 工件装夹

从长方体零件图 2—19 中不难看出，表面 2、3 与基准面 A 是相互垂直的位置关系。也就是说，铣削平面 2 实际上是进行垂直面的铣削。

铣削垂直面时关键的问题是保证工件定位的准确与可靠。当工件在平口钳上装夹时，要保证基准面与固定钳口紧贴并在铣削时不产生移动。为满足这一要求，工件在装夹铣削时应采取以下措施：

擦拭干净固定钳口和工件的定位基准面 A，将工件表面 A 作为基准面紧贴固定钳口，并在工件与活动钳口之间位于活动钳口一侧中心的位置上加一根圆棒，以保证工件上的基准面 A 在夹紧后能与固定钳口贴合。由于要加工的零件较薄（或较长），应使钳口的方向与工作台纵向进给方向平行（见图 2—30）。

图 2—30　钳口与工作台进给方向的关系

2. 进行铣削

工件装夹好后，采用与加工基准面 A 时相同的端铣刀，以相同的进给量（选择主轴转速 300 r/min 和进给速度 75 mm/min），开动主轴，按以下步骤进行铣削：

（1）将工件调整到铣刀下方，慢慢上升工作台，当铣刀的端面刃与工件表面轻轻相切后，退出工件。

（2）根据余量情况再将工作台上升 1 ~ 2 mm 铣出表面 2，保证与基准面 A 垂直。并按图 2—31 所示方法检测面 1 与面 2 间的垂直度，若不合格应通过装夹调整，继续铣削面 2，直至合格后进入下一平面的铣削。

铣好垂直面后用90°角尺检验其与基准面的垂直度，先将90°角尺的尺座靠向工件上作为加工基准的表面，再将尺苗靠在被测平面上，移动直角尺，在不同位置重复上述测量，利用透光法来检测被加工表面与基准面之间的垂直度误差。合格后方可进行后续表面的加工。

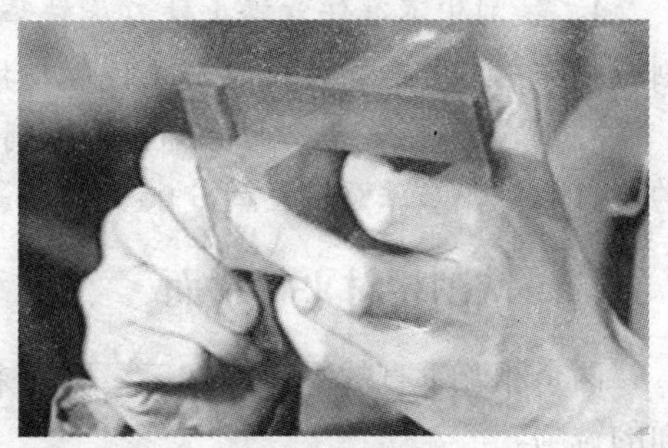

图2—31 检查垂直度

若在铣削相邻表面时，铣出的平面与基准面间不垂直，其主要原因是铣削装夹时基准面与铣床工作台面不垂直。而造成这一结果的原因有很多，主要包括：

- 平口钳或工件上有杂物，造成工件基准面与工作台面不垂直。
- 固定钳口因磨损等原因与工作台面不垂直，导致工件基准面与工作台面不垂直。
- 因夹紧力过大，使固定钳口外倾，导致工件基准面与工作台面不垂直。

另外，当采用固定钳口与工作台纵向平行装夹进行铣削时，铣刀圆柱度不好也会造成铣出的平面与基准面不垂直。

为了保证加工表面与基准面之间的垂直度要求，首先在铣削前安装平口钳时，要擦拭干净工作台和平口钳底面；装夹工件时要去净毛刺并擦拭干净固定钳口和工件基准面；选择精度较高的铣刀；另外可适当减小夹紧力，以消除因夹紧力过大而造成的固定钳口外倾。

若这样铣出的平面仍与基准面不垂直，则可先采取以下一些临时性的补救措施：

- 可在固定钳口与工件基准面间垫长条形的纸片或铜皮。若铣出的垂直面交角大于90°，则应垫在下面；若铣出的交角小于90°，则应垫在上面（见图2—32a）。
- 可在平口钳底面加垫长条形的纸片或铜皮。若铣出的垂直面交角大于90°，则应垫在活钳口一端；若铣出的交角小于90°，则应垫在固定钳口一端（见图2—32b）。

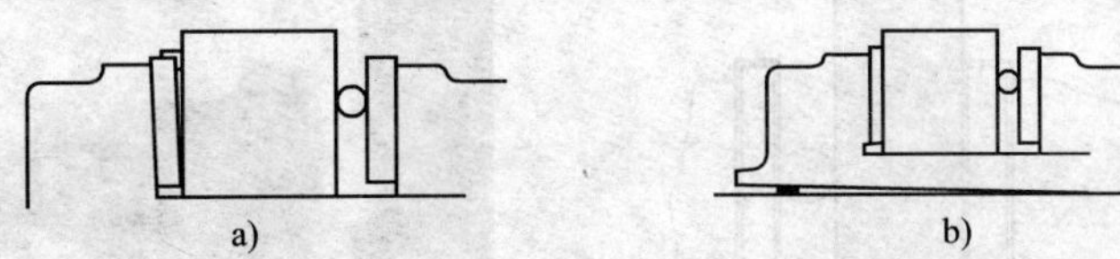

图2—32 调整钳口不垂直的方法

但要彻底解决平口钳固定钳口与工作台面不垂直的问题，应卸下钳口上的护铁重新进行修磨。

操作提示

铣削时还应注意：

1. 用平口钳装夹工件后，应先取下平口钳扳手方能进行铣削。
2. 铣削时应紧固不使用的进给机构，工作完毕再松开。
3. 铣削中不准用手触摸工件和铣刀，不准测量工件，不准变换主轴转速。

4. 铣削中不准任意停止铣刀旋转和机动进给，以免损坏刀具、啃伤工件。若必须停止，则应先降落工作台，使铣刀与工件脱离接触方可停止操作。

5. 每铣削完一个平面，都要将毛刺锉去，而且不能伤及工件的已加工表面。铣削相对的平行面时，应注意余量的分配和工件最终尺寸的控制。

二、铣削相对平行平面

两个相互垂直的平面铣好后，接下来将要进行对其相对平面 3、4 的铣削，即进行平行面的铣削。

同样我们由长方体零件图 2—19 中可看出，待加工表面 3 既与工件基准面 *A* 垂直，又与刚加工好的平面 2 相互平行。所以我们在对表面 3、4 进行铣削时，除了像铣削单一平面那样需要保证其本身的平面度和表面粗糙度外，还要同时保证它与相邻表面的垂直度，与相对平面的平行度，以及相对平面间的尺寸精度要求。因此在铣床上用平口钳装夹进行铣削时，平口钳的固定钳口和钳体导轨面都将作为工件装夹时的定位基准面。

1. 工件装夹

铣好平面 2 后，在 X5032 立式铣床上仍以平口钳装夹工件，以铣好的平面 2 为辅助基准，贴向导轨面。将原来的基准面 *A* 仍贴紧固定钳口装夹，由于该工件宽度小于平口钳钳口高度，所以装夹时，应在工件与平口钳钳体导轨面之间垫一块垫铁（但垫铁的宽度必须小于工件夹紧时两钳口间的宽度，见图 2—33a），以使工件上表面的加工余量部分略高出钳口。

在铣削基准面 *A* 的平行面 4 时，则以基准面 *A* 为主要定位基准，将基准面 *A* 朝下紧贴钳体导轨面，以铣好的与之相垂直的平面 2 作为次要基准贴向固定钳口。同样，由于工件高度低于平口钳钳口高度，装夹时要在工件基准面 *A* 与平口钳钳体导轨面之间垫两块高度相等的平行垫铁。

每次夹紧工件时，应用铜棒将工件轻轻敲实（见图 2—33b）。

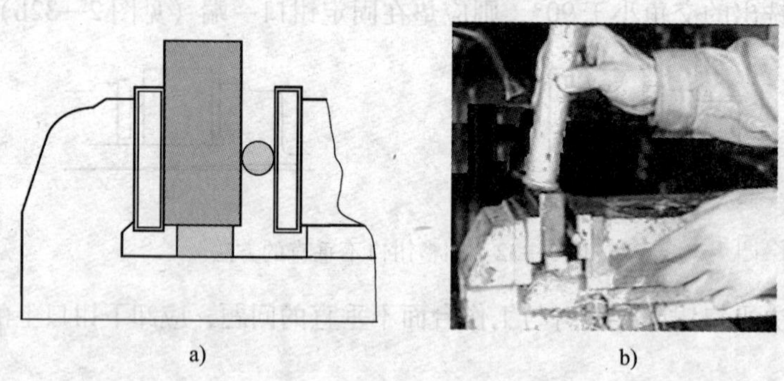

a)　　b)

图 2—33　铣削平面 3 时工件的装夹

a）垫平行垫铁　b）用铜棒敲实工件

2. 进行铣削

工件装夹好后采用与铣削垂直面相同的方法完成平面 3 的铣削；重新装夹，再用同样方法完成平面 4 的铣削。在铣削平面 3、4 时应注意所铣的平面不但要与其相对的基准面平行，而且还要与相邻的次要基准平面（固定钳口一侧）垂直，同时要保证两平行平面之间的尺寸精度（22 mm ±0. 05 mm、50 mm ±0. 06 mm）。

铣削过程中，测量对面尺寸时，若被测表面与基准平面平行，则被测表面到基准平面之间的距离应当处处相等，所以我们只要直接用游标卡尺或千分尺检测被测两平面间不同部位的距离尺寸，所测得的最大尺寸与最小尺寸之差即可认为是两平面之间的平行度误差，如图2—34 所示。但应注意，这种检测方法会将基准面的平面度误差带入到平行度的检测中来。

另外，对于精度要求较高的平行平面也可在检验平台上利用百分表对工件四角及中部的读数差值来检测两平面间的平行度误差（见图 2—35）。

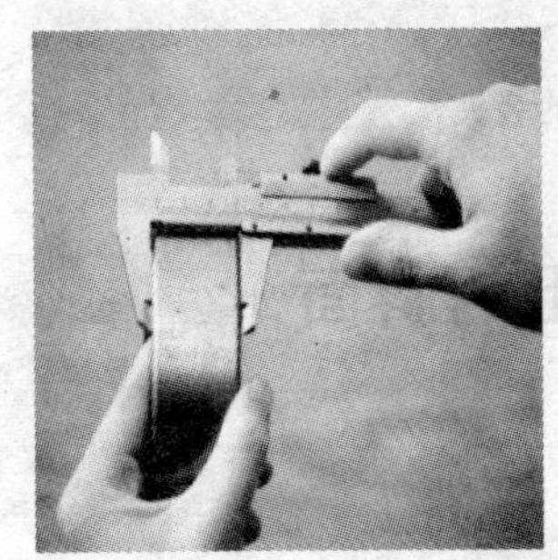

图 2—34 用游标卡尺检测平行度

图 2—35 用百分表检测平行度

操作提示

若铣出的平面与基准面不平行，产生的原因和具体处理方法如下：

1. 所垫的两平行垫铁厚度不相等。为了确保厚度相等，两平行垫铁应在磨床上同时磨出。

2. 工件上与固定钳口相对的平面与基准面不垂直，夹紧时（特别是在活动钳口处采取了夹圆棒的方法）使该平面与固定钳口紧密贴合，造成基准面与钳体导轨面不平行。所以在铣削平行面之前，一定要先保证两基准面之间的垂直度。

3. 活动钳口与钳体导轨面存在间隙，在夹紧工件时活动钳口受力上翘，使活动钳口一侧的工件随之上抬。因此，在装夹工件时，预紧后需用铜质或木质锤子轻轻敲击工件顶面，直到两平行垫铁（或两铜皮）的四端均没有松动现象时再夹紧工件。

4. 圆柱形铣刀的圆柱度误差大（呈圆锥形），需修磨或更换铣刀。

5. 平口钳钳体导轨面与铣床工作台台面不平行。产生这种现象的主要原因是平口钳底面与工作台台面之间有杂物，以及平口钳钳体导轨面本身与底面不平行。因此，应注意清除毛刺和切屑，必要时需检查平口钳钳体导轨面与工作台台面间的平行度，并修磨导轨及底座。

三、铣削两端平面

两端平面在铣削时必须保证与其他四个已铣好的平面之间相互垂直、两端平面之间相互平行且保证尺寸精度（125 ±0.1）mm。

铣削时以较大的平面 1 或 2（130 mm × 50 mm）为基准面靠向固定钳口，并用 90°角尺校正工件的侧面与平口钳的钳体导轨面垂直（见图 2—36），再进行铣削。

铣完第一个端平面后，将铣好的一端掉头朝下置于平口钳的钳体导轨面上，原靠向固定钳口的一面仍靠向固定钳口，夹紧。按铣削平行面的方法铣出另一端平面，并保证两端平面间的尺寸（125 ±0.1）mm。

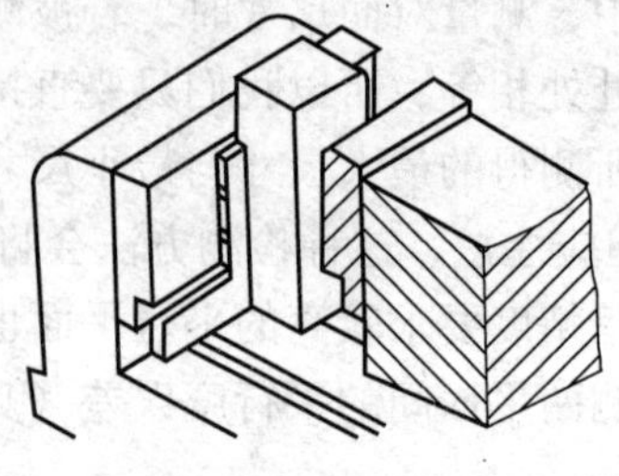

图 2—36 铣削两端面时的装夹

任务 4 铣削压板上的斜面

学习目标

1. 了解斜面的技术要求。
2. 掌握斜面铣削的工艺方法和加工步骤。
3. 完成压板零件各斜面的加工。

工作任务

本任务是完成压板上几个连接斜面的铣削，这几个斜面是为压板的使用功能而设计的。即将上一任务中铣好的长方体零件铣成如图 2—37 所示的半成品零件。

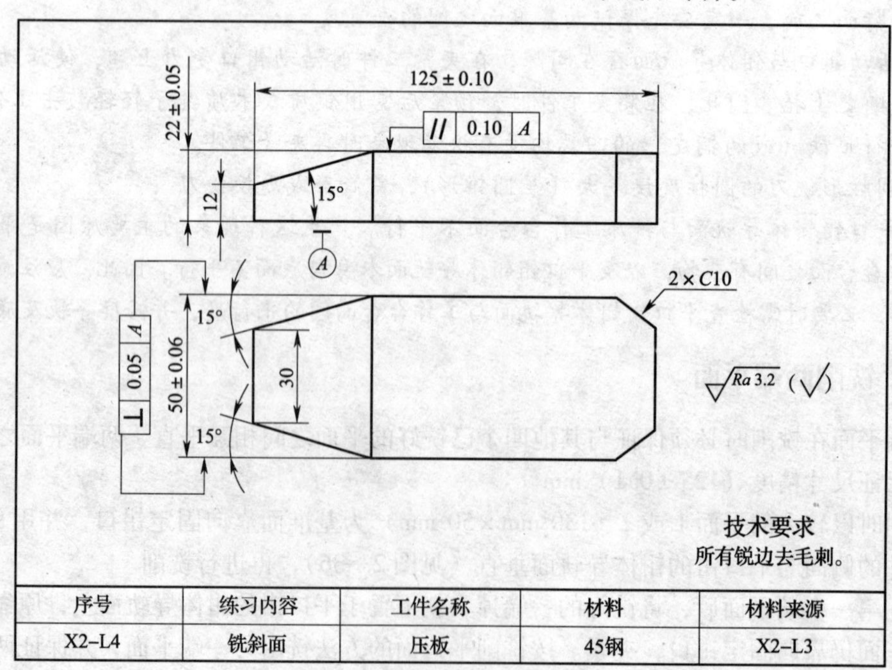

序号	练习内容	工件名称	材料	材料来源
X2–L4	铣斜面	压板	45钢	X2–L3

图 2—37 压板半成品零件图

铣削的工艺过程如下：

1．按图划线。

2．按划线装夹，铣压板前端三个 15°斜面。

3．用倾斜主轴法铣削两个 $C10$ mm 斜面。

相关理论

一、斜面的表达方式

斜面是指与其基准面成倾斜状态的平面。斜面的表示方法通常有两种：

1．倾斜程度较大时用斜面与基准面间所夹角度来表示，如图 2—38a 所示，此斜面与基准面的夹角为 45°。

2．倾斜程度较小时用斜度的比值表示。如图 2—38b 所示，表示零件在 50 mm 长度上斜面两端至基准面的距离相差 1 mm，用“∠1∶50”表示。斜度符号“∠”或“⦣”的下横线与基准面平行，上斜线表示斜面的倾斜方向。

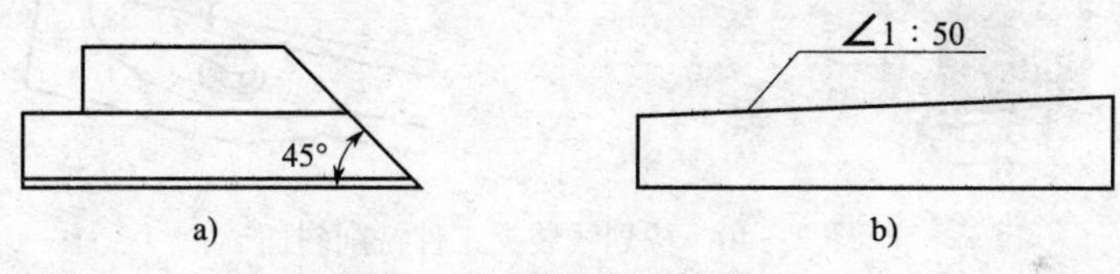

图 2—38　斜面的表示方法

两种斜面表示方法的数学关系式为：$\tan\alpha = s$

式中　α——斜面与基准面间的夹角；

s——斜度比值。

二、斜面的铣削方法

常用的铣削斜面的方法有：倾斜工件铣斜面、倾斜铣刀铣斜面和用角度铣刀铣斜面等。若在卧式铣床上用圆柱铣刀铣斜面，一般只能按划线倾斜工件铣斜面。而在立式铣床上铣削斜面时，相对调整和装夹的方法较多。

铣削斜面，必须使工件的被加工表面与其基准面，以及铣刀之间满足两个条件：一是工件的斜面平行于铣削时工作台的进给方向；二是工件的斜面与铣刀的切削位置相吻合，即采用周铣时斜面与铣刀旋转表面相切，采用端铣时，斜面与铣床主轴轴线垂直（见图 2—39）。

1．倾斜工件铣斜面

将工件倾斜成所需要的角度安装进行铣斜面，适合于主轴不能扳转角度的铣床上铣斜面。常用的铣削方法有：

（1）按划线装夹工件铣削斜面

生产中经常采用按划线装夹工件铣削斜面的方法。先在工件上划出斜面的加工线，然后在平口钳上装夹工件，用划线盘校正工件上的加工线与工作台台面平行，再将工件夹紧后即可对工件进行斜面铣削（见图 2—40）。

此法操作简单，仅适合于加工精度要求不高的单件小型工件的生产。

图 2—39 铣斜面的方法

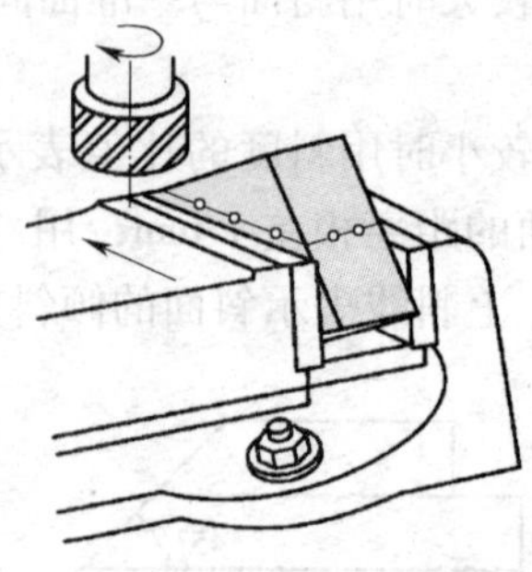

图 2—40 按划线装夹工件铣削斜面

（2）采用倾斜垫铁铣削斜面

采用倾斜垫铁的宽度应小于工件宽度，垫铁斜面的斜度应与工件相同。将倾斜垫铁垫在平口钳钳体导轨面上，再将工件装夹（见图 2—41）。

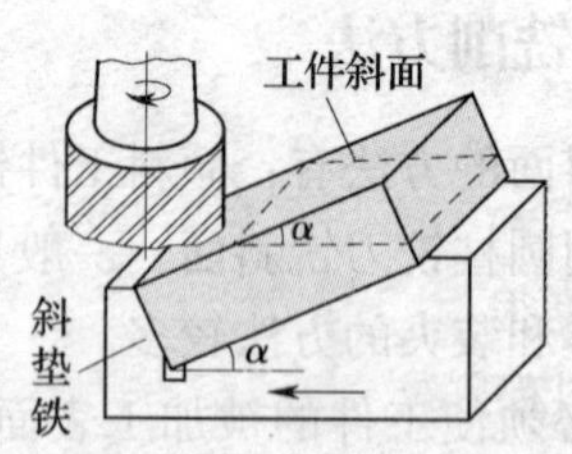

图 2—41 采用倾斜垫铁铣削斜面

采用倾斜垫铁可以一次完成对工件的校正和调整。在铣削一批工件时，铣刀的高度位置不需要因工件的更换而重新调整，故可以大大提高批量工件生产的效率。

（3）利用靠铁铣削斜面

外形尺寸较大的工件，在工作台上用压板进行装夹。应先在工作台台面上安装一块倾斜的靠铁，用百分表校正其斜度，使其倾斜度符合工件加工要求。然后将工件的基准面靠向靠铁的定位表面，再用压板将工件压紧（见图 2—42）。

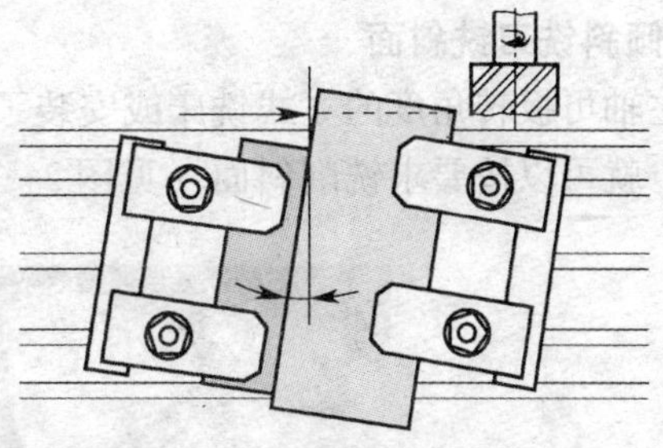

图 2—42　利用靠铁铣削斜面

(4) 偏转平口钳钳体铣削斜面

先校正固定钳口与铣床主轴轴线垂直或平行，松开回转式平口钳钳体的紧固螺钉，将钳身上的零线相对回转盘底座上的刻线扳转一个角度，使其倾斜度符合工件加工的要求（见图 2—43）。然后将钳体固定，装夹工件，铣出要求的斜面（见图 2—44）。

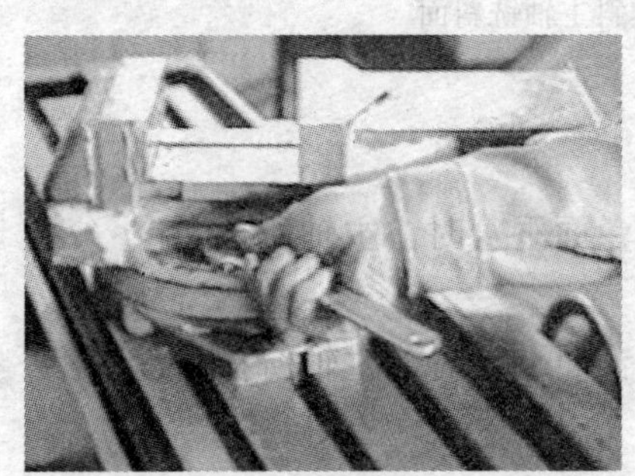
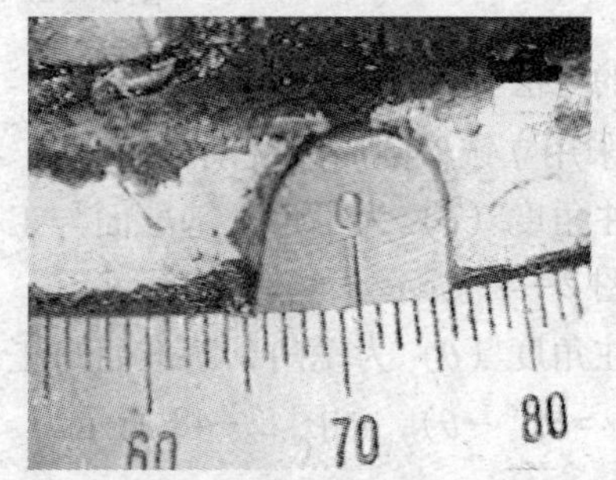

图 2—43　偏转平口钳钳体铣削斜面

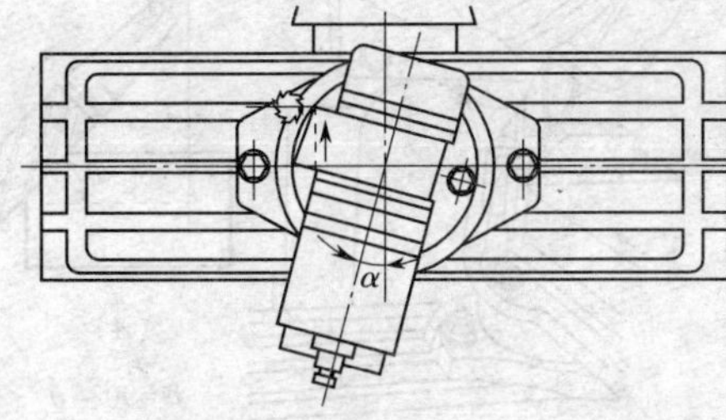

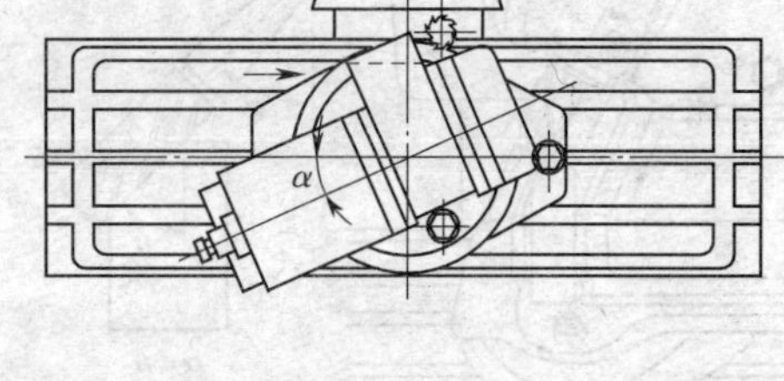

图 2—44　调整平口钳钳体角度装夹铣削斜面

(5) 铣削斜度很小的斜面

当要铣削倾斜程度较小（用斜度 S 的比值表示）的工件时，可按斜度计算出相应长度间的高度差 δ，然后在相应长度间反向垫不等高垫铁，如图 2—45 所示。

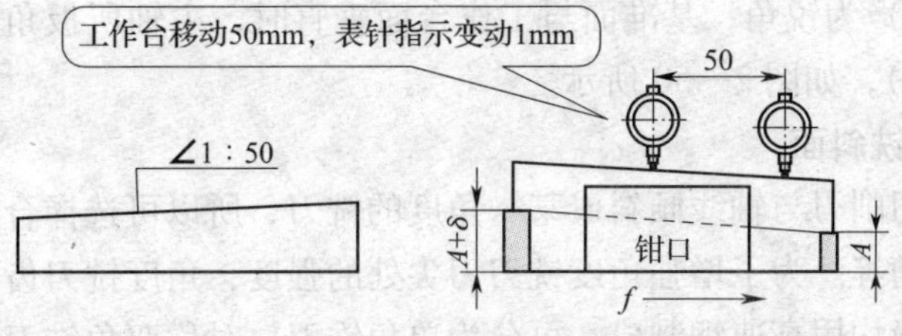

图 2—45　垫不等高垫铁铣斜面

2．倾斜铣刀铣斜面

在主轴可扳转角度的立式铣床或安装了万能立铣头的卧式铣床上，将铣床的主轴倾斜一个角度，就可以按要求铣削斜面（见图2—46）。

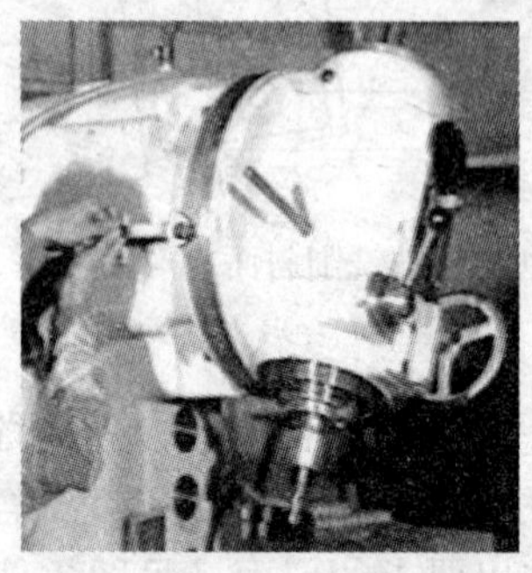
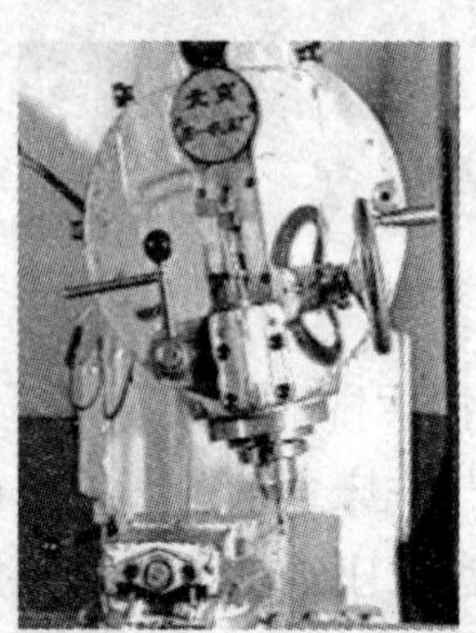

图2—46　倾斜主轴铣斜面

常用的方法有：

（1）采用立铣刀圆周刃铣削斜面

当标注角度（θ）为锐角，基准面与工作台面垂直时，主轴所扳角度（α）与标注角度相同，如图2—47所示。

当标注角度（θ）为锐角，基准面与工作台面平行时，主轴所扳角度（α）为标注角度的余角（$\alpha=90°-\theta$），如图2—48所示。

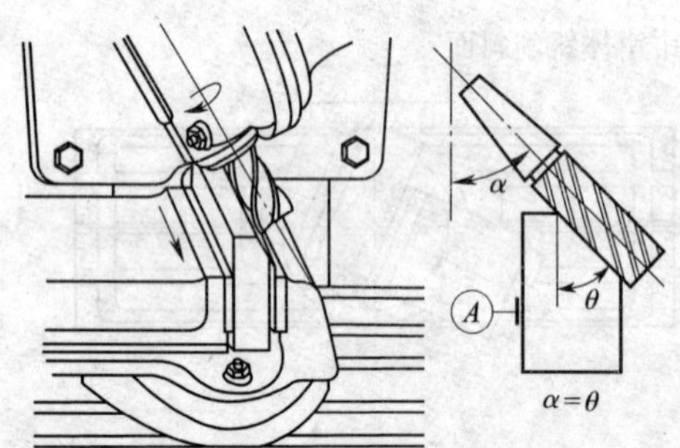

图2—47　工件基准面与工作台台面垂直

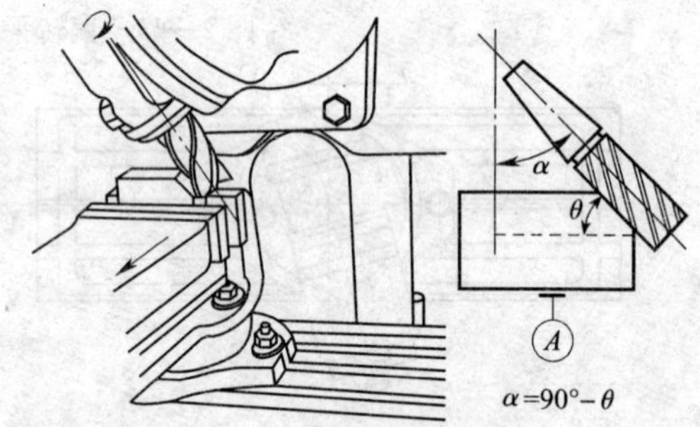

图2—48　工件基准面与工作台台面平行

（2）采用端铣刀端面刃铣削斜面

当标注角度（θ）为锐角，基准面与工作台面平行时，主轴所扳角度（α）与标注角度相同，如图2—49所示。

当标注角度（θ）为锐角，基准面与工作台面垂直时，主轴所扳角度（α）为标注角度的余角（$\alpha=90°-\theta$），如图2—50所示。

3．用角度铣刀铣斜面

角度铣刀就是切削刃与轴线倾斜成某一角度的铣刀，所以可选择合适的角度铣刀铣削相应的斜面、刀具齿槽等。为了增强角度铣刀刀尖处的强度，角度铣刀齿顶处均制成一定的小圆角。角度铣刀一般均用高速钢制成，可分为单角铣刀、对称双角铣刀和不对称双角铣刀三种（见图2—51）。

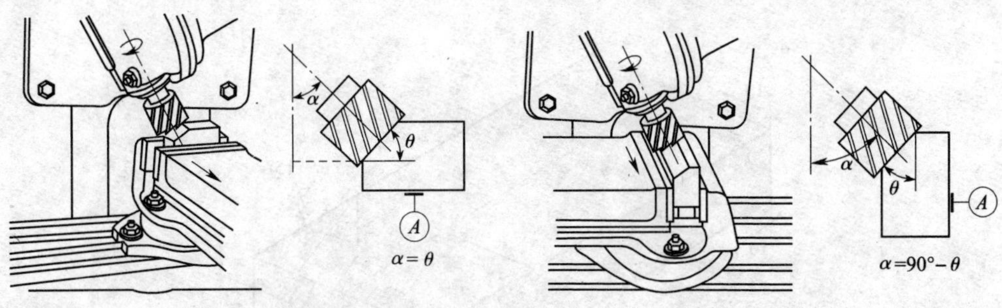

图 2—49　工件基准面与工作台台面平行　　　图 2—50　工件基准面与工作台台面垂直

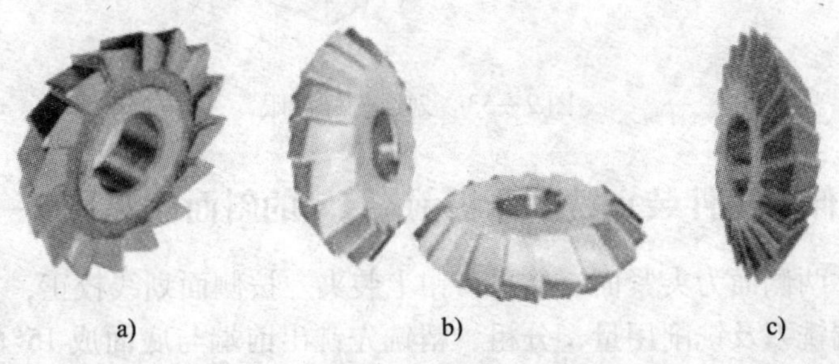

图 2—51　角度铣刀

a）单角铣刀　b）对称双角铣刀　c）不对称双角铣刀

对于批量生产的窄长的斜面工件，比较适合使用角度铣刀进行铣削，如图 2—52 所示。

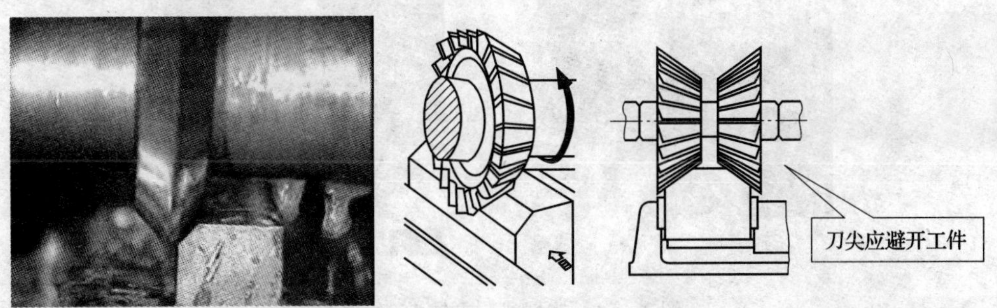

图 2—52　采用角度铣刀铣削斜面

铣削时，根据工件斜面的角度选择相应角度的角度铣刀，并注意角度铣刀切削刃的长度要大于工件斜面的宽度。铣对称的双斜面时，可选用一对规格相同、刀齿刃口方向相反的角度铣刀，将两把铣刀的刀齿错开半齿，可以有效地减小铣削力和振动。由于角度铣刀的刀齿强度较弱，刀齿排列较密，铣削时排屑较困难，因此使用角度铣刀铣削时采用的铣削用量应比周铣低 20% 左右，并施以充足的切削液。

任务实施

一、划出斜面加工位置线

根据零件图在工件的底面与侧面划出斜面的位置线，并打上样冲眼，如图 2—53 所示。

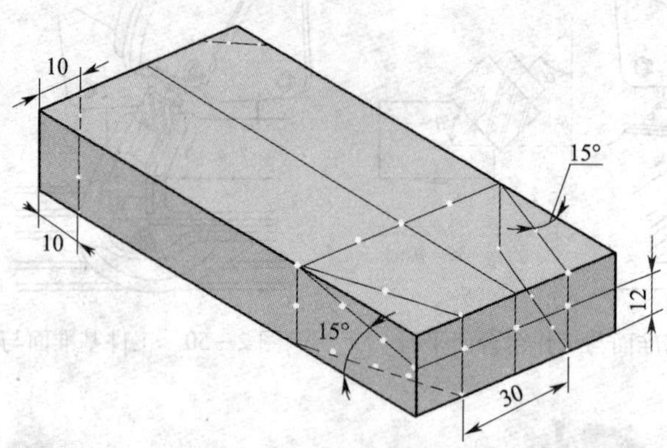

图 2—53　划线打样冲眼

二、按划线倾斜工件装夹铣削压板前端 15°的斜面（见图 2—54）

先以毛坯工件两侧面为夹紧面，在平口钳上装夹。按侧面划线校正，在立式铣床上用与上一任务相同的端铣刀及铣削用量，分粗、精铣先铣出前端与底面成 15°的斜面，并注意保证尺寸 12 mm。再将底面紧贴固定钳口，以底面划线校正装夹，以同样的方法分别铣出前端两侧 15°的斜面，并保证尺寸 30 mm。

图 2—54　按划线装夹铣 15°的斜面

三、用倾斜主轴法铣削压板后端 $2 \times C10$ mm 斜面

在 X5032 铣床上进行铣削，将平口钳固定钳口与工作台纵向进给方向校正平行，选用 $\phi22$ mm 的锥柄立铣刀（3 齿），将立铣头倾斜 45°，采用周铣或端铣，通过横向进给铣削后端 $2 \times C10$ mm 斜面，如图 2—55 所示。

现拟以 $v_c = 20$ m/min，$f_z = 0.1$ mm/z 进行铣削，则主轴转速及进给速度分别为：

$$n = \frac{1\,000 v_c}{\pi D} = \frac{1\,000 \times 20}{3.14 \times 22} \approx 290(\text{r/min})$$

$$v_f = f_z z n = 0.1 \times 3 \times 300 = 90(\text{mm/min})$$

实际 X5032 铣床主轴转速和进给速度分别为 $n = 300$ r/min，$v_f = 95$ mm/min。

完成铣削后去除毛刺，用万能角度尺检测各斜面角度是否正确，如图 2—56 所示。

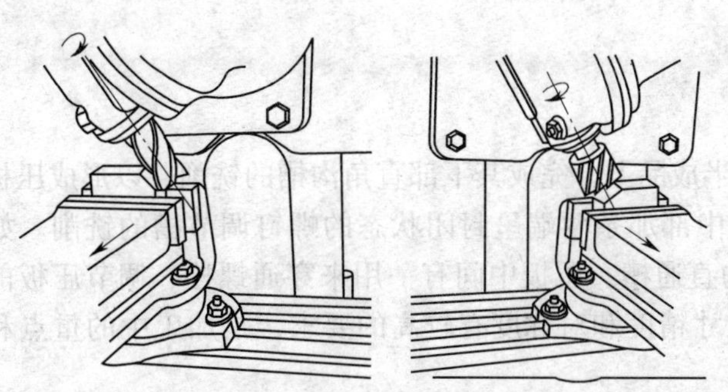

图 2—55　铣 2×C10 mm 斜面

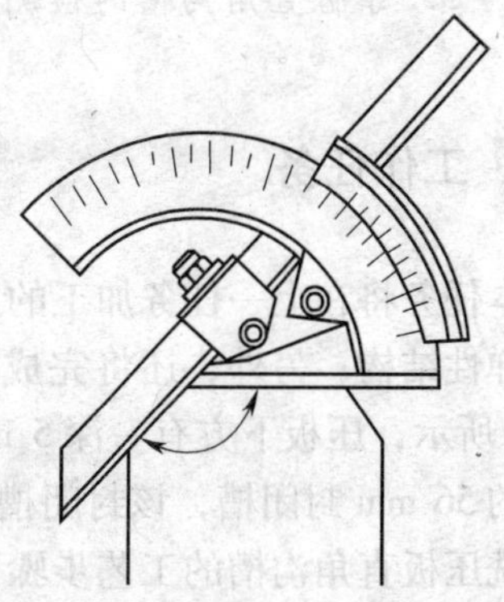

图 2—56　检测斜面角度

操作提示

在铣削斜面时，无论用哪种铣削方法，工件、铣床和铣刀之间必须满足以下两个条件：

- 铣削时工件的斜面必须与进给方向平行。
- 铣削时工件的斜面必须与铣刀的切削位置相吻合。即周铣时，工件上的斜面必须与铣刀的外圆柱面相切；端铣时，工件上的斜面必须与铣刀的端面切削刃相重合。

若在立式铣床上用扳转立铣头来倾斜铣刀的方法铣斜面，只要按照下面的口诀，就能满足上面的两点要求。扳转的口诀是：端平，周垂，向斜转，基准相同角度同，基准不同角度余。

其含义是：在扳转前，若端面刃处于与工作台面平行的状态，圆周刃则处于与工作台面垂直的状态；铣削时参与切削的相应切削刃应向斜面所处的位置旋转，使该切削刃与斜面位置吻合。若基准面装夹时所处的位置与对应切削刃相同，则主轴所转角度与标注角度相同；若基准面装夹时所处的位置与对应切削刃垂直，则主轴所转角度为标注角度的余角。

另外，我们在铣斜面的操作过程中还要特别注意以下几点：

1. 划出的斜面轮廓线应反复校验，保证准确无误。
2. 扳转平口钳或主轴时应反复验证角度的大小和方向是否正确。
3. 铣削时工件的安装一定要牢固，以免加工中松动而影响加工精度和造成事故。
4. 铣削斜面时工件余量变化较大，铣削时应注意切削用量的控制和调整。

任务 5　铣削压板上的直角沟槽

学习目标

1. 了解直角沟槽的种类，掌握铣削直角沟槽的工艺方法。
2. 完成压板上直角沟槽的铣削，掌握铣削直角沟槽的加工步骤和操作要领。

3．掌握直角沟槽的检测方法。

工作任务

本任务将在上一任务加工的压板半成品上，完成其下部直角沟槽的铣削，以形成压板弓形的弹性结构；另外，还将完成压板中部那条两端呈封闭状态的螺钉调节槽的铣削。如图2—57所示，压板下方有一深5 mm的直通槽。压板中间有一用来穿通螺栓、调节压板前后位置的56 mm封闭槽，该封闭槽对尺寸精度和对称度有较高的要求，是加工中的重点和难点。铣压板直角沟槽的工艺步骤是：

1．分析、选择适当的铣削方案。

2．用立铣刀铣削80 mm×5 mm的直角通槽。

3．用立铣刀铣削56 mm×16 mm的封闭槽。

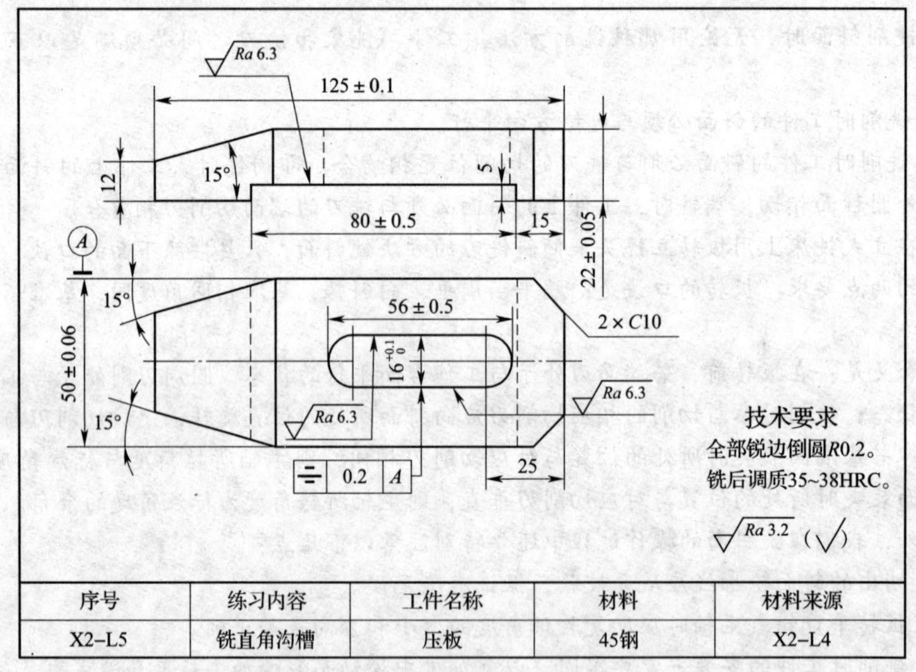

序号	练习内容	工件名称	材料	材料来源
X2–L5	铣直角沟槽	压板	45钢	X2–L4

图2—57　压板零件图

相关理论

一、直角沟槽的种类

通常直角沟槽有通槽、半通槽（亦称半封闭槽）和封闭槽三种形式，如图2—58所示。

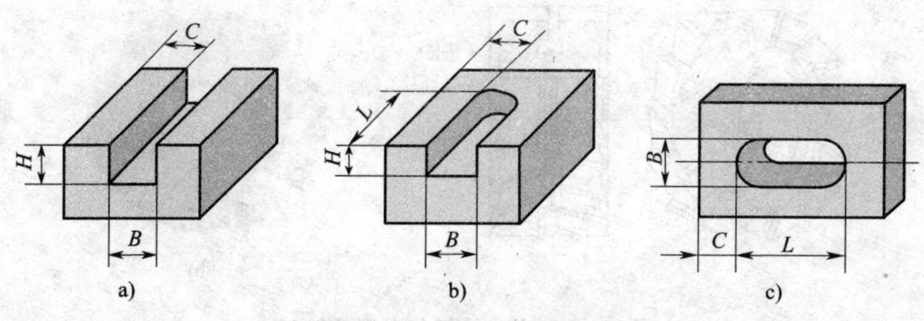

图 2—58　直角沟槽的种类

a）通槽　b）半通槽　c）封闭槽

二、铣削直角沟槽的铣刀

铣削直角沟槽常用的铣刀有三面刃铣刀、立铣刀、键槽铣刀等，此外，还有合成铣刀和盘形槽铣刀。

1．三面刃铣刀（见图 2—59）

三面刃铣刀有直齿三面刃和错齿三面刃两种类型。直齿三面刃铣刀的刀齿在圆柱面上与铣刀轴线平行，铣削时振动较大；错齿三面刃铣刀的刀齿在圆柱面上向两个相反的方向倾斜，具有螺旋齿铣刀铣削平稳的优点。大直径的错齿三面刃铣刀多为镶齿式结构，当某一刀齿损坏或用钝时，可随时对刀齿进行更换。

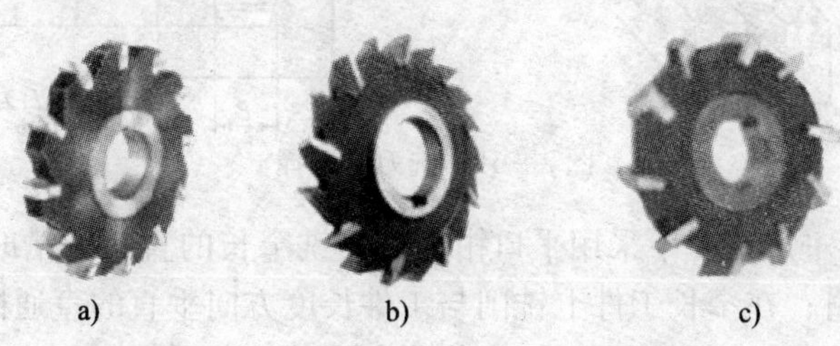

图 2—59　三面刃铣刀

a）直齿三面刃铣刀　b）错齿三面刃铣刀　c）镶齿式三面刃铣刀

2．合成铣刀

合成铣刀是由两半部镶合而成的。当铣刀刀齿因刃磨后宽度变窄时，在其中间加垫圈或垫片即可保证铣削宽度（见图 2—60a）。合成铣刀的切削性能较好，生产效率也较高，但是这种铣刀的制造很复杂，所以限制了其使用的广泛性。

3．盘形槽铣刀

盘形槽铣刀（简称为槽铣刀，见图 2—60b），其切削刃分布在圆柱面上，在其刀齿两侧没有切削刃。因此，槽铣刀的切削效果不如三面刃铣刀。其优点是：槽铣刀刀齿的背部做成铲齿形状，当刀齿需要刃磨时，只需刃磨其前面即可使用，刃磨后的刀齿形状和宽度都不会改变。这种铣刀适用于大批量加工尺寸相同的直角沟槽。

三、铣削直角沟槽的方法

1．铣削直角通槽的方法

直角通槽主要用三面刃铣刀铣削，也可以用立铣刀、合成铣刀来铣削。具体方法如下：

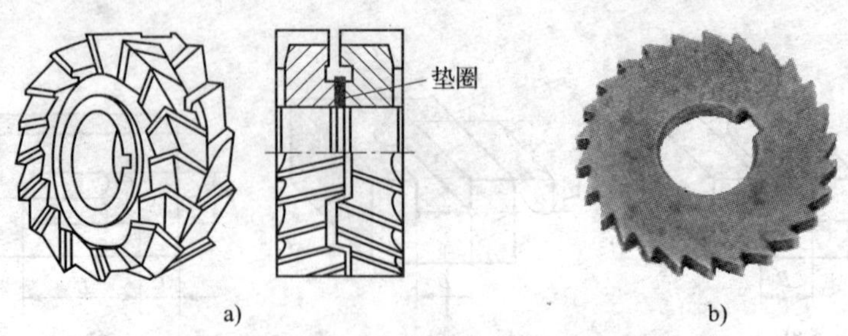

图 2—60　合成铣刀与盘形槽铣刀

a）合成铣刀　b）盘形槽铣刀

（1）用三面刃铣刀铣削直角通槽

1）铣刀的选择。所选择的三面刃铣刀的宽度 L 应等于或小于所加工工件的槽宽 B，即 $L \leqslant B$；三面刃铣刀的直径 D 应大于刀杆垫圈直径 d 与 2 倍的沟槽深度 H 之和，即 $D > d + 2H$，如图 2—61 所示。对于槽宽 B 的尺寸精度要求较高的沟槽，通常选择宽度小于槽宽的三面刃铣刀，采用扩刀法，分两次或两次以上铣削至要求的尺寸。

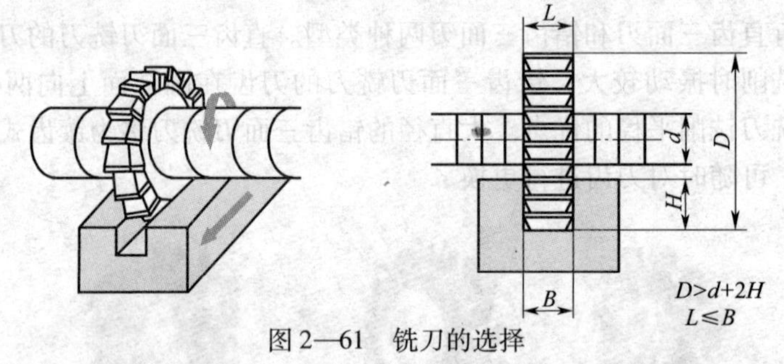

图 2—61　铣刀的选择

2）工件的装夹。一般情况下采用平口钳装夹。铣窄长的直角通槽时，平口钳固定钳口应与铣床主轴轴线垂直；在窄长工件上铣削与工件长度方向垂直的直通槽时，平口钳固定钳口应与铣床主轴轴线平行。这样可保证铣出的直角通槽两侧面与工件的基准面平行或垂直。工件的装夹如图 2—62 所示。

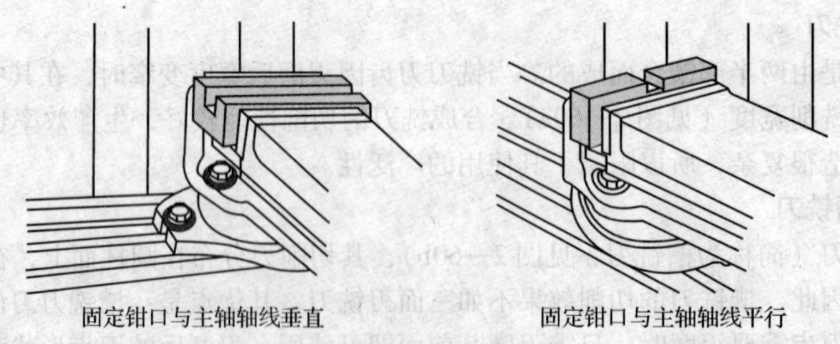

图 2—62　工件的装夹

3）对刀方法。平行于侧面的直角通槽工件，在装夹校正之后，将回转的三面刃铣刀的侧面刀刃轻擦工件侧面，垂直降落工作台。使工作台横向移动一个等于铣刀宽度 L 加槽侧面距离 C 的位移量 A，$A = L + C$。将横向进给紧固后，按槽的铣削深度上升调整工作台，即可对工件进行铣削。对刀方法如图 2—63 所示。

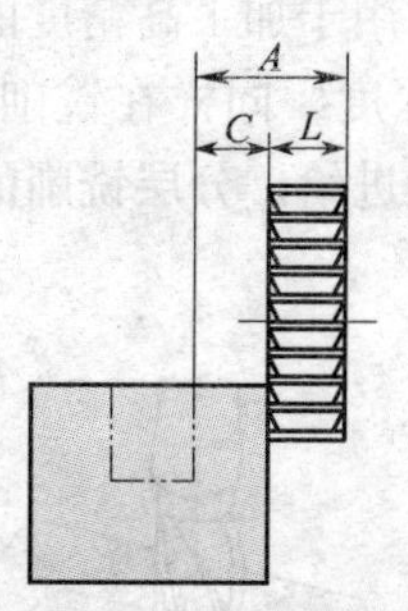

图 2—63　对刀方法

(2) 用立铣刀或合成铣刀铣削直角通槽

当直角通槽宽度大于 25 mm 时，一般用立铣刀采用扩刀法进行加工（见图 2—64），或采用合成铣刀铣削。当采用合成铣刀铣削时，工件装夹、对刀的方法与用三面刃铣刀基本相同。

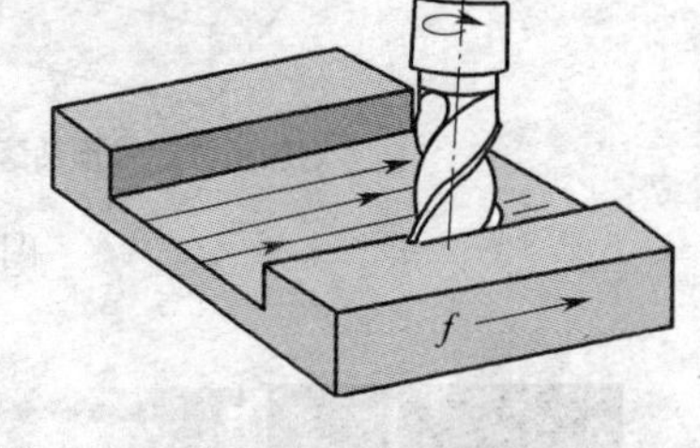

图 2—64　用立铣刀扩刀铣削直角通槽

2. 用立铣刀或键槽铣刀铣削半通槽和封闭槽

半通槽和封闭槽都采用立铣刀或键槽铣刀进行铣削。具体方法如下：

(1) 半通槽的铣削

半通槽多采用立铣刀进行铣削，如图 2—65 所示。用立铣刀铣半通槽时，所选择的立铣刀直径应等于或小于槽的宽度。由于立铣刀的刚度较低，铣削时易产生“偏让”现象，甚至使铣刀折断，因此在铣削较深的槽时，可用分层铣削的方法，先粗铣至槽的深度尺寸，再扩铣至槽的宽度尺寸，扩铣时应尽量避免顺铣。

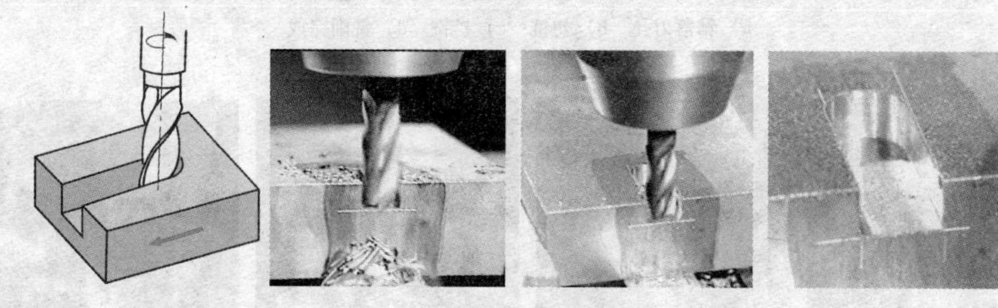

图 2—65　用立铣刀铣半通槽

(2) 用立铣刀铣封闭槽

用立铣刀铣削封闭槽时，由于立铣刀端面刀刃的中心部分有中心孔，不能垂直进给铣削工件。因此在加工封闭槽之前，应先在槽的一端预钻一个落刀孔（落刀孔的直径应小于铣刀直径），可由此落刀孔落下铣刀进行铣削。在铣削较深的槽时，可用分层铣削的方法完成，待铣透后，再扩铣至要求的长度尺寸。其铣削方法如图 2—66 所示，铣削过程如图 2—67 所示。

(3) 用键槽铣刀铣封闭槽

由于键槽铣刀的端面刀刃能在垂直进给时铣削工件，所以用键槽铣刀铣削封闭槽时，铣刀无需落刀孔，即可直接落刀对工件进行铣削，常用于加工高精度的、较浅的半通槽和不穿通的封闭槽。在铣削较深的沟槽时，若一次铣到深度，同样在铣削时也易产生“偏让”现象，甚至使铣刀折断，这时可采用对深度尺寸递进进给，分层铣削的方法完成。铣削过程如图2—68所示。

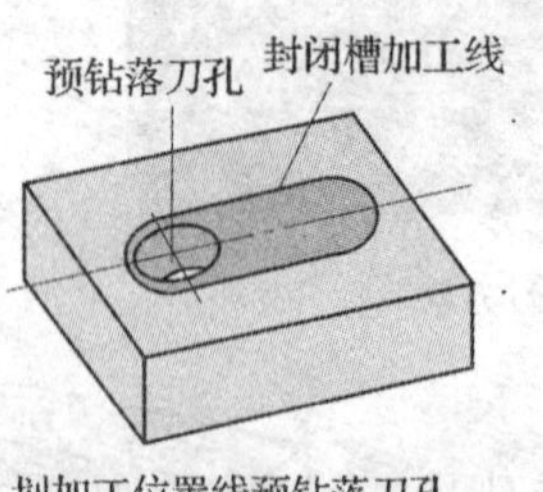

划加工位置线预钻落刀孔

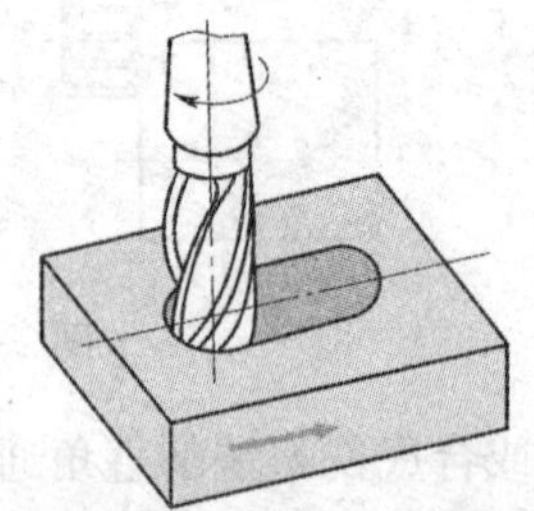
在落刀孔位置开始铣削

图2—66 用立铣刀铣封闭槽

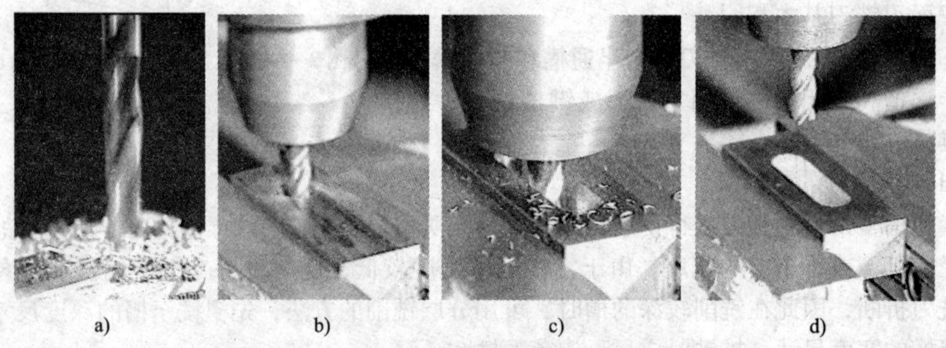
a) b) c) d)

图2—67 用立铣刀铣削封闭槽的过程
a）钻落刀孔 b）初铣 c）扩铣 d）铣削完成

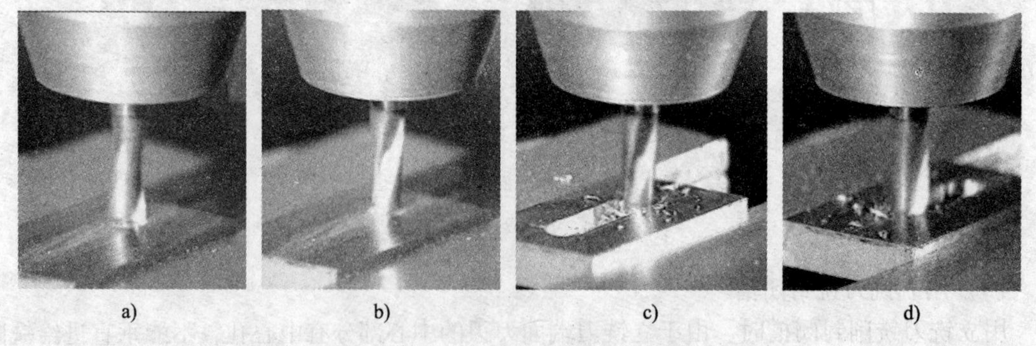
a) b) c) d)

图2—68 用键槽铣刀铣削封闭槽
a）直接落刀 b）进刀初铣 c）分层进刀铣削 d）扩铣端部完成铣削

3. 直角沟槽的检测

直角沟槽的长度、宽度和深度一般使用游标卡尺、游标深度尺检测。工件尺寸精度较高时，槽的宽度尺寸可用极限量规（塞规）检测。其对称度或平行度可用游标卡尺或杠杆百分表检测（见图 2—69）。检测时，分别以工件两侧面为基准面靠在平板上。然后使百分表的测量触头触到工件的槽侧面上，平移工件检测，两次检测所得百分表读数的差值，即其对称度（或平行度）误差值。

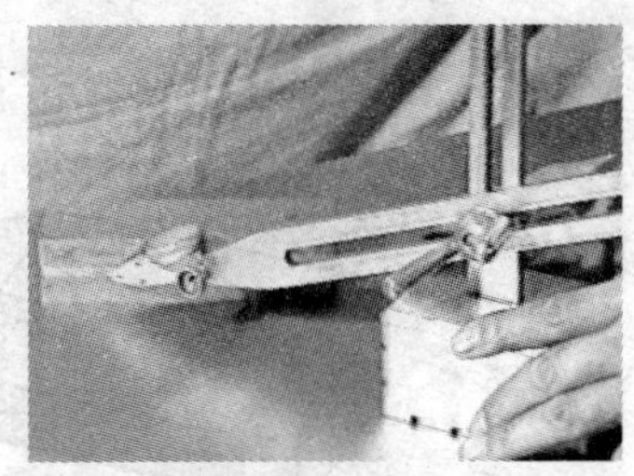

图 2—69　用杠杆百分表检测直角沟槽的对称度

任务实施

一、选择适当的铣削方案

由于图 2—57 所示的压板上包含了直角通槽和封闭槽两部分加工内容，所以选择在立式铣床上用立铣刀加工。因为立铣刀既可用来铣削直角通槽又可用来铣削封闭槽，这样可在一台铣床上完成全部的加工内容，大大简化铣削时装夹、调整换刀的操作过程。加工前，先按图 2—57 上的尺寸要求在工件表面划出沟槽的位置、轮廓线，并打上样冲眼，如图 2—70 所示。

二、铣削 80 mm ×5 mm 的直角通槽

将平口钳固定钳口校准成与纵向进给平行。将压板毛坯侧面紧贴钳口进行装夹，装夹时选择适当高度的垫铁，使工件底面高出钳口 6 ~ 7 mm，再选择一把直径为 ϕ30 mm 的立铣刀进行铣削，如图 2—71 所示。

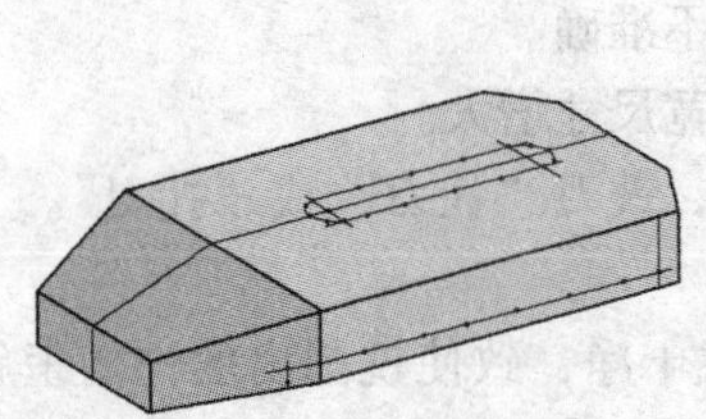

图 2—70　划沟槽的位置、轮廓线

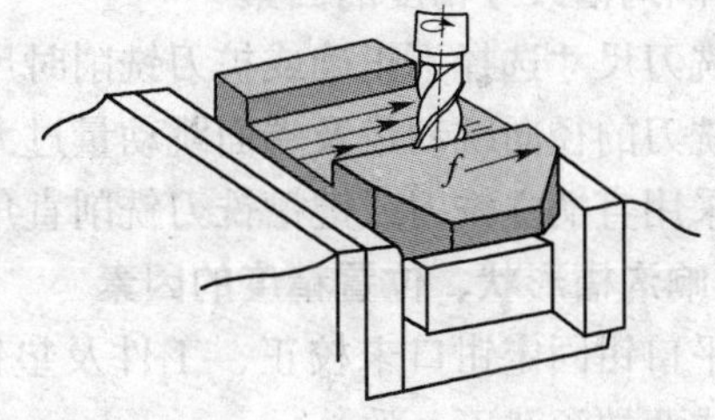

图 2—71　在立铣床上扩铣直角通槽

铣削时利用侧面及顶面擦刀法对刀，将铣刀调整至要铣削的位置（15 mm）和深度（5 mm）。

调整好切削用量（$n = 235$ r/min，$v_f = 60$ mm/min）。

采用扩刀法铣出 80 mm ×5 mm 的直角通槽。扩刀铣削时，每次纵向扩移量通常取铣刀直径的 1/2 ~ 2/3，以保证铣出的刀纹均匀美观并确保槽宽尺寸（80 ±0.5）mm。

三、铣削 56 mm ×16 mm 的封闭槽

选用 ϕ12 ~ 14 mm 的麻花钻，在封闭槽圆弧中心处钻好落刀孔。然后换上 ϕ16 mm 的立铣刀，调整好铣刀位置，锁紧横向进给，顺落刀孔落下铣刀，采用手动进给完成铣削，如图 2—72 所示。完成铣削后，清理毛刺，卸下工件对其进行检测。尺寸检测合格后，转热处理工序进行调质处理。

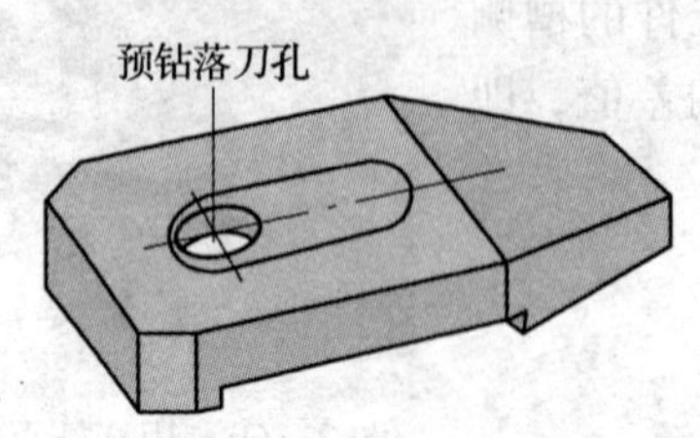

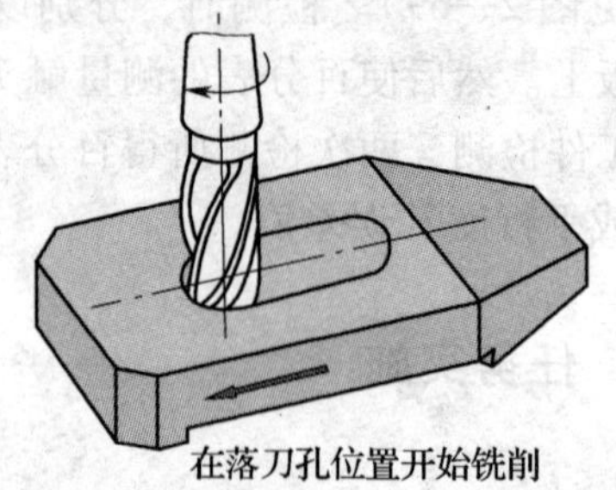

图 2—72　在立铣上铣封闭槽

操作提示

在采用直柄立铣刀或键槽铣刀铣削直角沟槽时，铣刀是采用弹簧夹头来装夹的，若装夹得不够紧固，则铣削过程中铣刀在轴向铣削抗力的作用下会逐渐从夹头中被拨出，这一现象俗称“扎刀”。这样就使得沟槽越铣越深，甚至造成铣刀折断和工件报废。所以，用直柄铣刀加工直角沟槽时，一定要注意铣刀夹紧是否牢固。

质量提示

1．影响沟槽尺寸精度的因素

◇　铣刀尺寸选择不正确或扩刀铣削时尺寸进给不准确。

◇　铣刀的径向跳动量及端面跳动量过大，使槽宽尺寸增大。

◇　采用直柄立铣刀或键槽铣刀铣削直角沟槽时，铣刀“让刀”或“扎刀”。

2．影响沟槽形状、位置精度的因素

◇　平口钳固定钳口未校正，工件及垫铁未擦拭干净，致使铣削出的沟槽歪斜（与侧面不平行或两端深浅不一致）。

◇　工作台“零位”不准，使用三面刃铣刀铣出的侧面成凹面，不平行。

◇　对刀不准确，扩铣时铣偏，测量不准等原因都可能使铣出的沟槽两侧与工件中心不对称。

任务 6　铣削阶梯垫铁

学习目标

1. 了解铣削台阶的工艺方法。
2. 掌握在立式铣床上用端面铣完成长方体零件的铣削。
3. 掌握用立铣刀铣台阶时对刀调整的方法。

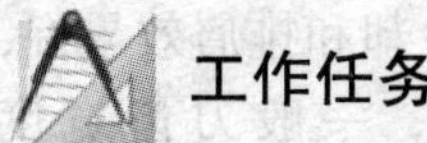

工作任务

如图 2—73 所示阶梯垫铁是由几个相互与基准面垂直和平行的平面组成。这些平面除了具有较好的平面度和较小的表面粗糙度值以外，各面和基准面间还有较高的位置精度要求。其构成台阶的两个连接平面必须通过混合铣削的方式来加工完成，因此，比单一的平面铣削更为复杂。本任务将分别在立式铣床上用端铣刀完成阶梯垫铁坯料的铣削和用立铣刀完成阶梯垫铁台阶面的铣削。

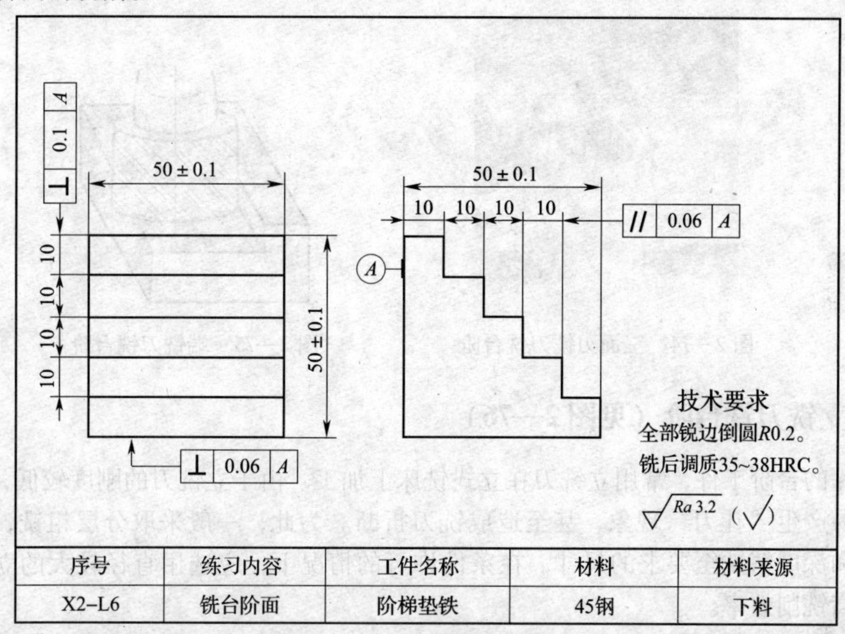

序号	练习内容	工件名称	材料	材料来源
X2–L6	铣台阶面	阶梯垫铁	45钢	下料

图 2—73　阶梯垫铁零件图

阶梯垫铁铣削的工艺步骤如下：

1. 按图样要求，在立式铣床上用端铣刀铣长方体坯料外形至尺寸（50 mm × 50 mm × 50 mm）。
2. 安装与校正工件，合理选择三面刃铣刀和切削用量。
3. 对刀、调整，用三面刃铣刀逐级铣出台阶面。
4. 进行检测。

相关理论

铣削台阶常用的方法

铣削台阶可分别在卧式铣床和立式铣床上进行，在卧式铣床上铣台阶，通常采用三面刃铣刀进行铣削；而在立式铣床上则可用端铣刀、立铣刀进行铣削。

一、三面刃铣刀铣台阶（见图 2—74）

在铣削时，三面刃铣刀的圆柱面刀刃起主要的铣削作用，两侧面刀刃起着修光的作用。

由于三面刃铣刀的直径、刀齿和容屑槽都比较大，所以刀齿的强度大，冷却和排屑效果好，生产效率高。因此，在铣削宽度不太大（受三面刃铣刀规格限制，一般刀齿宽度 $B<25$ mm）的台阶时，基本上都采用三面刃铣刀铣削。

二、端铣刀铣台阶（见图2—75）

宽而浅的台阶工件，常用端铣刀在立式铣床上进行加工。端铣刀刀杆刚度大，切削平稳，加工质量好，生产效率高。端铣刀的直径 D 应按台阶宽度尺寸 B 选取：$D\approx1.5$ B。

图2—74　三面刃铣刀铣台阶

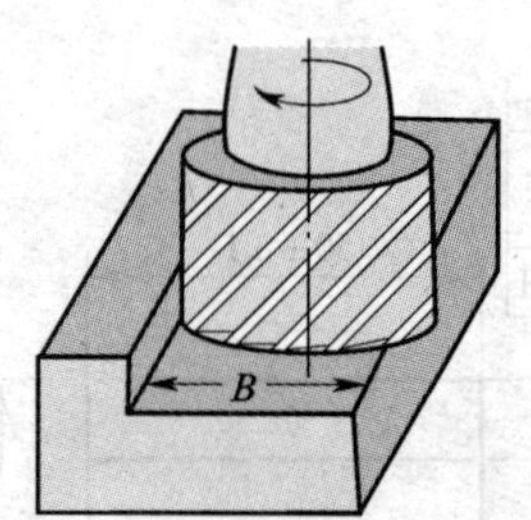

图2—75　端铣刀铣台阶

三、立铣刀铣台阶（见图2—76）

窄而深的台阶工件，常用立铣刀在立式铣床上加工。由于立铣刀的刚度较低，铣削时的铣刀也容易产生“让刀”现象，甚至造成铣刀折断。为此，一般采取分层粗铣，最后将台阶的宽度和深度精铣至要求的尺寸。在条件许可的情况下，应选用直径较大的立铣刀铣台阶，以提高铣削效率。

四、用组合铣刀铣台阶（见图2—77）

成批生产双肩等高台阶时，常采用两把铣刀组合起来铣削。不仅可以提高生产效率，而且操作简单，并能保证加工质量。

用组合铣刀铣台阶时，应注意仔细调整两把铣刀之间的距离，使其符合台阶凸台宽度尺寸的要求。同时，也要调整好铣刀与工件的铣削位置。

选择铣刀时，两把铣刀必须规格一致，直径相同（必要时将两把铣刀一起装夹，同时在磨床上刃磨其外圆柱面上的刀刃）。

图2—76　立铣刀铣台阶

垫圈

凸台宽度尺寸

图2—77　用组合铣刀铣台阶

两把铣刀内侧刀刃间的距离，需由多个铣刀杆垫圈进行间隔调整。通过不同厚度垫圈的换装，使其符合台阶凸台宽度尺寸的铣削要求。在正式铣削之前，应使用废料进行试铣削，以保证组合铣刀符合工件的加工要求。装刀时，两把铣刀应错开半个刀齿，以减轻铣削时的振动。

任务实施

一、在立式铣床上用端铣刀铣削垫铁坯料

由图 2—73 所示阶梯垫铁零件图可知，其毛坯尺寸加工要求应如图 2—78 所示。

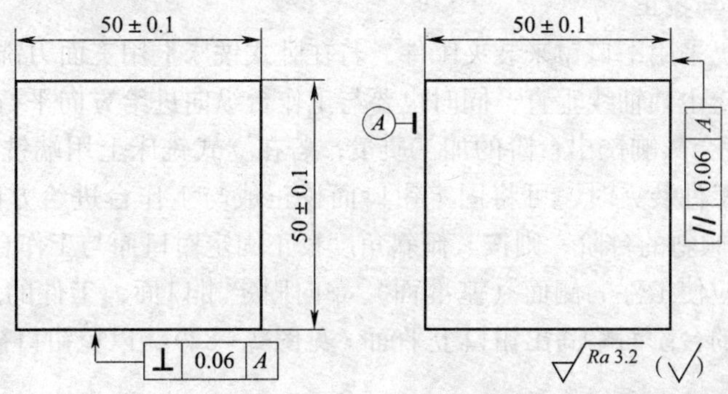

图 2—78　阶梯垫铁毛坯图

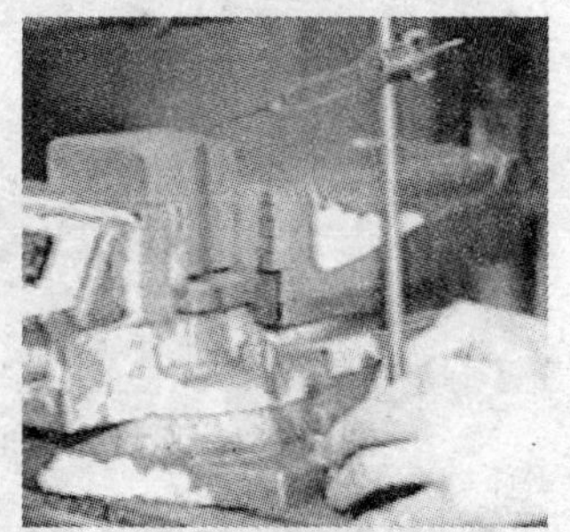

图 2—79　用划线盘校正毛坯待加工面

用钢直尺检查毛坯各尺寸方向上是否有足够的余量，根据余量得出合理的余量分配方案。将毛坯上选好的粗基准面靠在固定钳口面上。最好在钳口与工件之间垫上铜皮，以便于作微量调整及不致损伤钳口。用划线盘校正毛坯待加工的上平面，使上表面与划针针尖的间隙各处基本保持一致后，夹紧工件，以保证在第一面加工中铣去的余量最少（见图 2—79）。

装夹好工件后，选择直径为 100 mm 左右的端铣刀进行铣削（见图 2—80）。将铣刀安装好后，将主轴转速调到 300 r/min，即选择 $v_c = 100$ m/min 左右的铣削速度进行铣削。启动主轴，将工件调整到端铣刀下，手动慢慢上升工作台，当刀尖轻轻划到工件后，纵向退出工件，横向调整到处于不对称逆铣的位置，锁紧横向溜板。将进给速度调到 75 mm/min，根据余量情况，采用机动进给分粗精铣铣出基准面。

观察加工表面粗糙度，并用刀口形直尺检测平面度，合格后卸下工件。若表面粗糙度不符合要求，可将工作台再上升 0.5 mm，将主轴转速调高一挡或将进给速度降低一挡，再铣一刀。

将刚铣好的平面作为定位基准面紧贴固定钳口，按任务 3 中铣削长方体工件的方法步骤完成坯料其他各面的铣削加工。

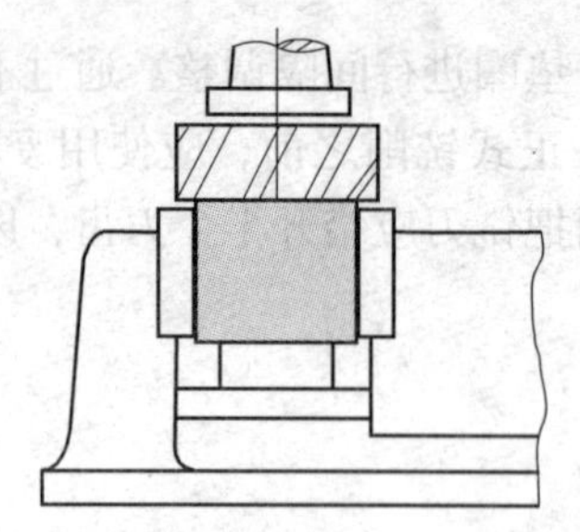

图 2—80　端铣坯料

二、铣削台阶面

1. 工件的装夹与找正

铣台阶时通常仍采用平口钳来装夹工件，若在卧式铣床上用三面刃铣刀铣削，应检查并校正其固定钳口面与主轴轴线垂直，同时也要与工作台纵向进给方向平行（工作台“零位”要准确），否则，就会影响铣出台阶的加工质量；若在立式铣床上用端铣刀、立铣刀或键槽铣刀铣削台阶，在工件装夹时，可将固定钳口面校正成与工作台进给方向平行或垂直（见图 2—81）；若铣削倾斜的台阶，则按其倾斜角度校正固定钳口面与工作台进给方向倾斜。

装夹工件时，应使工件的侧面（基准面）靠向固定钳口面，工件的底面靠向钳体导轨面，并使要铣削到的台阶面略高出钳口上平面（见图 2—82），以免钳口被铣伤。

图 2—81　固定钳口面的校正

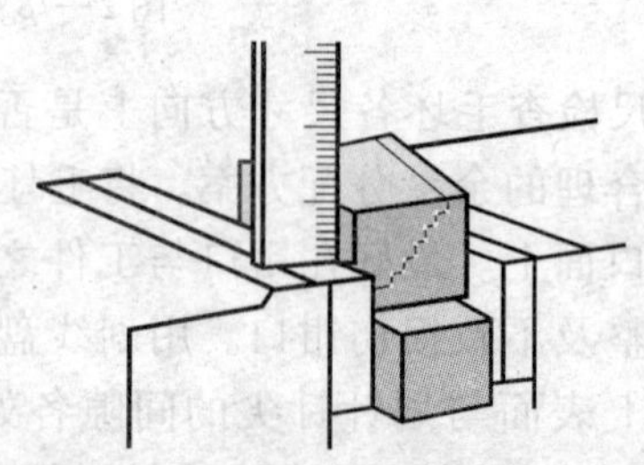
图 2—82　用钢直尺检查工件的装夹高度

2. 确定铣削方案，选择铣刀

根据图 2—83 所示零件图尺寸可知每级台阶宽、高均为 10 mm，属于宽度较小的台阶，但考虑到本任务的零件为 5 级台阶的阶梯垫铁，其递进尺寸较大，若依次从最低级向高级铣削，装夹过高，夹紧面过窄也易造成工件在铣削过程中的松动。所以，可先铣出上面两级台阶，完成后将工件掉转 90°重新装夹，再铣出另外两级台阶，如图 2—83 所示。

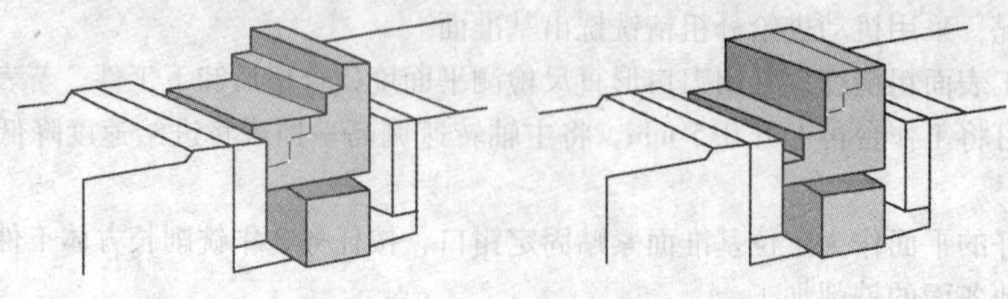
图 2—83　阶梯垫铁的铣削方案

这样在加工第二级台阶时，其底面宽度为 30 mm。故在选择铣刀直径时只要大于这一宽度即可，现可选取 ϕ36 mm 的立铣刀进行铣削。

操作提示

1. 铣刀安装后，要认真检测铣刀的圆跳动量，跳动量不宜超过 0. 03 mm。

2. 铣削之前，必须严格检测校正铣床“零位”，校正夹具的定位基准面与工作台的进给方向的垂直度或平行度。

3. 应注意合理选用切削用量和切削液。

4. 为避免工作台产生窜动现象，铣削时应紧固不使用的进给机构。

3. 选择切削用量，对刀、调整，进行铣削

根据工件的质量要求，考虑到混合铣削时端面齿的铣削条件较差，粗铣时采用 v_c = 20 m/min，进给速度为 60 mm/min；精铣时采用 v_c = 30 m/min，进给速度为 37. 5 mm/min。则：

$$n_1 = \frac{20 \times 1\,000}{3.14 \times 35} \approx 182(\text{r/min})$$

$$n_2 = \frac{30 \times 1\,000}{3.14 \times 35} \approx 273(\text{r/min})$$

故粗铣时实际主轴转速取 190 r /min，进给速度取 60 mm/min；精铣时主轴转速取 300 r /min，进给速度取 37. 5 mm/min。

铣削时对刀调整的方法步骤如下（见图 2—84）：

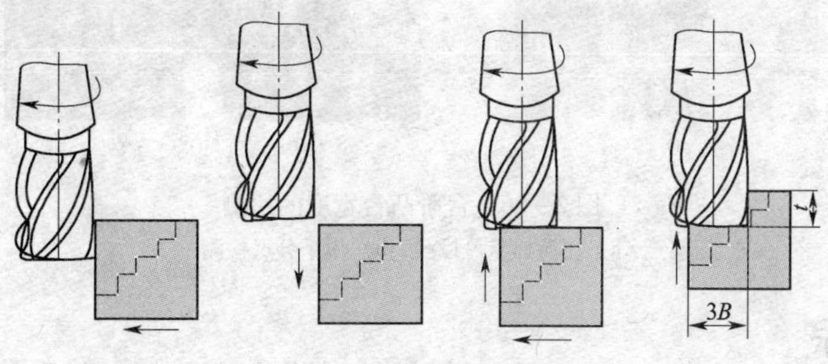

图 2—84　对刀方法

（1）让旋转的铣刀周刃轻轻擦着工件侧面，记住横向刻度值，垂直降下工件。

（2）按 3 倍台阶宽度 B（29. 5 mm，留 0. 5 mm 余量）横向移动工作台，并将工作台横向锁紧。

（3）让旋转的铣刀端面刃擦着工件上表面，进行正面对刀，纵向退出工件，并上升 2 个台阶深度 t（19. 5 mm，留 0. 5 mm 余量）。

（4）纵向机动进给完成第一刀后，纵向退出工件进行检测，再根据实际余量将升降和横向进到规定尺寸，完成第二级台阶的精铣。

（5）纵向退出工件，将工作台降下 10 mm，横向也再进给 10 mm，锁紧横向工作台。纵向机动进给完成第一个台阶的铣削。

(6) 松开工件，将工件纵向翻转 180°，同时旋转 90°重新装夹。重新对刀，完成第三、四级台阶的铣削。

操作提示

铣台阶时，圆柱形铣刀始终只有一侧参加铣削，铣刀的一侧受力，就会使铣刀向不受力一侧偏让而产生“让刀”现象。尤其是台阶较深铣刀直径较小时，发生的“让刀”现象更为严重，甚至造成打刀。因此，可采用分层铣削（见图 2—85）。即将台阶的侧面留 0.5 ~ 1 mm余量，分次进给铣至台阶深度。最后一次进给时，将其底面和侧面同时铣削完成。

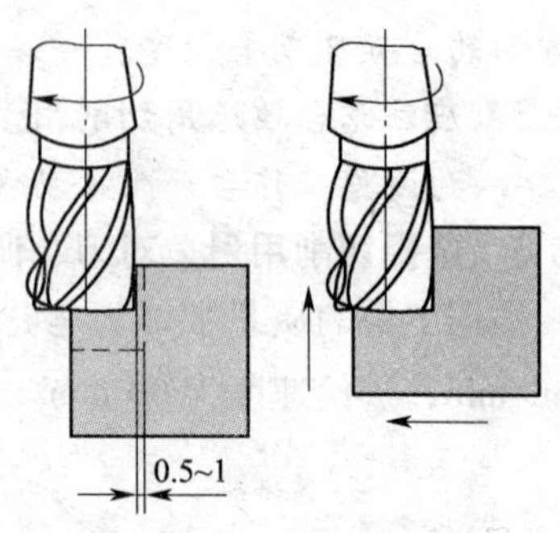

图 2—85　分层铣削

4. 进行检测

台阶的检测较为简单，其宽度和深度一般可用游标卡尺、游标深度尺，或千分尺、深度千分尺进行检测（见图 2—86）。

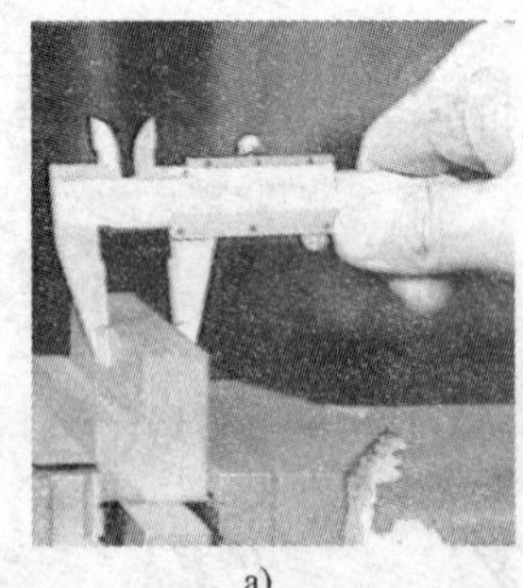
a)

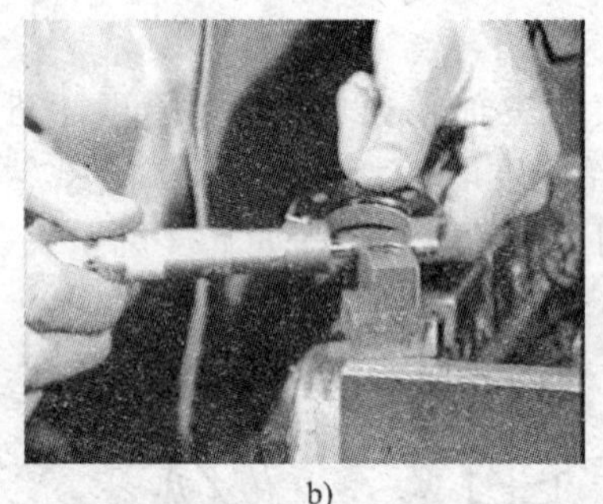
b)

图 2—86　台阶凸台宽度的检测
a）用游标卡尺检测　b）用千分尺检测

操作提示

1. 铣削台阶时若垫铁不平或装夹时工件、平口钳及垫铁没有擦拭干净，均会导致台阶平面与上下平面不平行，台阶高度尺寸不一致（见图 2—87a）。

2. 若工件的定位基准（固定钳口）与铣床的进给方向不平行，则铣出的台阶两端会宽窄不一致（见图 2—87b）。

3. 铣削台阶时，无论是用三面刃铣刀还是用立铣刀或端铣刀，都是混合铣削，所以当铣床的“零位”不准时，用端面刃（或侧面刃）铣削出的平面就会变成一个凹面（见图 2—87c）。同时，端面刃加工出的表面质量往往要比周刃铣削出的差。

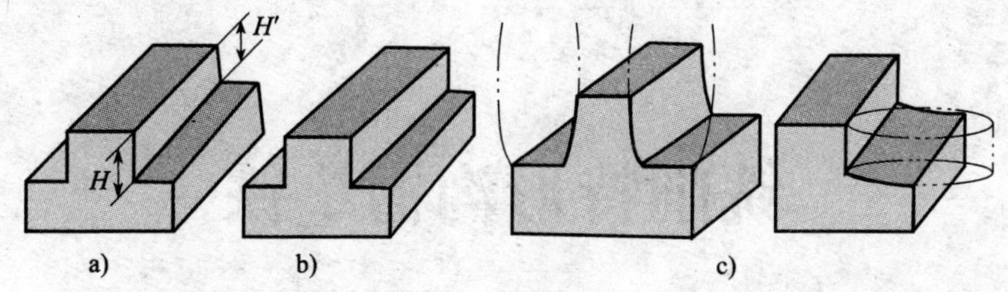

图 2—87　铣削台阶时易出现的问题

项目三

铣削特形沟槽垫铁

在本项目我们将通过三个任务的实施，逐步完成如图 3—1 所示的特形沟槽垫铁的铣削。所谓特形沟槽是相对直角沟槽而言的，常见的有 V 形槽、T 形槽和燕尾槽等，它们通常不能用常规的通用铣刀完成铣削，需在铣床上选用刃口形状与沟槽形状相符的铣刀进行铣削，如图 3—2 所示。

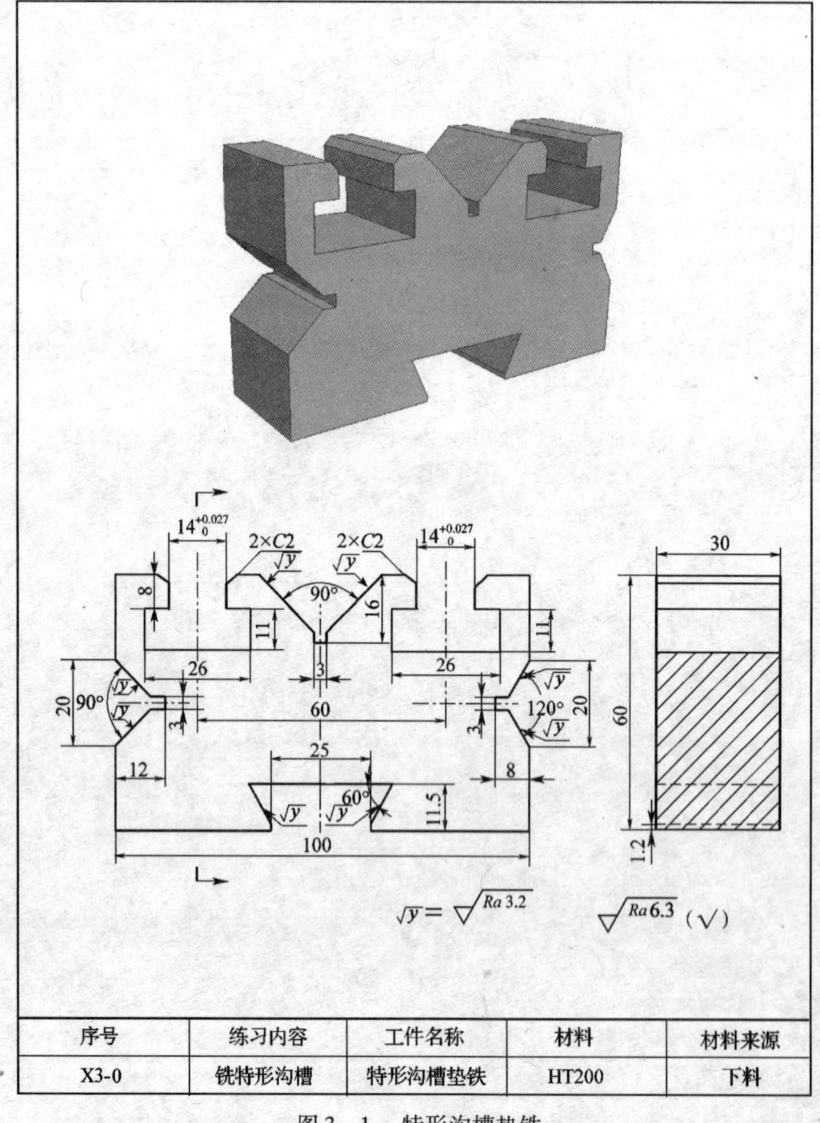

序号	练习内容	工件名称	材料	材料来源
X3-0	铣特形沟槽	特形沟槽垫铁	HT200	下料

图 3—1　特形沟槽垫铁

图 3—2　特形沟槽的铣削

a）铣 V 形槽　b）铣 T 形槽　c）铣燕尾槽

任务 1　铣削 V 形槽

学习目标

1. 掌握 V 形槽铣削的方法和加工步骤。
2. 掌握 V 形槽的检测方法。
3. 完成特形垫铁坯料和 V 形槽的铣削。

工作任务

V 形槽垫铁是一种常用的定位元件，在机床夹具中的应用非常普遍。V 形槽垫铁上 V 形槽两侧面间的夹角（槽角）有 60°、90°、120°之分，其中以 90°的 V 形槽最为常用。不论是哪种角度的 V 形槽，实际上都是两个不同角度斜面的组合，所以其铣削的方法与铣削斜面的方法是相同的，只是加工复杂程度有所不同。通常 V 形槽垫铁上 V 形槽的主要技术要求为：

1. V 形槽的中心平面应垂直于工件的基准面（底平面）。
2. 工件的两侧面应对称于 V 形槽的中心平面。
3. V 形槽窄槽两侧面应对称于 V 形槽的中心平面。窄槽槽底应略超出 V 形槽两侧面的延长交线。

如图 3—3 所示的特形沟槽垫铁上有三个 V 形槽，其中两个为 90°，一个为 120°。本任务我们将先完成对特形沟槽垫铁坯料和直角沟槽的铣削，进一步巩固前面我们所学过的相关内容，然后再完成图 3—3 中三个 V 形槽的铣削。

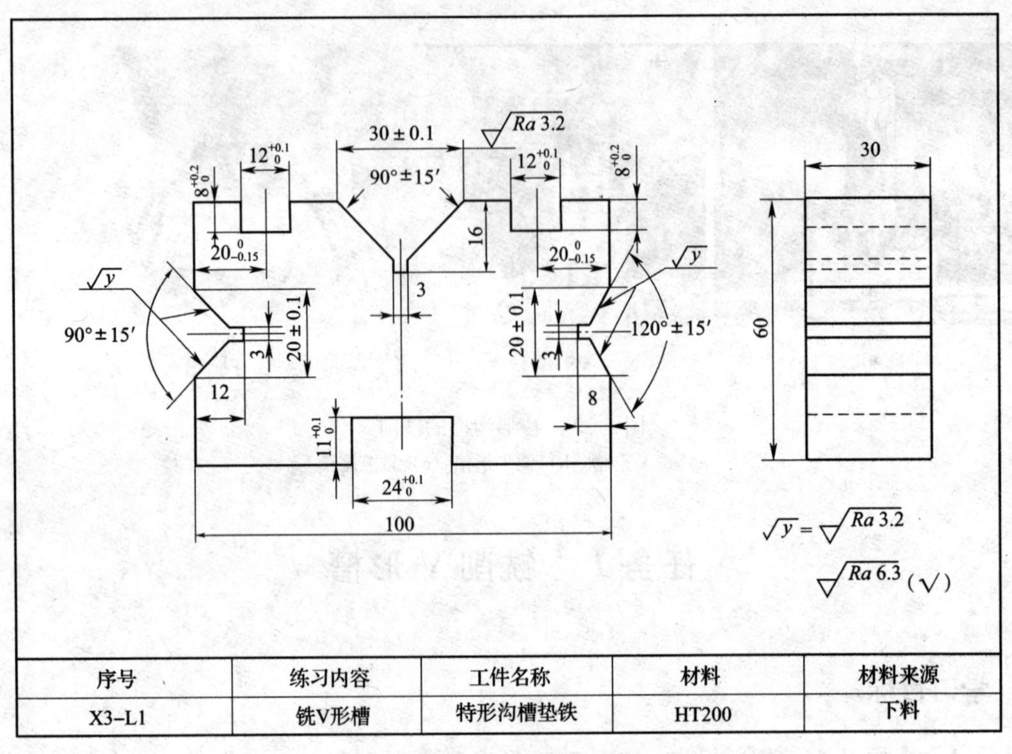

序号	练习内容	工件名称	材料	材料来源
X3–L1	铣V形槽	特形沟槽垫铁	HT200	下料

图 3—3　铣特形沟槽垫铁上的 V 形槽

相关理论

一、铣削 V 形槽常用的方法

1. 用角度铣刀铣削 V 形槽

槽角小于或等于 90° 的 V 形槽，可以采用与槽角角度相同的对称双角铣刀，在卧式铣床上进行铣削。或组合两把刃口相反、规格相同、廓形角等于 V 形槽半角的单角铣刀（铣刀之间应垫垫圈或铜皮）进行铣削。

铣削时，先用锯片铣刀铣出工艺窄槽，再用角度铣刀对 V 形槽面进行铣削，如图 3—4 所示。

2. 用立铣刀或端铣刀铣削 V 形槽

槽角大于或等于 90°、尺寸较大的 V 形槽，可以按槽角角度的二分之一倾斜立铣头，用立铣刀或端铣刀对槽面进行铣削，如图 3—5 所示。

工件装夹并校正后，用立铣刀或端铣刀对 V 形槽面进行铣削。铣完一侧槽面后，将工件掉转 180° 重新夹紧，再铣另一侧槽面。铣好一侧后将工件掉转 180° 的目的是保证铣出的 V 形槽角平分线与工件两侧面对称。当工件尺寸较小时，可将平口钳固定钳口与工作台横向进给校正平行，将工件基准侧面与平口钳的固定钳口贴合，铣好一侧后将工件掉转 180°，只要不变动工件的定位高度及纵向位置即可铣出对称的 V 形槽。应当注意的是：当工件铣削采用的是固定钳口与工作台纵向进给平行的装夹方法时，为了确保工件掉转 180° 后的纵向位置不变，装夹时应采用测量或定位块定位的方法来加以保证。

图 3—4 用角度铣刀铣 V 形槽

图 3—5 用立铣刀铣 V 形槽

3. 用三面刃铣刀铣削 V 形槽

工件外形尺寸较小、精度要求不高的 V 形槽，可在卧式铣床上用三面刃铣刀进行铣削。

铣削时，先按图样在工件表面划线，再按划线校正 V 形槽的待加工槽面与工作台面垂直，然后用三面刃铣刀（最好是错齿三面刃铣刀）对 V 形槽面进行铣削。铣完一侧槽面后，重新校正另一侧槽面并夹紧工件，将槽面铣削成形，如图 3—6 所示。

图 3—6 用三面刃铣刀铣 V 形槽

对于槽角等于 90°且尺寸不大的 V 形槽，可一次校正装夹铣削成形。

二、V 形槽的检测

在 V 形槽的铣削过程中，需通过检测来进行相应的铣削调整，并通过最终的检测来判定工件是否合格。V 形槽的检测项目主要有：V 形槽的宽度 B 、V 形槽的对称度和 V 形槽的槽角 α。各项检测内容的检测方法如下：

1. V 形槽宽度的检测

用游标卡尺直接检测槽宽 B，检测简便，但检测精度较差。因此，精度较高的 V 形槽槽宽尺寸 B，通常采用标准量棒间接测量。如图 3—7 所示，检测时，先测得尺寸 h，再根据计算公式确定 V 形槽宽度 B：

$$B = 2\tan\frac{\alpha}{2}\left[\frac{R}{\sin\frac{\alpha}{2}} + R - h\right]$$

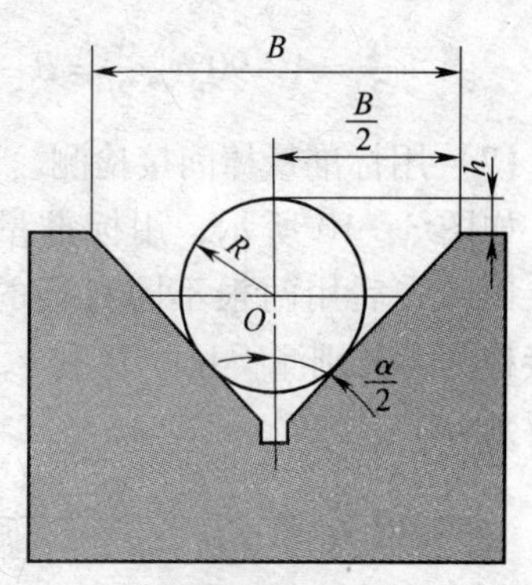

图 3—7 V 形槽宽度尺寸的间接测量

式中 R——标准量棒半径，mm；

α——V 形槽槽角，(°)；

h——标准量棒上素线至 V 形槽上平面的距离，mm。

2. V 形槽对称度的检测

如图 3—8 所示，检测时，在 V 形槽内放一标准量棒，分别以特形沟槽垫铁的两侧侧面为基准放在平板上，用杠杆百分表检测槽内量棒的最高点。两次检测的读数之差，即为其对称度误差。此法可借助量块或使用游标高度尺测量量棒的最高点，则可间接测量 V 形槽中心平面与特形沟槽垫铁侧面的实际距离。

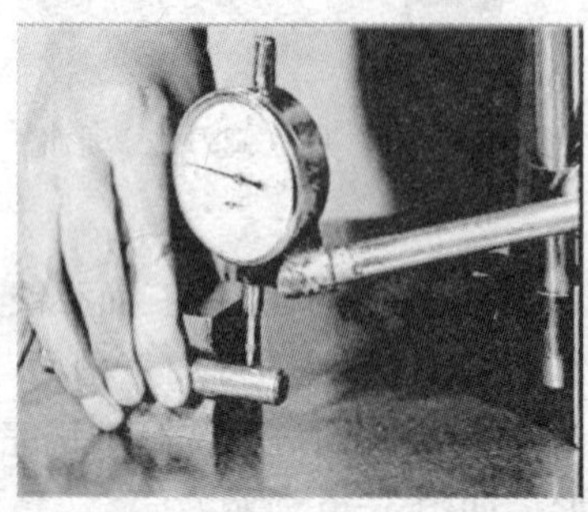
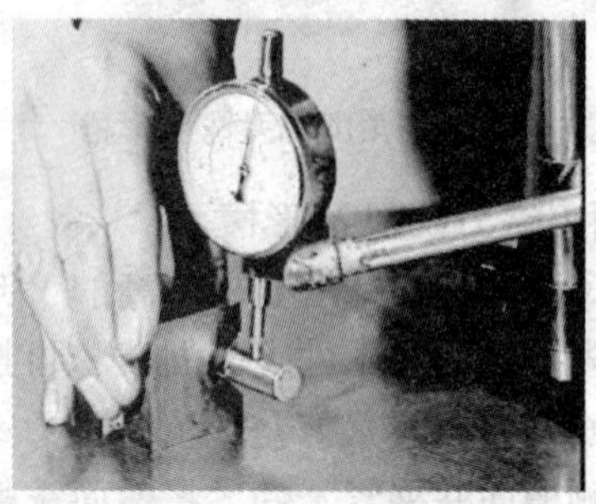

图 3—8　V 形槽对称度的检测

3. V 形槽槽角的检测

（1）用游标万能角度尺检测

用游标万能角度尺检测槽半角 $\alpha/2$ 时，只要准确检测出角度 A 或 B，即可间接求出槽半角 $\alpha/2$，如图 3—9 所示。

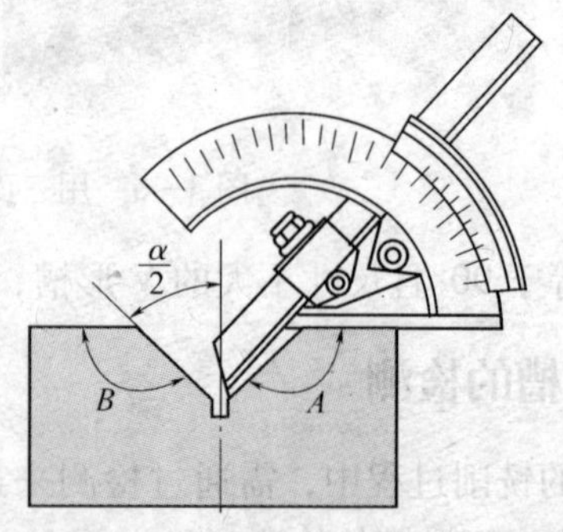

图 3—9　用游标万能角度尺检测 V 形槽槽角

即

$$\frac{\alpha}{2}=A-90^{\circ}\text{或}\frac{\alpha}{2}=B-90^{\circ}$$

（2）用标准量棒间接检测

如图 3—10 所示，用标准量棒间接检测槽角 α 时，先后用两根不同直径的标准圆棒进行间接检测，分别测得尺寸 H 和 h，根据公式计算槽半角 $\alpha/2$：

$$\sin\frac{\alpha}{2}=\frac{R-r}{(H-R)-(h-r)}$$

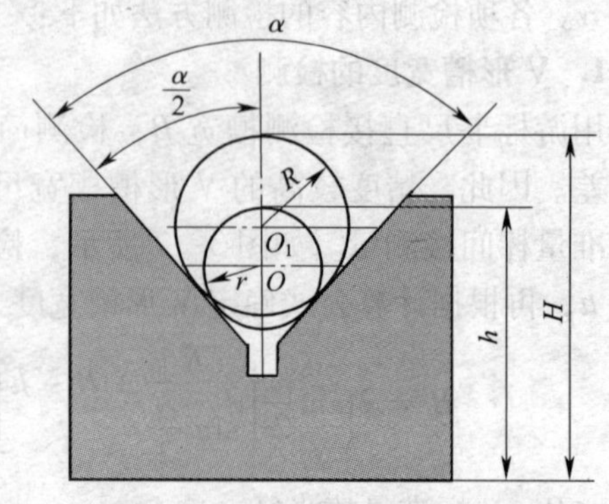

图 3—10　用标准量棒间接检测 V 形槽槽角

式中　R——较大标准量棒的半径，mm；

r——较小标准量棒的半径，mm；

H、h——两种标准量棒上素线至 V 形槽底面的距离，mm。

检测后，应根据用标准量棒测得的实际尺寸，调整工件的精加工铣削用量，完成 V 形槽的铣削。

任务实施

一、铣削特形沟槽垫铁坯料

按项目二中任务 3 铣长方体工件的方法、步骤在立式铣床上用端铣刀铣出如图 3—11 所示的长方体工件。

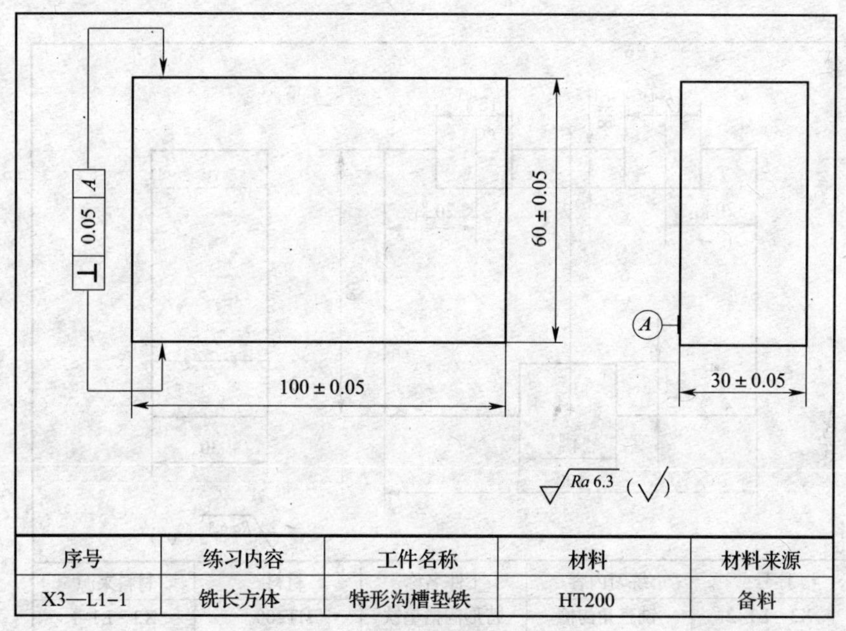

序号	练习内容	工件名称	材料	材料来源
X3—L1-1	铣长方体	特形沟槽垫铁	HT200	备料

图 3—11　特形沟槽垫铁坯料

操作提示

1. 操作中应注意对机床、夹具、量具的维护和保养，发现问题及时检修。

2. 在安装刀具、夹具时，要注意擦拭干净刀柄、工作台面和夹具底面。

3. 注意对机床零位和夹具基准的校准与对定。

4. 装夹工件时要去净毛刺并擦拭干净夹具定位面、垫铁和工件基准面，夹紧时要合理可靠。

5. 切削时应注意余量的合理分配，合理划分粗铣、精铣；选择合理的切削用量。

6. 操作与检测时要细心、谨慎。

二、完成直角沟槽的加工

按项目二中任务 5 铣直角沟槽的方法，在立式铣床上分别选择 $\phi10$ mm 和 $\phi20$ mm 的立铣刀完成图 3—12 中三个直角沟槽的铣削。铣削步骤如下：

1. 将钳口校正成与纵向进给方向平行，重新装夹工件，保证高出钳口部分大于 12 mm。

2. 安装 $\phi10$ mm 的立铣刀，用擦刀法对刀，保证 $20_{-0.15}^{0}$ mm，分粗铣、精铣接刀铣出 $12_{0}^{+0.1}$ mm 及槽深 $8_{0}^{+0.2}$ mm，再调整位置铣削另一侧直角沟槽保证尺寸 $20_{-0.15}^{0}$ mm、槽深 $8_{0}^{+0.2}$ mm 和槽宽 $12_{0}^{+0.1}$ mm。

3. 将工件上下翻转 180°重新装夹，换装 $\phi20$ mm 立铣刀，按划线对刀，通过扩铣完成直角沟槽的铣削，保证槽宽尺寸 $24_{0}^{+0.1}$ mm 和槽深尺寸 $11_{0}^{+0.1}$ mm。

4. 测量加工的零件，对加工中产生的误差进行分析，并考虑在后续加工中如何加以纠正。

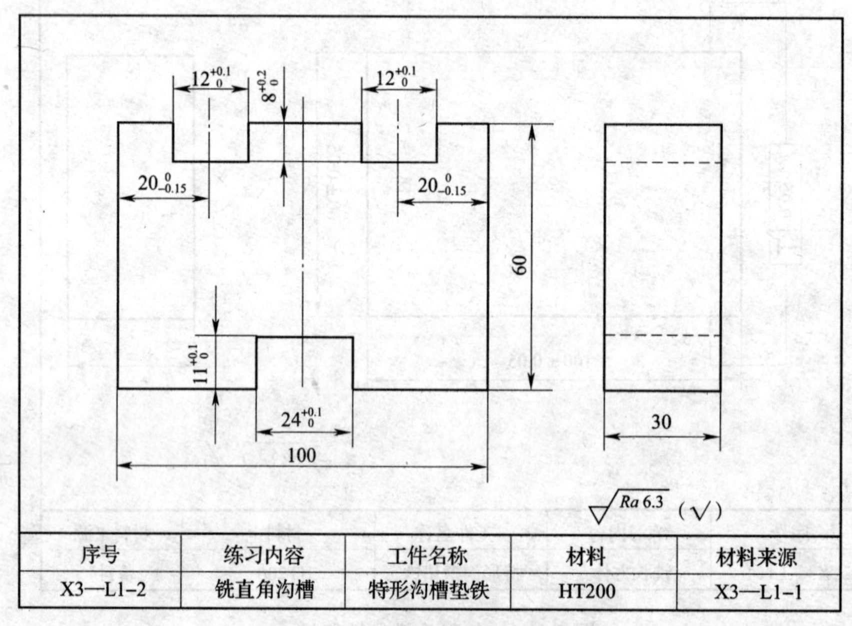

序号	练习内容	工件名称	材料	材料来源
X3—L1-2	铣直角沟槽	特形沟槽垫铁	HT200	X3—L1-1

图 3—12　特形沟槽垫铁坯料加工

操作提示

在采用 $\phi10$ mm 的立铣刀铣削直角沟槽时，铣刀直径小、刚度低，且采用弹簧夹头装夹，若装夹得不够紧固，则铣削过程中铣刀在轴向铣削抗力的作用下会出现“扎刀”现象，甚至造成铣刀折断和工件报废。所以一定要注意铣刀夹紧是否牢固。

三、铣 V 形槽

1. 铣工艺窄槽

由于 V 形槽对称中心处的加工余量是最大的。而无论采用哪种铣削方法铣削 V 形槽，用于切削这一部分余量的恰恰是铣刀上强度最差的刀尖部分。在铣削 V 形槽时，若先铣好中间的窄槽，那么在铣削 V 形槽时就可使铣刀的刀尖不再切削，这样就可以避免铣刀刀尖的折损。

在 X6132 铣床上，校正固定钳口与工作台纵向进给方向平行。按划线对中心。试切削检查对中心合格后，手动进给铣削三个窄槽至图样要求，如图 3—13 所示。根据窄槽和 V 形槽尺寸，现选择 80 mm×3 mm×22 mm 锯片铣刀铣削。

2. 铣削 V 形槽面

铣削 V 形槽面前必须严格校正夹具的定位基准，才能装夹工件开始 V 形槽槽面的铣削。现根据 V 形槽尺寸采用直径 25 mm 的立铣刀，通过横向进给先按划线粗铣各个槽面（留余量 1 mm，见图 3—14），具体方法如下：

（1）在工件端面上划出 V 形槽所在位置线。

（2）校正平口钳固定钳口与工作台纵向进给平行（因该工件的外形较宽大，为 100 mm×60 mm，为确保铣削过程中的装夹稳定，宜将该面紧贴固定钳口），装夹时采用游标卡尺测量或用定位块定位的方法，确定工件一侧距钳口端面的距离。

（3）将立铣头倾斜 45°铣削 90°V 形槽，铣好一侧后，松开钳口将工件掉转 180°，用游标卡尺测量或用定位块保证掉转 180°后，另一侧距钳口端面的距离与铣第一侧时一致，再夹紧工件铣出 V 形槽的另一侧面。

（4）将立铣头倾斜 30°，用立铣刀的端面刃铣削 120°V 形槽，调整方法同上。

图 3—13　铣削工艺窄槽

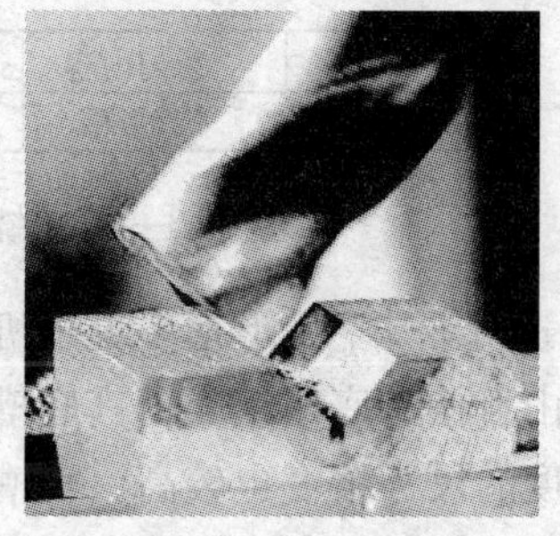

图 3—14　用立铣刀铣削 V 形槽

3. 对 V 形槽进行检测

按前面所述检测 V 形槽的方法，检测各 V 形槽的宽度 B 、对称度和槽角 α，看是否符合图样上的各项技术要求。

任务 2　铣削 T 形槽

学习目标

1. 掌握 T 形槽铣削的方法和加工步骤。
2. 完成特形垫铁上 T 形槽的铣削。

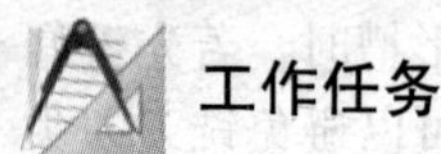

工作任务

本任务将完成图 3—15 中特形沟槽垫铁上的两个 T 形槽的铣削。其加工工艺步骤如下：

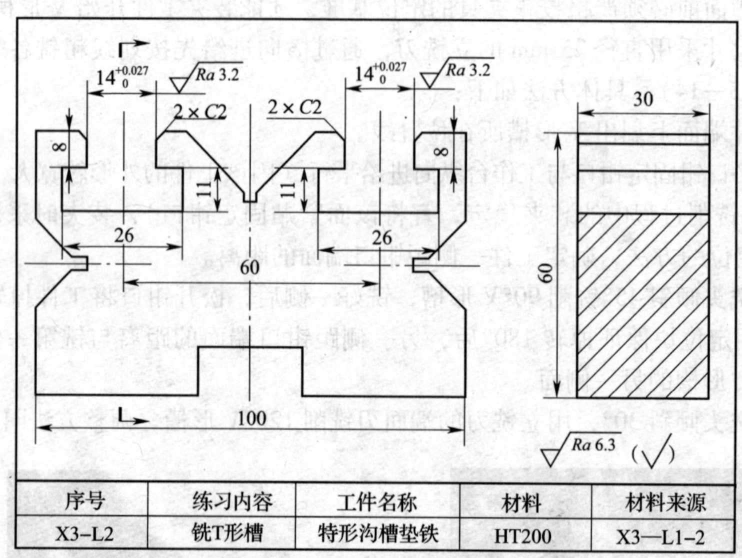

序号	练习内容	工件名称	材料	材料来源
X3–L2	铣T形槽	特形沟槽垫铁	HT200	X3—L1–2

图 3—15　铣特形沟槽垫铁上的 T 形槽

在机械制造行业中，T 形槽多见于机床的工作台或附件上，主要用于配套夹具的定位和固定。T 形槽由直槽和底槽组成，其底槽的两侧面平行于直槽，且基本对称于直槽的中心平面。T 形槽宽度的尺寸精度也较高，直槽（基准槽）为 IT8 级，底槽（固定槽）为 IT12 级。目前，T 形槽已经标准化。

相关理论

一、T 形槽的加工方法

1．铣削普通 T 形槽的方法

铣削普通 T 形槽时，通常先用立铣刀或三面刃铣刀铣直角沟槽，再用 T 形槽铣刀铣 T 形槽，最后用倒角铣刀铣槽口倒角，其过程如图 3—16 所示。

2．铣削不穿通 T 形槽的方法

铣削不穿通的 T 形槽时，可在直槽铣成后，再在 T 形槽的端部钻落刀孔。孔的直径略大于 T 形槽铣刀直径，深度应大于 T 形槽的深度，以使 T 形槽铣刀能够方便地进入或退出。然后，再铣削 T 形槽的底槽，并为槽口倒角，如图 3—17 所示。

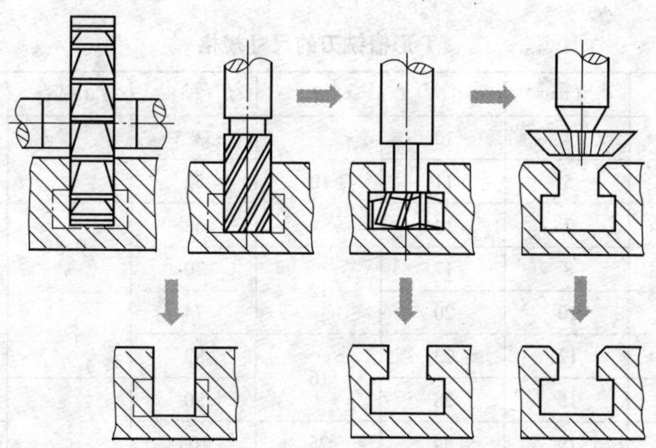

图 3—16　T 形槽的铣削方法

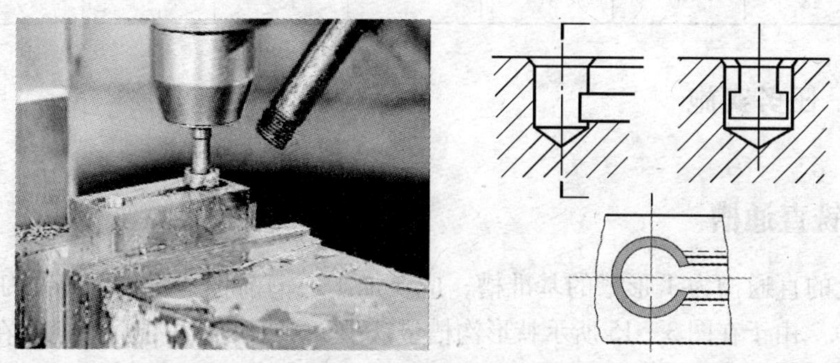

图 3—17　不穿通 T 形槽的铣削

二、T 形槽铣刀的结构及尺寸

国家标准规定 T 形槽直槽的宽度尺寸 A 为 T 形槽的基本尺寸。同时也对 T 形槽铣刀的尺寸规格进行了标准化，其中用于铣削 T 形槽直槽宽度 A 为 5 ~ 36 mm 的 T 形槽铣刀的结构如图 3—18 所示，尺寸规格见表 3—1。

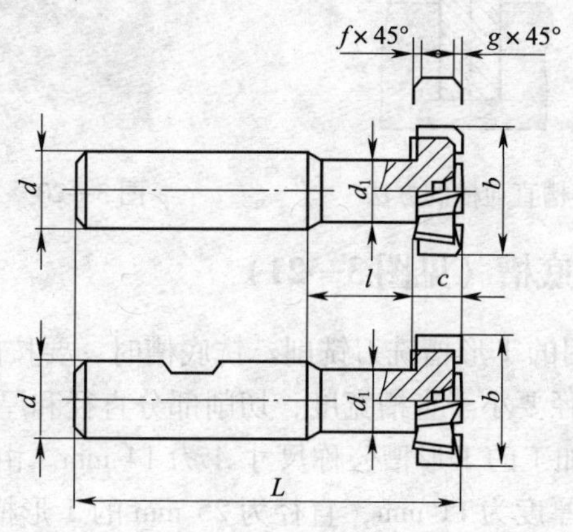

图 3—18　直柄 T 形槽铣刀的结构

表 3—1　　T 形槽铣刀的尺寸规格　　mm

<table>
<tr><th>b（h12）</th><th>c（h12）</th><th>d_1（max）</th><th>l</th><th>d</th><th>L（js18）</th><th>f（max）</th><th>g（max）</th><th>A</th></tr>
<tr><td>11</td><td>4.5</td><td>4</td><td>10</td><td rowspan="3">10</td><td>53.5</td><td rowspan="6">0.6</td><td rowspan="5">1.0</td><td>5</td></tr>
<tr><td>12.5</td><td>6</td><td>5</td><td>11</td><td>57</td><td>6</td></tr>
<tr><td>16</td><td rowspan="2">8</td><td>7</td><td>14</td><td>62</td><td>8</td></tr>
<tr><td>18</td><td>8</td><td>17</td><td rowspan="2">12</td><td>70</td><td>10</td></tr>
<tr><td>21</td><td>9</td><td>10</td><td>20</td><td>74</td><td>12</td></tr>
<tr><td>25</td><td>11</td><td>12</td><td>23</td><td rowspan="2">16</td><td>82</td><td rowspan="2">1.6</td><td>14</td></tr>
<tr><td>32</td><td>14</td><td>15</td><td>28</td><td>90</td><td rowspan="4">1.0</td><td>18</td></tr>
<tr><td>40</td><td>18</td><td>19</td><td>34</td><td>25</td><td>108</td><td rowspan="3">2.5</td><td>22</td></tr>
<tr><td>50</td><td>22</td><td>25</td><td>32</td><td rowspan="2">32</td><td>124</td><td>28</td></tr>
<tr><td>60</td><td>28</td><td>30</td><td>51</td><td>139</td><td>36</td></tr>
</table>

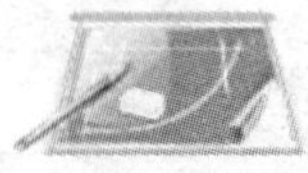

任务实施

一、扩铣直通槽

T 形槽上的直通槽为 T 形槽的基准槽，应在加工底槽前将其用三面刃铣刀或立铣刀铣出（见图 3—19）。由于在图 3—15 所示特形沟槽垫铁中 T 形槽的位置上，原已存在两个 12 mm × 8 mm 的直通槽（在上一任务中完成），故现只要用 ϕ12 mm 的立铣刀将其宽度尺寸按图 3—15 上的要求扩铣准确即可（见图 3—20），直槽的深度留余量约 0.5 mm。

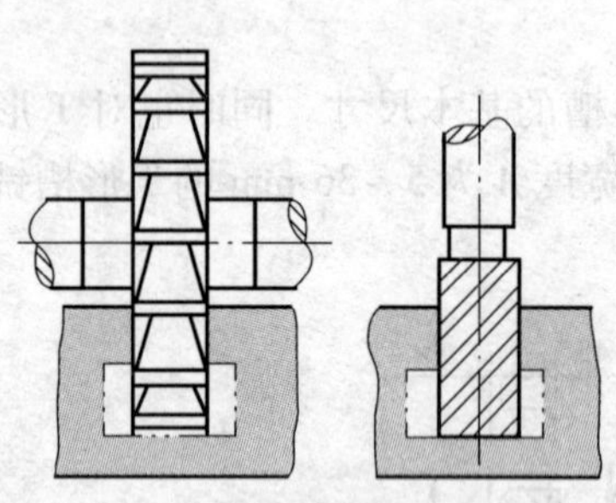

图 3—19　铣削 T 形槽直通槽的方法

图 3—20　用立铣刀扩铣直通槽

二、铣削 T 形槽的底槽（见图 3—21）

T 形槽的底槽需用专用的 T 形槽铣刀铣削。铣底槽时，要按图样上的要求来选用适当规格的 T 形槽铣刀（柄部直径要小于直槽宽度，切削部分直径和厚度应与底槽尺寸相符）。

由图 3—15 可知，要加工的 T 形槽公称尺寸 A 为 14 mm。由表 3—1 查得应选择柄部直径 d_1 为 12 mm，切削部分厚度为 11 mm，直径为 25 mm 的 T 形槽铣刀铣削。

铣底槽时，要经常退刀，并及时清除切屑，选用的切削用量不宜过大，以防铣刀折断。若铣削钢件，应充分浇注切削液，使热量及时散发。

三、铣削槽口倒角

底槽铣削完毕，可用角度铣刀或用旧的立铣刀修磨而成的专用倒角铣刀为槽口倒角(见图 3—22)。

图 3—21　铣削 T 形槽的底槽

图 3—22　铣削槽口倒角

四、检测 T 形槽

进行 T 形槽检测时，槽的宽度、槽深以及底槽与直槽的对称度可用游标卡尺测量。其直槽对工件基准面的平行度可在平板上用杠杆百分表进行检测。

操作提示

1. 铣削 T 形槽底槽时，铣刀的切削部分埋在工件内，产生的切屑容易将铣刀容屑槽塞满，从而使铣刀失去切削能力，以致折断铣刀。因此，应经常退刀，并及时清除切屑。

2. 铣削时的切削热因排屑不畅而不易散发，使切削区域的温度不断升高，容易使铣刀受热退火而丧失切削能力。所以，在铣削钢件时，应充分浇注切削液。

3. 由于 T 形槽铣刀刃口较长，承受的切削阻力也大，且铣刀的颈部直径较小，很容易因受力过大而折断。应选用较低的进给速度和切削速度，并随时注意观察铣削情况，避免冲击性切削。

4. 为了改善切屑排出条件，以及减小铣刀与槽底的摩擦，在设计和工艺人员允许的前提下，可将直角槽稍铣深些(见图 3—23)。这种形状的 T 形槽并不影响其使用性能。

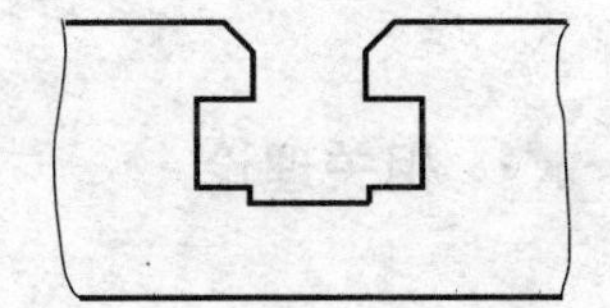

图 3—23　槽底不平的 T 形槽

任务 3　铣削燕尾槽

学习目标

1. 掌握燕尾槽铣削的方法和加工步骤。

2. 掌握间接测量燕尾槽宽度的方法。

工作任务

由于该特形沟槽垫铁上燕尾槽所在位置已在图 3—12 中完成了 24 mm × 11 mm 直通槽的铣削，所以本任务只要将直槽的上部扩铣至图 3—24 中所要求的槽口宽度尺寸 25 mm 即可。应选用角度为 60°，锥面刀齿宽度大于工件燕尾槽斜面的宽度，适当规格（端面直径小于槽底宽度）的燕尾槽铣刀或单角铣刀进行该燕尾槽的铣削。其加工工艺步骤如下：

扩铣直通槽 → 粗铣燕尾槽 → 检测燕尾槽 → 精铣燕尾槽

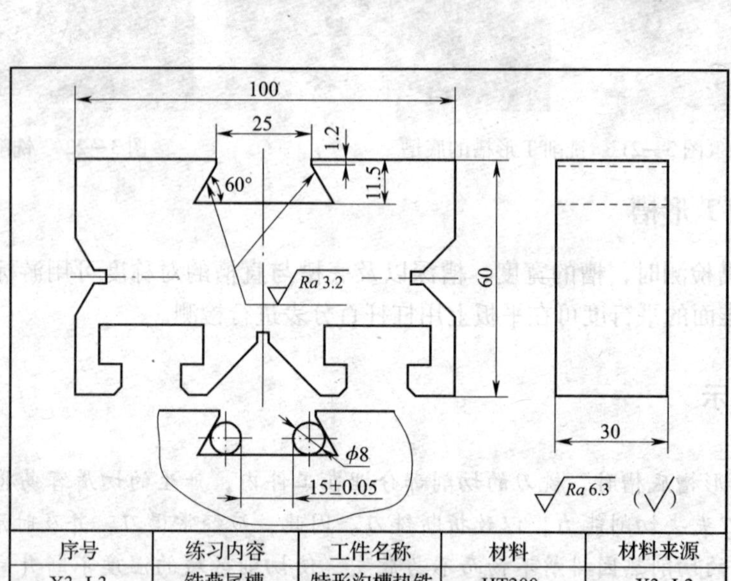

序号	练习内容	工件名称	材料	材料来源
X3–L3	铣燕尾槽	特形沟槽垫铁	HT200	X3–L2

图 3—24　铣特形沟槽垫铁上的燕尾槽

相关理论

一、燕尾结构

燕尾结构由配合使用的燕尾槽和燕尾组成，是机床上导轨与运动副间常用的一种结构方式，如图 3—25 所示。由于燕尾结构的燕尾槽和燕尾之间有相对的直线运动，因此，对其角度、宽度、深度有较高的精度要求。尤其对其斜面的平面度要求更高，且表面粗糙度 *Ra* 值要小。该特形沟槽垫铁上燕尾槽的角度为 60°，此外燕尾槽的角度还有 45°、50°、55°等多种形式，其中最常用的为 55°和 60°。

高精度的燕尾结构，将燕尾槽与燕尾一侧的斜面制成与相对直线运动方向倾斜，即带斜度的燕尾结构，配以带有斜度的塞铁，可进行准确的间隙调整，如铣床的纵向和升降导轨都是采用的这一结构形式。

二、燕尾槽和燕尾的铣削方法

1. 用燕尾槽铣刀铣燕尾槽和燕尾

燕尾槽和燕尾的铣削都分两个步骤，先铣出直角槽或台阶，再铣出燕尾槽或燕尾，如图3—26所示。

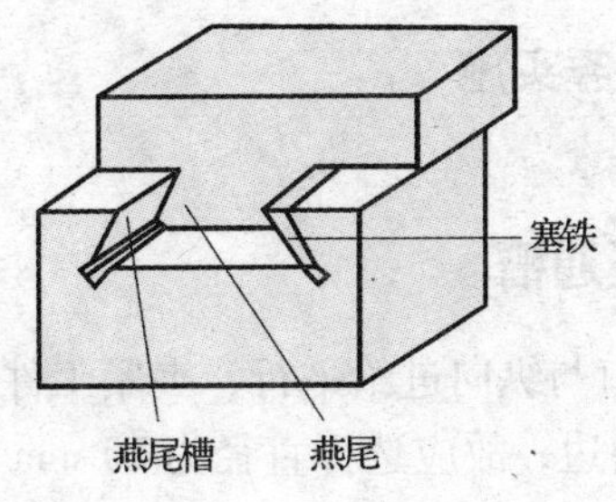

图3—25　燕尾槽和燕尾

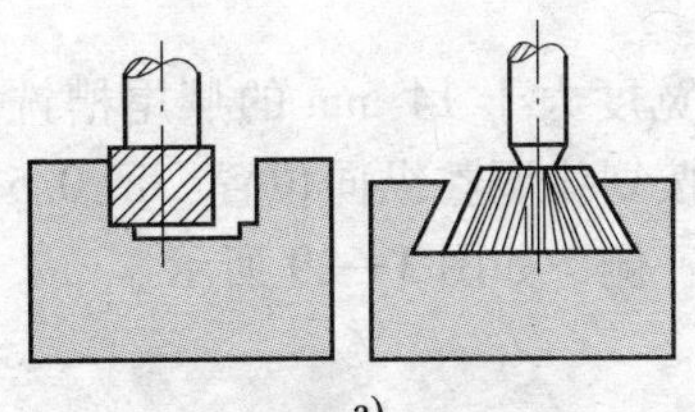

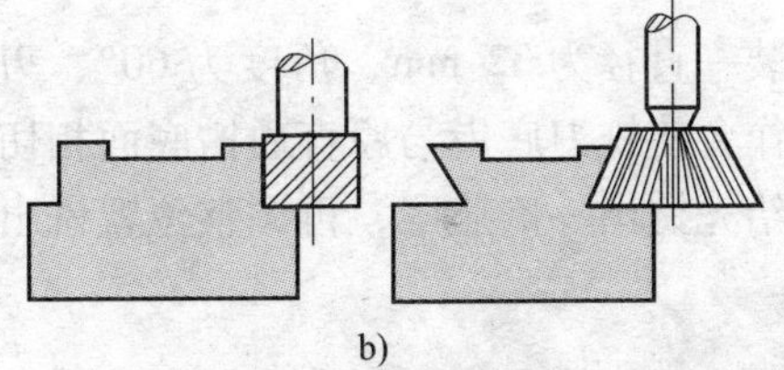

图3—26　燕尾槽及燕尾的铣削

a）铣削燕尾槽　b）铣削燕尾

铣直角槽时，槽深预留余量0.5 mm。铣燕尾槽和铣燕尾的切削条件与铣T形槽时大致相同，但铣刀刀尖处的切削性能和强度都很差。为减小切削力，应采用较低的切削速度和进给速度，并及时退刀排屑。铣削应分为粗铣和精铣两步进行。若是铣削钢件，还应充分浇注切削液。

2. 用单角铣刀铣削燕尾槽和燕尾

单件生产时，若没有合适的燕尾槽铣刀，可用廓形角 θ 与燕尾槽槽角 β 相等的单角铣刀代替燕尾槽铣刀铣削。铣削方法如图3—27所示。在立铣床上用短刀杆安装单角铣刀，通过倾斜立铣头一定的角度 α（$90° - \beta$）进行铣削。

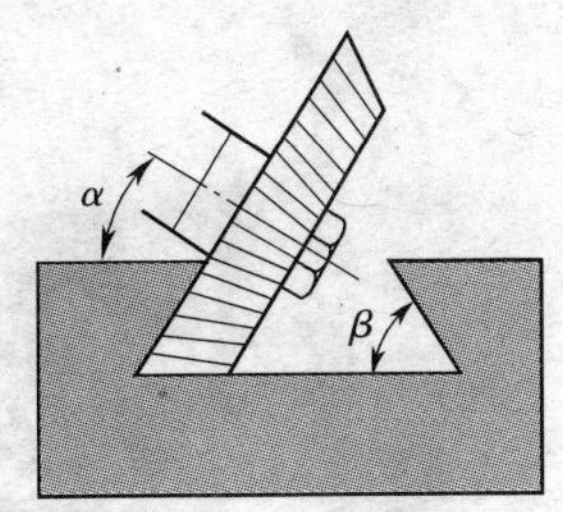

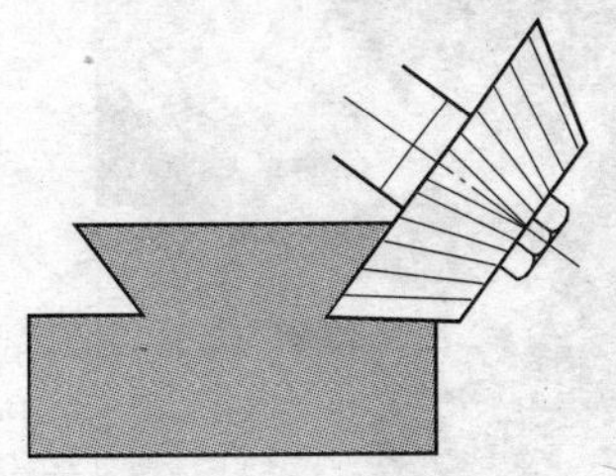

图3—27　用单角铣刀铣削燕尾槽和燕尾

3. 铣削斜燕尾槽和燕尾

铣削带有斜度的燕尾槽（或燕尾）时，如图3—28所示，可先铣出无斜度的一侧面。再将工件重新装夹并校正，即按规定斜度调整到与进给方向成一斜角，铣削其带有斜度的另一侧面。

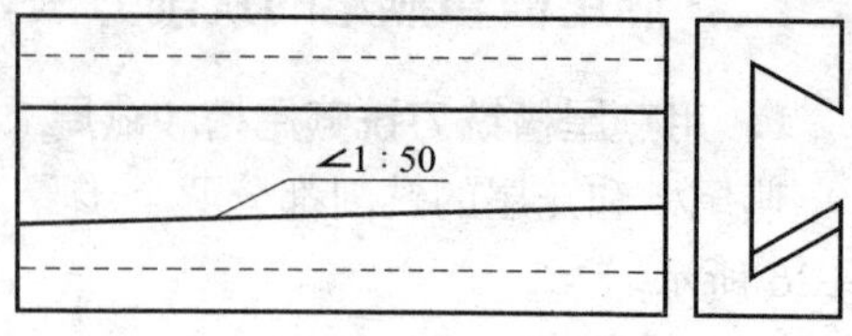

图3—28 带有斜度的燕尾槽

任务实施

一、扩铣直通槽

找正固定钳口与纵向进给平行，夹紧工件。由于该特形沟槽垫铁上燕尾槽的槽口有一段宽1.2 mm的直角边，故应选择直径为20 mm的立铣刀对原有的24 mm×11 mm的直通槽进行对称扩铣，保证尺寸25 mm。

二、粗铣燕尾槽

选择安装一直径为32 mm、角度为60°、刃口宽度大于14 mm的燕尾槽铣刀。开动主轴，调整工作台使铣刀底齿与原直通槽底面相切，按划线调整纵向位置，留0.5 mm左右余量，横向进给先铣出一侧燕尾，再调整位置铣出另一侧，如图3—29所示。

图3—29 燕尾槽的铣削

三、检测燕尾槽

1. 燕尾槽的槽角α可以用万能角度尺或样板进行检测（见图3—30）。
2. 燕尾槽的深度可用游标深度尺或游标高度尺检测（见图3—31）。

图3—30 用万能角度尺检测燕尾槽的槽角

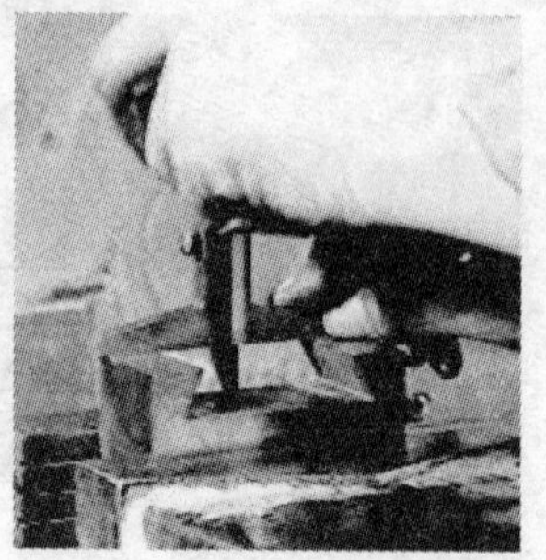

图3—31 用游标深度尺检测燕尾槽的深度

3. 由于燕尾槽有空刀槽或倒角，其宽度尺寸无法直接进行检测。通常采用标准量棒进行间接检测（见图 3—32）。

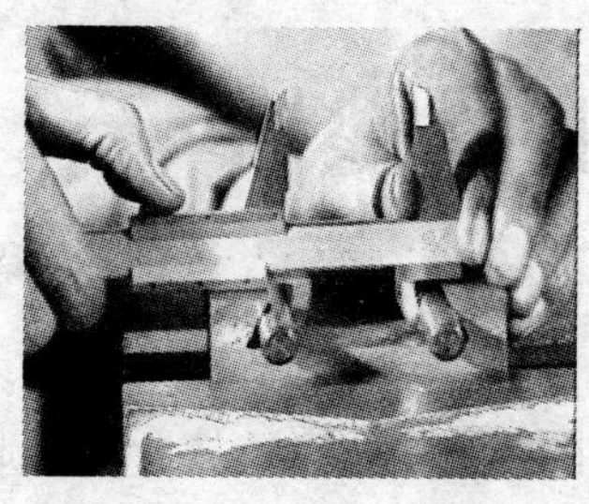
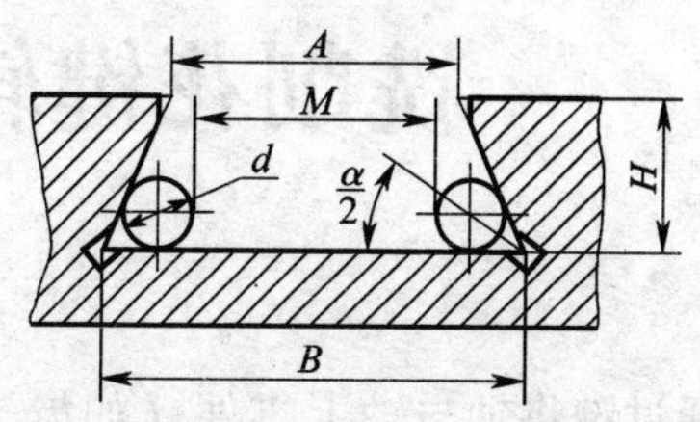

图 3—32　采用标准量棒测量燕尾槽宽度

检测燕尾槽宽度时，先测出两个标准量棒之间的距离，再通过公式计算出实际的燕尾槽宽度尺寸。

$$A = M + d\left(1 + \cot\frac{\alpha}{2}\right) - 2H\cot\alpha$$

$$B = M + d\left(1 + \cot\frac{\alpha}{2}\right)$$

式中　A——燕尾槽最小宽度，mm；

B——燕尾槽最大宽度，mm；

H——燕尾槽的槽深度，mm；

M——两标准量棒的内侧距离，mm；

d——标准量棒直径，mm；

α——燕尾槽槽角或燕尾角度，(°)。

如图 3—24 所示的燕尾槽按要求应采用两根直径为 8 mm 的标准量棒检测，测得的内侧尺寸应为（15 ±0.05）mm。所以其槽底宽度应为：$B = 15 + 8\ (1 + \cot 30°)\ = 36.86 \pm 0.05$（mm）。

四、精铣燕尾槽

检测完成后，根据通过量棒间接测得的实际尺寸，调整工件的精加工铣削用量，精铣燕尾槽至要求尺寸，完成特形沟槽垫铁的最终加工。

项目四

铣削花键轴上的键槽

键连接是通过键将轴与轴上零件（如齿轮、带轮、凸轮等）接合在一起，实现周向定位并传递转矩的连接。键连接中使用最普遍的是平键连接。在轴上安装平键的直角沟槽称为键槽，安装半圆键的槽称为半圆键槽。花键连接是两零件上等距分布且齿数相同的键齿相互连接，并传递转矩或运动的同轴偶件，是一种能传递较大转矩且定心精度较高的连接形式。当齿轮传动机构中需要进行变速时，常常通过变速滑移齿轮套在花键轴上移动改变啮合位置来实现。如图4—1所示为两端各带有一台阶轴的矩形齿花键轴，其左端台阶轴上有一封闭的平键槽，而右端台阶轴上则有一个半圆键槽。所以在这一项目中我们将通过铣平键槽、铣半圆键槽这两个任务的实施，来学习铣削轴上键槽的方法。

任务1　铣削平键槽

学习目标

1. 学习轴类零件的装夹方法。
2. 掌握铣刀对中心的方法。
3. 掌握铣削平键槽的工艺方法和加工步骤。
4. 掌握平键槽的检测方法。

工作任务

平键槽有多种形式，常见的形式有通槽、半通槽和封闭槽，如图4—2所示。

无论哪种形式，平键槽的两侧面均有较高的表面粗糙度要求，以及较高的宽度尺寸精度要求和对称度要求。一般通键槽都用盘形铣刀铣削，封闭键槽多采用键槽铣刀铣削。而图4—1所示花键轴的左端台阶轴上有一个封闭键槽（见图4—3），所以本任务将学习各种平键槽的铣削方法，并采用键槽铣刀完成这一封闭键槽的铣削。

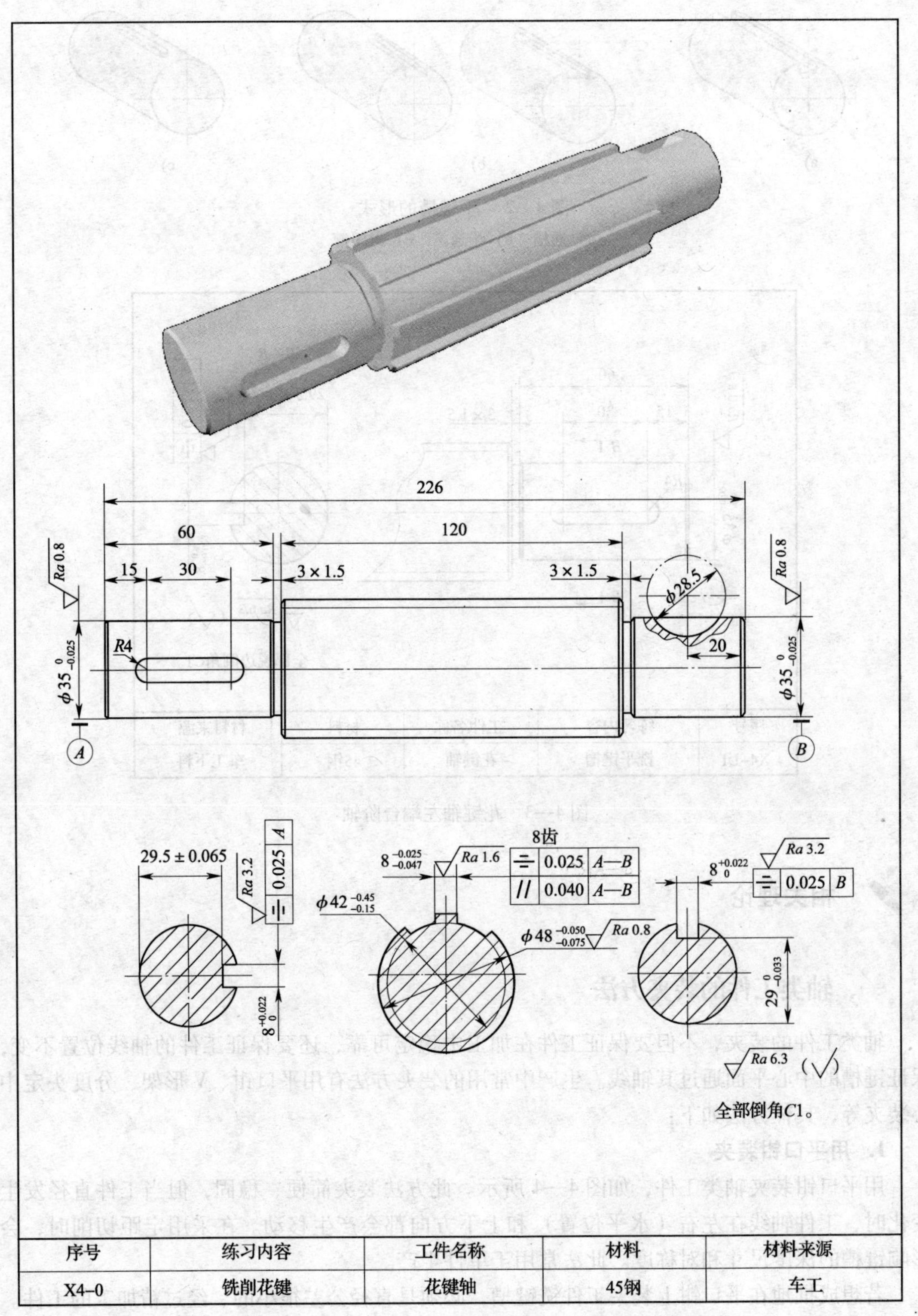

序号	练习内容	工件名称	材料	材料来源
X4-0	铣削花键	花键轴	45钢	车工

图 4—1　花键轴零件图

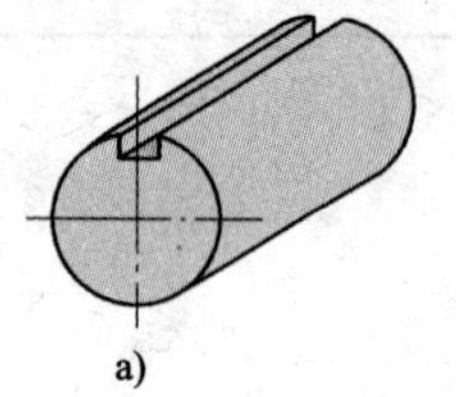

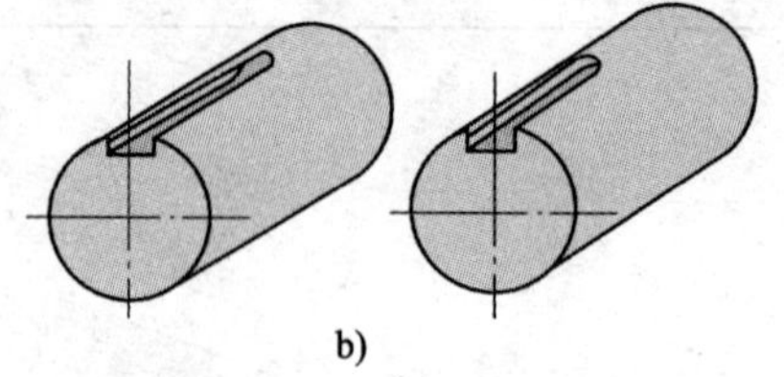

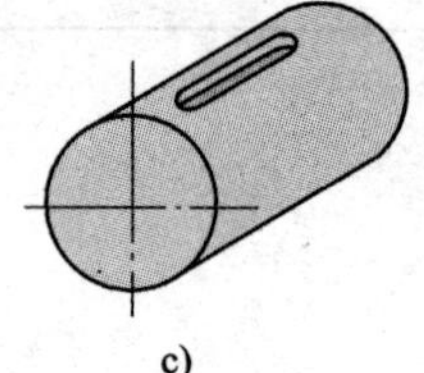

图 4—2　平键槽的形式

a）通槽　b）半通槽　c）封闭槽

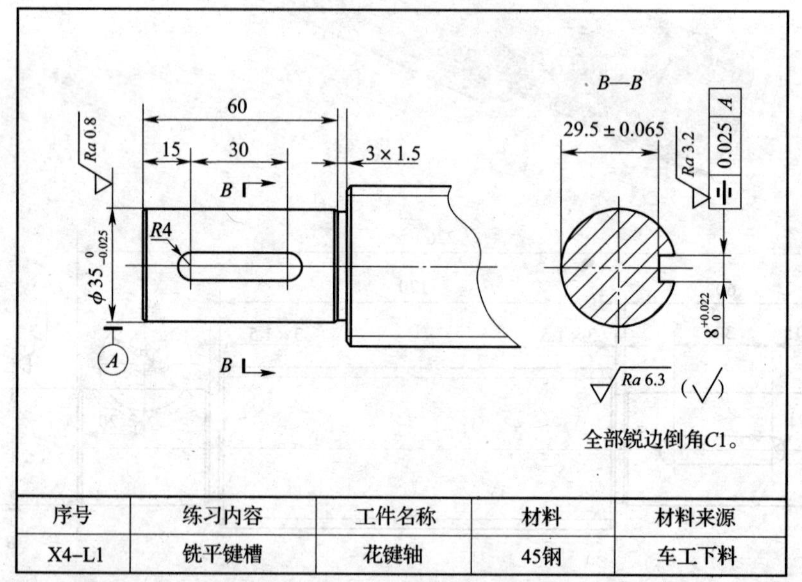

序号	练习内容	工件名称	材料	材料来源
X4-L1	铣平键槽	花键轴	45钢	车工下料

图 4—3　花键轴左端台阶轴

相关理论

一、轴类工件的装夹方法

轴类工件的装夹，不但要保证工件在加工中稳定可靠，还要保证工件的轴线位置不变，保证键槽的中心平面通过其轴线。生产中常用的装夹方法有用平口钳、V 形架、分度头定中心装夹等，具体方法如下：

1. 用平口钳装夹

用平口钳装夹轴类工件，如图 4—4 所示。此方法装夹简便、稳固，但当工件直径发生变化时，工件轴线在左右（水平位置）和上下方向都会产生移动。在采用定距切削时，会影响键槽的深度尺寸和对称度。此法常用于单件生产。

若想成批地在平口钳上装夹工件铣键槽，必须是直径公差很小的、经过精加工的工件。

在平口钳上装夹工件铣键槽，需要校正钳体的定位基准，以保证工件的轴线与工作台进给方向平行，同时也与工作台面平行。

2. 用V形架装夹

把圆柱形工件置于V形架（又称V形块、V形铁）内，并用压板进行紧固的装夹方法，是铣削平键槽常用的、比较精确的定位方法之一，如图4—5所示。

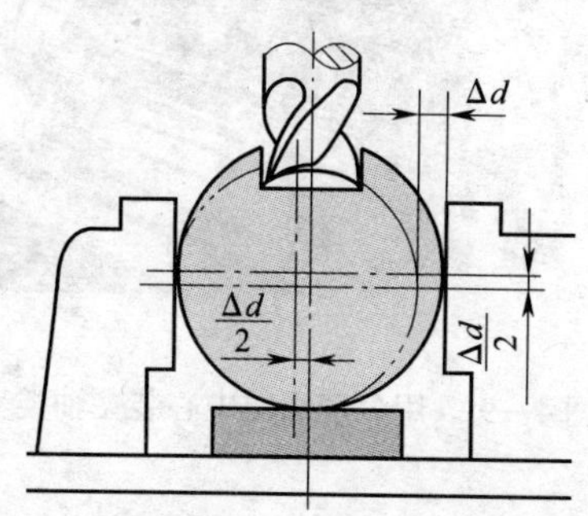

图4—4 用平口钳装夹轴类零件

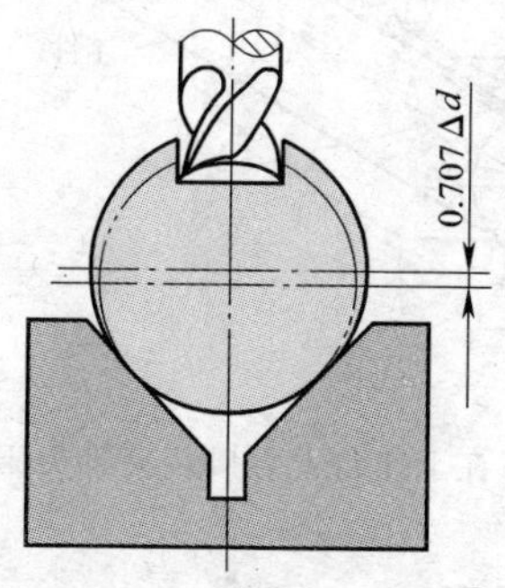

图4—5 用V形架装夹轴类零件

在V形架上，当一批工件的直径因加工误差而发生变化时，工件的轴线只能沿V形架的角平分面上下移动变化。虽然会影响槽的深度尺寸，但能保证其对称度不发生变化，且槽的深度变化量一般不会超过槽深的尺寸公差（0. 707Δd）。因此，适宜于大批量加工。

若要装夹的轴类零件较长，可用两个成对制造的同规格V形架来装夹，如图4—6所示。安装V形架时可用定位键定位，如图4—7所示。

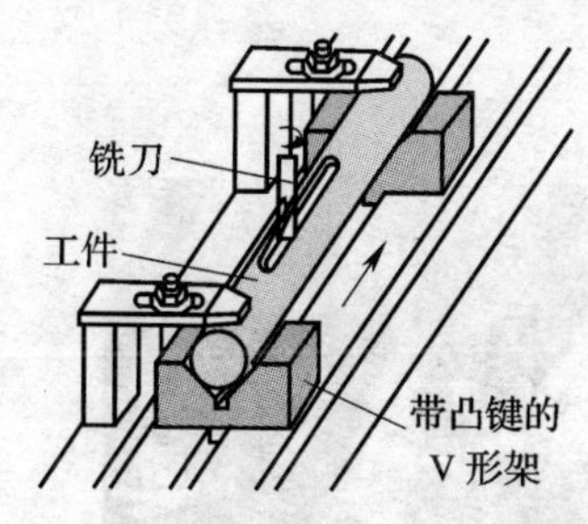

图4—6 用一对V形架来装夹

图4—7 用定位键安装V形架

3. 在工作台上直接装夹

直径为20 ~ 60 mm的长轴工件，可将其直接放在工作台中间的T形槽上，用压板夹紧后铣削轴上的键槽，如图4—8所示。此时，T形槽槽口的倒角斜面起着V形槽的定位作用。因此，只要工件圆柱面与槽口倒角斜面相切即可。

铣长轴上的通槽或半通槽时，其深度可一次铣成。铣削时，由工件端部先铣入一段长度后停车，将压板压在铣成的槽部，槽口与压板之间垫铜皮后夹紧。确保铣刀碰不着压板，然后再开车继续铣削。

4. 用分度头定中心装夹（见图4—9）

这种装夹方法使工件轴线位置不受其直径变化的影响，因此铣出的平键槽的对称性，也不受工件直径变化的影响。使用之前，要用标准量棒校正上素线和侧素线，保证标准心轴的上素线与工作台面平行，侧素线与纵向进给方向平行。

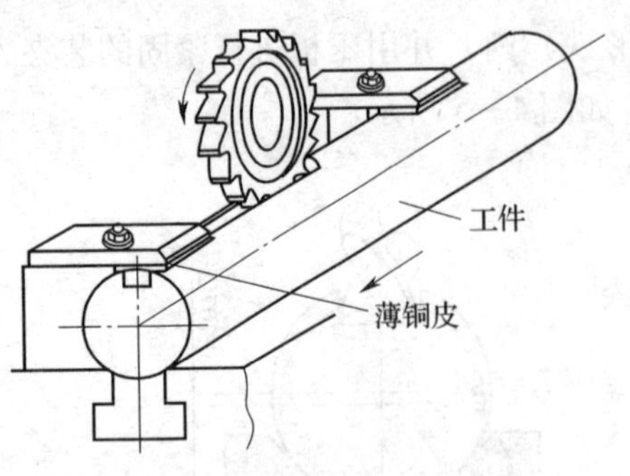

图 4—8 在工作台上直接装夹轴类工件

图 4—9 用分度头定中心装夹轴类工件

技术提示

不论采用上述哪种方法装夹工件，都要保证工件的上素线与工作台面平行，侧素线与工作台进给方向平行。否则铣出的键槽的底面和侧面就会与轴线倾斜，形成深度不一致的斜槽。

为此，可在用标准心轴装夹后，采取用百分表校正其上素线与工作台面是否平行，其侧素线与工作台进给方向是否平行的方法，对夹具的定位精度进行检测和校正，如图 4—10 所示。采用不同装夹方法铣键槽时，直径变化量（Δd）对铣键槽时可能带来的误差的影响见表 4—1。

a)

b)

图 4—10 轴类零件装夹时的校正

a）校正上素线 b）校正侧素线

表 4—1 轴的直径变化量（Δd）对键槽误差的影响

装夹方法	平口钳装夹	V 形架装夹	分度头、尾座装夹
工件轴线位置	上下、左右变动	上下变动，左右不变	不变动
键槽深度最大误差	Δd	$0.707\Delta d$	$0.5\Delta d$
键槽对称度最大误差	Δd	0	0

二、铣键槽时铣刀对中心的方法

为保证平键槽关于工件轴线对称，必须调整好铣刀的铣削位置，使键槽铣刀的轴线或盘形铣刀的对称平面通过工件轴线（俗称铣刀对中心）。常用按切痕调整对中心、擦侧面调整对中心、测量法对中心及用杠杆百分表调整对中心四种方法，具体方法如下：

1. 按切痕调整对中心

三面刃铣刀按切痕对中心时，先让旋转的铣刀接近工件的上表面，通过横向进给，铣刀在工件表面铣出一个椭圆形的切痕。然后，横向移动工作台，将铣刀宽度目测调整到椭圆的中心位置，即完成铣刀对中心，如图 4—11 所示。这种使铣刀对中心的方法准确性不高。用键槽铣刀按切痕对中心的原理和方法与盘形槽铣刀按切痕对中心的原理和方法相同，只是键槽铣刀铣出的切痕是个矩形小平面。铣刀对中心时，将旋转的铣刀调整到小平面的中间位置即可，如图 4—12 所示。

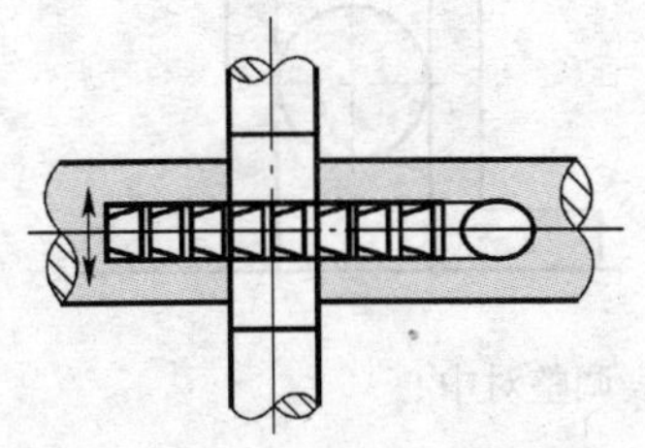

图 4—11　三面刃铣刀按切痕对中心

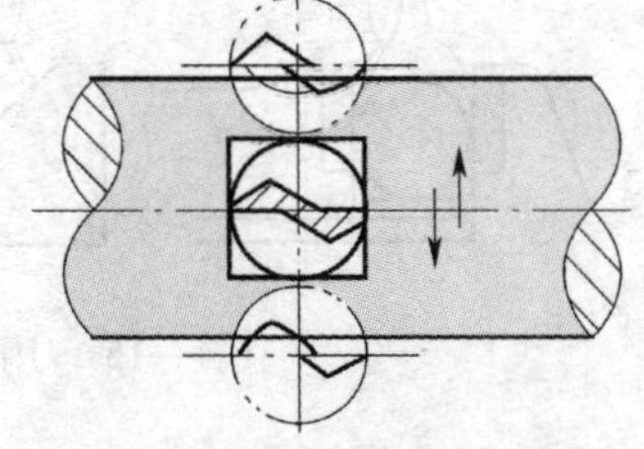

图 4—12　键槽铣刀按切痕对中心

2. 擦侧面调整对中心

这种方法对中心的精度较高。调整时，先在直径为 D 的轴上贴一张厚度为 δ 的薄纸。将宽度为 L 的盘形槽铣刀（或直径为 d 的键槽铣刀）逐渐靠向工件，当回转的铣刀刀刃擦到薄纸后，垂直降下工作台，将工作台横向移动一个距离 A，即可实现对中心，如图 4—13 所示。

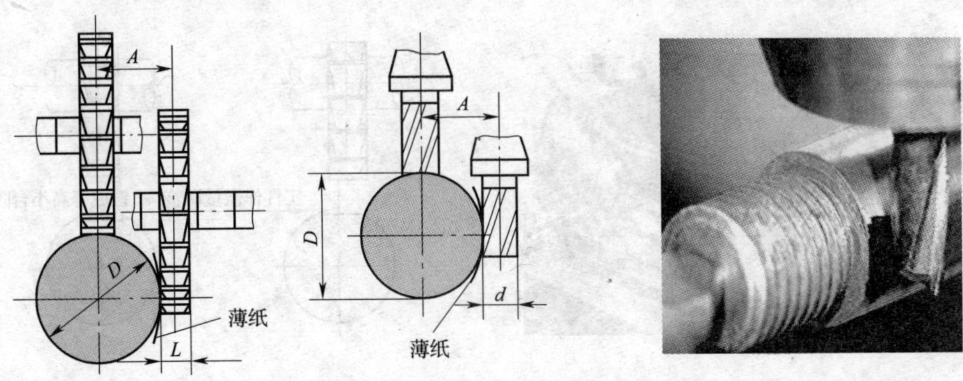

图 4—13　擦侧面调整对中心

使用盘形槽铣刀时：$A=\dfrac{D+L}{2}+\delta$；使用键槽铣刀时：$A=\dfrac{D+d}{2}+\delta$。

3. 测量法对中心

工件利用平口钳装夹时，可在铣床主轴上先夹一根与铣刀直径相近的量棒，通过用游标卡尺测量棒与两侧钳口间的距离来进行调整，当两侧距离相等时，铣床主轴即位于工件的中心。卸下量棒，换上键槽铣刀即可进行铣削，如图4—14所示。

图4—14 测量法对中心

4. 用杠杆百分表调整对中心

这种方法对中心精度最高，适合于在立式铣床上采用。调整时，将杠杆百分表固定在铣床主轴上，用手转动主轴，参照百分表的读数，可以精确地移动工作台，实现准确对中心，如图4—15所示。

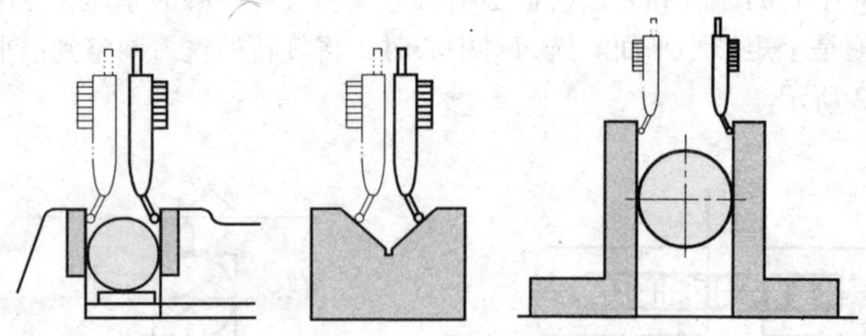

图4—15 用杠杆百分表调整对中心

三、平键槽的铣削方法

平键槽在铣削时，为避免铣削力使工件产生振动和弯曲，应在轴的切削位置的下面用千斤顶进行支撑（见图4—16）。为了进一步校准对中心是否准确，在铣刀开始切削到工件时，先不浇注切削液。手动进给缓慢移动工作台，若轴的一侧先出现台阶，则说明铣刀还未对准中心。应将工件出现台阶一侧向着铣刀作横向的微调，直至轴的两侧同时出现等高的小台阶（即铣刀对准中心）为止，如图4—17所示。

图4—16 用千斤顶支撑铣削部位

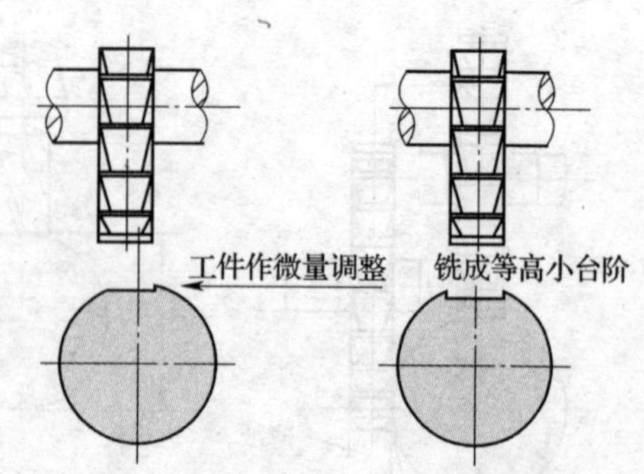

图4—17 工件铣削位置的调整

1. 用盘形槽铣刀铣削键槽

平键槽为通槽或一端为圆弧形的半通槽时，一般都采用三面刃铣刀或盘形槽铣刀进行铣削（见图4—18）。当平键槽为封闭槽或一端为直角的半通槽时，一般采用键槽铣刀进行铣削。

使用盘形槽铣刀铣平键槽时，应按照键槽的宽度尺寸选择盘形槽铣刀的宽度。工件装夹完毕并调整铣刀对中心后进行铣削。当旋转的铣刀主刀刃与工件圆柱表面（上素线）接触时，纵向退出工件，按键槽深度将工作台上升。然后，将横向进给机构锁紧，即可开始铣削键槽。

图 4—18　用盘形槽铣刀铣键槽

2. 用键槽铣刀铣削封闭键槽

用键槽铣刀铣削封闭键槽时，有分层铣削法和扩刀铣削法两种铣削方法。

分层铣削法是指：在每次进刀时，铣削深度 a_p 取 0.5 ~ 1.0 mm，手动进给由轴槽的一端铣向另一端。然后再吃深，重复铣削。铣削时应注意轴槽两端要各留长度方向的余量 0.2 ~ 0.5 mm。在逐次铣削达到轴槽深度后，最后铣去两端的余量，使其符合长度要求，如图 4—19 所示。此法主要适用于槽宽较小（ <5 mm）、轴槽长度尺寸较短、生产数量不多的轴槽的铣削。

扩刀铣削法是：先用直径比槽宽尺寸略小的铣刀分层往复地粗铣至槽深。槽深留余量 0.1 ~ 0.3 mm；槽长两端各留 0.2 ~ 0.5 mm。再用符合轴槽宽度尺寸的键槽铣刀进行精铣，如图 4—20 所示。

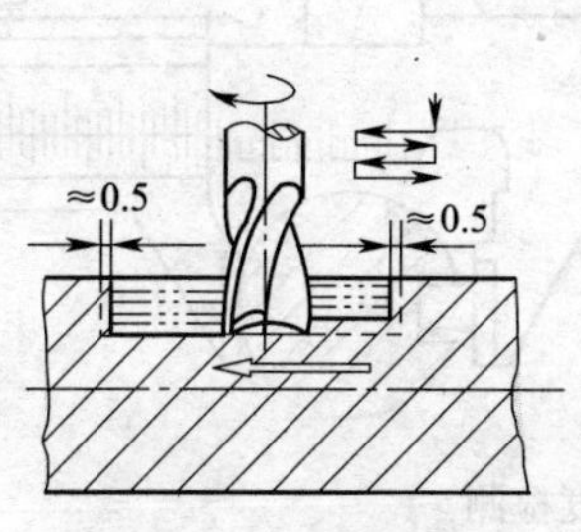

图 4—19　分层铣削法

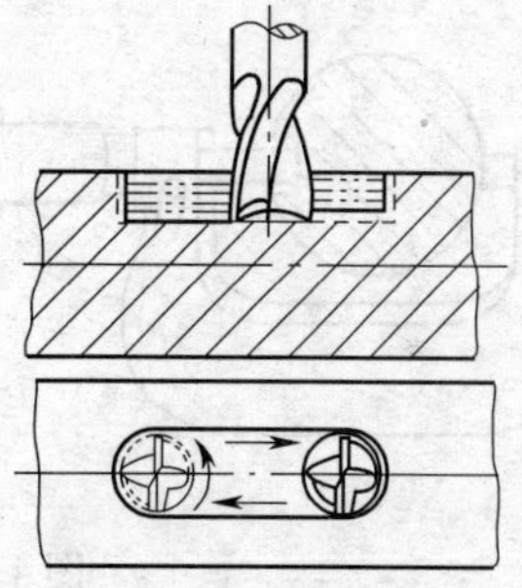

图 4—20　扩刀铣削法

由于在键槽铣削的技术要求中不但槽宽有较高的尺寸精度要求，而且键槽的直线度、两侧面与轴线的对称度等形位精度要求也很高，这就要求在铣削过程中要尽量减小各种降低精度的因素对铣削过程的影响。所以用分层铣削法或扩刀铣削法主要可以达到以下目的：

（1）减小轴向铣削力，避免“扎刀”现象。

（2）用来铣削键槽的键槽铣刀或立铣刀一般直径均较小、刚度低，且齿数少、切削时受力不均匀。若切削过深，极易产生偏让和打刀。用分层铣削法可减小“让刀”现象。对主要参与切削的铣刀端面刃进行修磨时，不会改变铣刀的直径。

另外，一次切削到深度时，铣刀过大的径向偏让会影响键槽的直线度，而用扩刀法铣削时，可通过扩铣将粗铣时产生的误差消除或减小。

四、键槽的检测方法

键槽的检测内容主要包括键槽宽度检测、深度检测及两侧面相对于轴线的对称度的检测。其检测的具体方法如下：

1. 键槽宽度检测

键槽的宽度可用游标卡尺测量或用塞规、塞块来检验。以塞规或塞块检验时，键槽以“通端通，止端止”为合格，如图 4—21 所示。

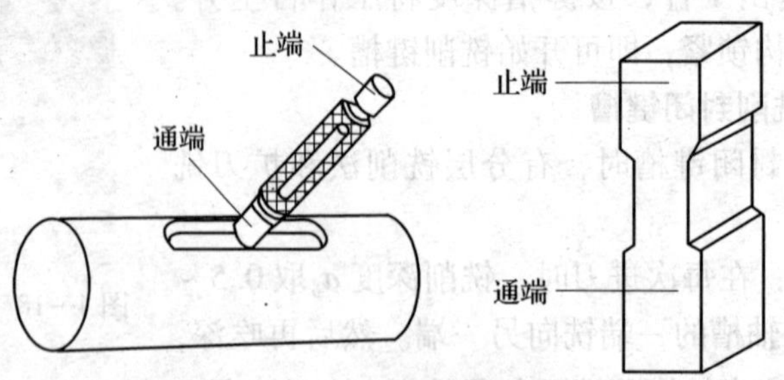

图 4—21 用塞规检测键槽宽度

2. 键槽深度检测

键槽深度的检测可用千分尺直接测量。当槽宽较窄，千分尺无法直接测量时，可用量块配合游标卡尺或千分尺间接测量槽深，如图 4—22 所示。

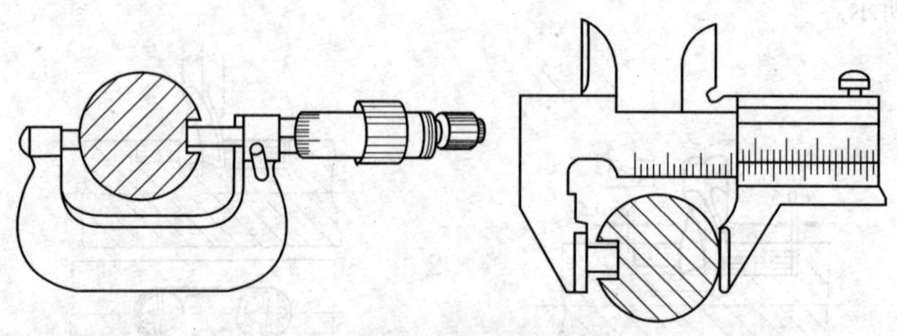

图 4—22 键槽深度检测

3. 键槽对称度的检测

检测时，先将一块厚度与轴槽尺寸相同的平行塞块塞入轴槽内，用百分表校正塞块的 *A* 平面与平板或工作台面平行并记下百分表读数。将工件转过 180°，再用百分表校正塞块的 *B* 平面与平板或工作台面平行并记下百分表读数。两次读数的差值，即为轴槽的对称度误差，如图 4—23 所示。

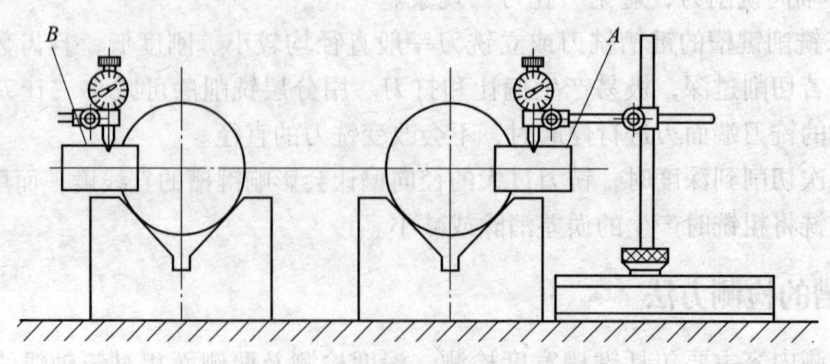

图 4—23 对称度的检测

任务实施

在立式铣床上铣削8 mm×30 mm的封闭键槽

1. 安装平口钳，并将固定钳口校正成与工作台纵向进给方向一致。

2. 在平口钳的导轨上放置一宽度小于轴的直径、高度适当的平行垫铁，校正并装夹工件。装夹时应注意用铜锤或木榔头将工件与垫铁敲实（见图4—24）。

图4—24 在平口钳上装夹工件

3. 用百分表调整铣刀对准工件的中心，然后紧固横向工作台。安装ϕ6 mm的键槽铣刀，再调整键槽铣刀的轴向铣削位置，使铣刀中心距端面15 mm。取$n=475$ r/min，$a_p=1$ mm进行分层粗铣。槽深留余量0.1～0.3 mm；槽长两端各留0.2～0.5 mm余量。换装ϕ8 mm的键槽铣刀或立铣刀精铣键槽至要求尺寸。

4. 检测合格后，卸下工件。

质量提示

影响键槽宽度尺寸精度的因素：

1. 选择的铣刀没有试铣、尺寸不正确或扩刀铣削时尺寸进给不准确。

2. 立铣刀的径向跳动量及盘铣刀的端面跳动量过大，使槽宽尺寸增大。

影响键槽形状、位置精度的因素：

1. 采用立铣刀或键槽铣刀铣削时，铣削深度过大，进给量过大，造成铣刀向受力小的一侧“让刀”，会造成键槽扩大、弯曲。

2. 平口钳或V形架装夹时，平口钳或V形架未校正好，工件及垫铁未擦拭干净，或工件有大小头等因素，会导致铣削出的键槽两侧面及底面与轴线不平行。

3. 对刀不准确，扩铣时铣偏，测量不准等原因都可能使铣出的键槽两侧与工件中心不对称。

任务2　铣削半圆键槽

学习目标

1. 了解万能分度头的结构及功用。
2. 了解万能分度头装夹工件的方法。
3. 掌握半圆键槽铣削的方法和加工步骤。
4. 掌握间接测量半圆键槽深度的方法。

工作任务

本任务我们将学习利用分度头装夹轴类工件，并完成花键轴右端台阶轴上半圆键槽的铣削。

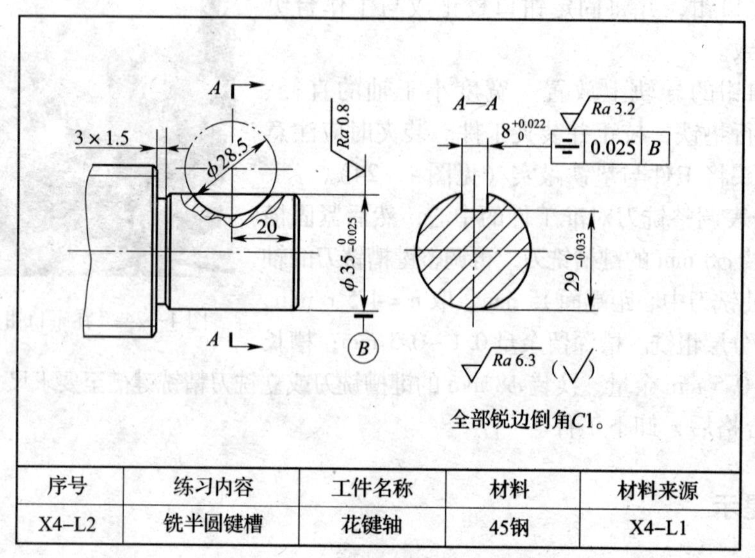

序号	练习内容	工件名称	材料	材料来源
X4–L2	铣半圆键槽	花键轴	45钢	X4–L1

图4—25　花键轴右端台阶轴

半圆键连接（见图4—26）也是用键侧面实现周向固定并传递转矩的一种键连接。半圆键在轴槽中能绕自身几何中心沿槽底圆弧摆动，以适应轮毂上键槽的配合要求。常用于轻载或辅助性连接，特别适用于轴的端部。其特点是制造容易，装拆方便。

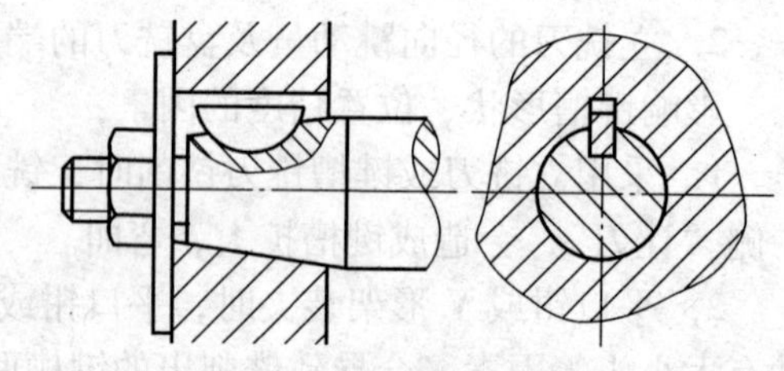

图4—26　半圆键连接

半圆键槽的宽度尺寸精度和表面粗糙度要求较高，其两侧对称并平行于工件的轴线。

如图4—25所示的轴上半圆键槽的铣削工艺步骤如下：

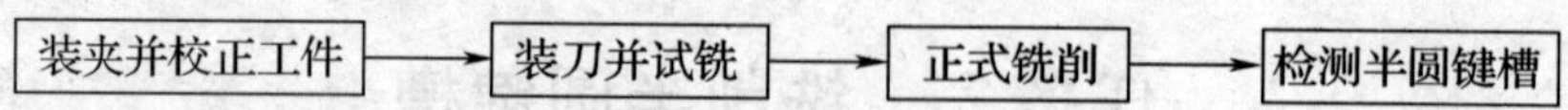

相关理论

一、万能分度头的结构与功用

1. 万能分度头的结构

万能分度头是铣床的精密附件之一，用于在铣床及其他机床上装夹工件，以满足不同工件的装夹要求，并可对工件进行圆周等分、角度分度、直线移距分度。还可通过配换齿轮使分度头的主轴或侧轴与工作台纵向丝杠连接实现螺旋进给以加工螺旋线、等速凸轮等，从而扩大了铣床的加工范围。

万能分度头规格的表示方法如下：

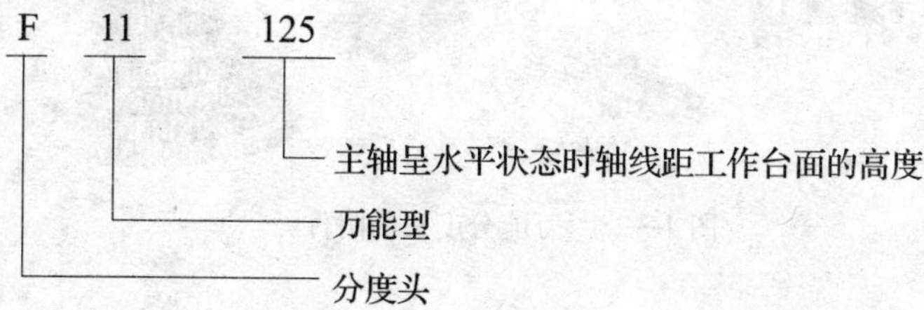

常用的规格有 F1163、F1180、F11100、F11125、F11160 和 F11250 等，其中铣床上最常用的型号是 F11125。

也有些生产厂家是以符号 FW 和所能夹持工件的最大直径来表示，如 F11125（FW250），如图 4—27 所示。

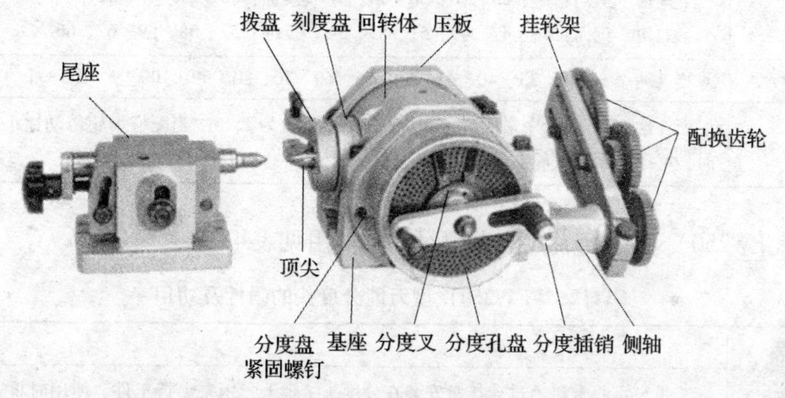

图 4—27　F11125（FW250）型分度头及附件

分度头的主轴为空心结构，两端为莫氏 4 号锥孔，前锥孔用来安装顶尖或锥度心轴，后锥孔用来安装挂轮轴，主轴前端有一短圆锥用来安装三爪自定心卡盘的连接盘。松开基座上压板后方的两个紧固螺钉，可使回转体在 $-6° \sim 90°$间调整，令分度头主轴与工作台面成一定的角度。主轴的前端有一刻度盘，可用来直接分度。侧轴用来安装配换齿轮。

基座上可安装定位键，通过与工作台上 T 形槽的配合对分度头定位。分度手柄与分度孔盘、分度插销、分度叉配合使用完成分度工作。分度孔盘和侧轴不需转动时，将分度孔盘紧固螺钉紧固。当分度孔盘和侧轴需转动时，则必须松开该紧固螺钉。

2. 万能分度头的附件

为了满足不同零件的装夹要求及分度头的各种用途，F11125（FW250）型分度头除配有挂轮架和配换齿轮外，还有分度孔盘、三爪自定心卡盘、尾座、顶尖、拨盘、鸡心夹、挂轮轴等附件，如图 4—28 所示。

利用分度孔盘可以完成不是整转数的分度工作。当配换齿轮与分度头主轴和侧轴连接时，用来进行差动分度；当配换齿轮与主轴（或侧轴）和铣床工作台丝杠连接时，用来进行直线精确移距及铣削螺旋槽等工作。F11125（FW250）型分度头的分度孔盘孔圈数及配换齿轮齿数见表 4—2。

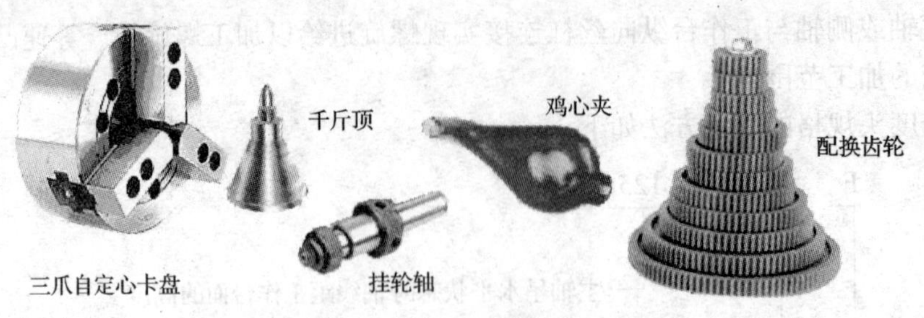

图 4—28　万能分度头的附件

表 4—2　　F11125（FW250）型分度孔盘孔圈孔数及配换齿轮表

分度头形式	分度孔盘孔圈孔数及配换齿轮齿数
带一块分度孔盘	正面：24、25、28、30、34、37、38、39、41、42、43 反面：46、47、49、51、53、54、57、58、59、62、66
带两块分度孔盘	第一块　正面：24、25、28、30、34、37　反面：38、39、41、42、43 第二块　正面：46、47、49、51、53、54　反面：57、58、59、62、66
配换齿轮齿数	25（两个）、30、35、40、45、50、55、60、70、80、90、100　　共 13 个
说明	因在这 13 个齿轮中最大齿数为 100，最小齿数为 25，故当配换齿轮传动比小于 1/4 或大于 4 时，必须采用复式轮系

F11125（FW250）型分度头其他常用附件的功用见表 4—3。

表 4—3　　F11125（FW250）型万能分度头的附件及功用

名称	功用
三爪自定心卡盘	三爪自定心卡盘通过连接盘安装在分度头主轴上，用来夹持工件。使用时将方头扳手插入卡盘体的方孔内，转动扳手通过三爪联动可将工件定心夹紧或松开
顶尖、拨盘、鸡心夹	顶尖、拨盘、鸡心夹用来装夹带中心孔的轴类零件，使用时将顶尖装在分度头主轴锥孔内，将拨盘装在分度头主轴前端端面上，然后用内六角圆柱头螺钉紧固。用鸡心夹将工件夹紧放在分度头与尾座两顶尖之间，同时将鸡心夹的弯头放入拨盘的开口内，将工件顶紧后，紧固拨盘开口上的紧固螺钉，使拨盘与鸡心夹连接，将主轴的转动传递给工件，并保证主轴锁紧时工件不会发生转动
挂轮轴、挂轮架	挂轮轴、挂轮架用来安装配换齿轮。挂轮架 1 利用开缝孔安装在分度头的侧轴上，挂轮轴套 3 用来安装挂轮，它的另一端安装在挂轮架的长槽内，调整好配换齿轮位置后将其紧固在挂轮架上。支撑板 4 通过螺钉轴 2、5，安装在分度头基座后方的螺孔上，用来支撑挂轮架。锥度挂轮轴 6 安装在分度头主轴的后锥孔内，另一端安装配换齿轮

续表

名称	功用	
千斤顶	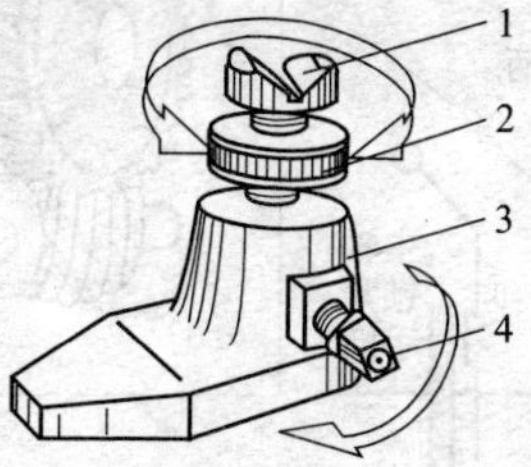 1 2 3 4	千斤顶用来支撑刚度较小易弯曲变形的工件，以增加工件的支撑刚度，减少变形。使用时松开紧固螺钉4，转动调整螺母2，使顶头1上下移动。当顶头的V形槽与工件接触稳固后，拧紧紧固螺钉4
尾座	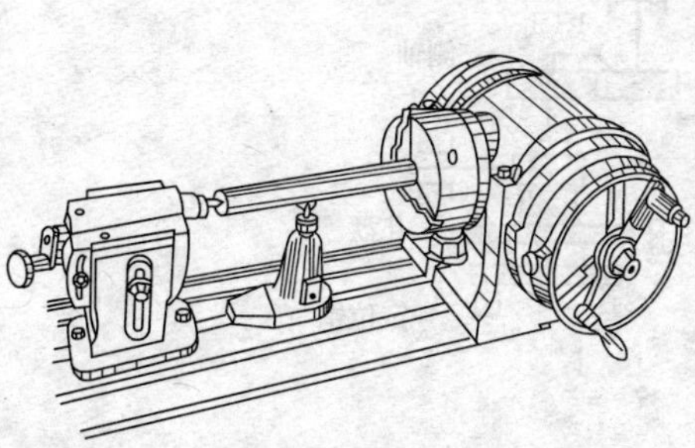	尾座又称尾架，尾座与分度头配合使用，用来支撑较长的工件。对于特长、特细的轴类工件，还要配合千斤顶使用，左图为尾座配合分度头装夹工件的方法 转动尾座手轮，可使后顶尖沿轴线方向移动，以便装卸工件。尾座底下有两个定位键，用以保证后顶尖轴线与工作台纵向进给方向一致，并和分度头主轴轴线在同一直线上

3. 简单分度法与角度分度法

生产中，万能分度头最常用的分度方法就是简单分度法。在万能分度头上进行简单分度时，先将分度孔盘固定，转动分度手柄使蜗杆带动蜗轮转动，从而带动主轴和工件转过一定的转（度）数。

由图4—29所示的万能分度头传动系统可知，分度手柄转过40 r，分度头的主轴转过1 r，即传动比为40∶1，“40”称为分度头的定数。各种常用分度头（FK型数控分度头除外）都采用这一定数。由此可知，简单分度时分度手柄的转数 n 与工件等分数 z 之间的关系如下：

$$n = \frac{40}{z}(\mathrm{r})$$

例如，我们要加工一个齿数为56的齿轮时，当我们铣完一齿要铣削工件的下一齿时，只需通过简单分度，就可以将安装在分度头主轴上的毛坯调整到下一切削位置。此时分度手柄需转过的转数 n 为：

$$n = \frac{40}{z} = \frac{40}{56} = \frac{5}{7} = \frac{35}{49}(\mathrm{r})$$

即每铣完一齿后，应将分度手柄在49孔的孔圈上转过35个孔距（两分度叉间为36孔）。

如铣削一个正六边形的零件，如六角螺母。每铣一面后，分度手柄需转过的转数 n 为：

$$n = \frac{40}{z} = \frac{40}{6} = 6\frac{2}{3} = 6\frac{44}{66}(\mathrm{r})$$

即每铣一面后，分度手柄需在66孔的孔圈上转过6转又44个孔距（两分度叉间为45孔）。

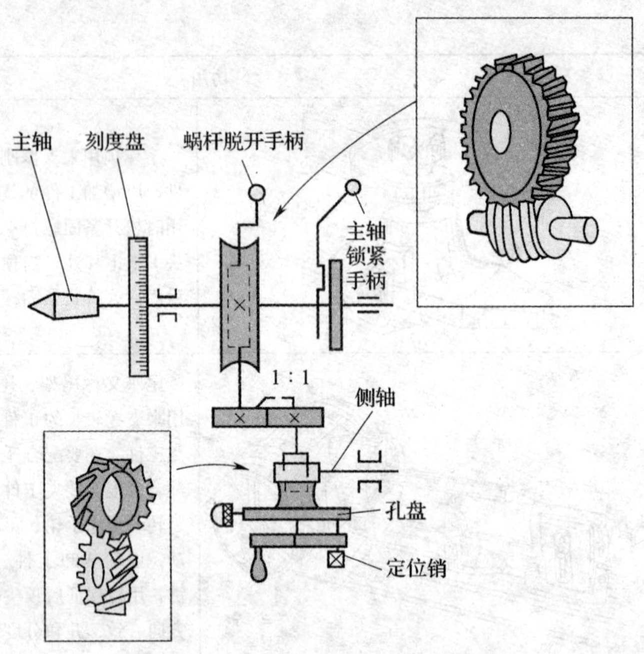

图 4—29　万能分度头传动系统

角度分度法是简单分度法的另一种形式，它主要用于工件需转过某一具体角度时的分度。由于分度手柄每转一转时，主轴只转过 1/40 转，即只转过了 9°，由这一关系可得到分度手柄的转数 n 与工件转过角度 θ 间的关系为：

$$n = \frac{\theta}{9^\circ}(\mathrm{r}) \text{ 或 } n = \frac{\theta}{540'}(\mathrm{r})$$

例如，当我们用万能分度头装夹铣削轴上两个圆周夹角为 115°的沟槽时，分度手柄需转过的转数 n 为：

$$n = \frac{\theta}{9^\circ} = \frac{115^\circ}{9^\circ} = 12\frac{7}{9} = 12\frac{42}{54}(\mathrm{r})$$

即在铣完一槽后，应将分度手柄在 54 孔的孔圈上转过 12 转又 42 个孔距（两分度叉间为 43 孔）。

如果所分的角度有两个以上的单位，则要统一化作其中的最小单位后再代入公式计算；也可以分步代入公式计算。

例如，工件所需转过角度为：$\theta = 150^\circ 20'$

则先将 150°20′代入公式 $n = \frac{\theta}{9^\circ} = \frac{150^\circ 20'}{9^\circ}$；即 16r 余 6°20′

而 $6^\circ 20' = 380'$

再将 380′代入公式 $n = \frac{\theta}{540'} = \frac{380'}{540'} = \frac{38}{54}$（r）

即要使工件转过 150°20′，只需将分度手柄在 54 孔孔圈上转过 16 转再过 38 孔即可。

二、用分度头装夹工件的方法

零件的形状不同，在分度头上的装夹方法也不同。其主要有以下几种方法：

1．用三爪自定心卡盘装夹工件

加工较短的轴套类零件，可直接用三爪自定心卡盘装夹。用百分表校正工件外圆，当工件外圆与分度头主轴不同轴而造成跳动量超差时，可在卡爪上垫铜皮，使外圆跳动符合要求。用百分表校正端面时，用铜锤轻轻敲击高点，使端面跳动符合要求。这种方法装夹简便，铣削平稳，如图 4—30 所示。

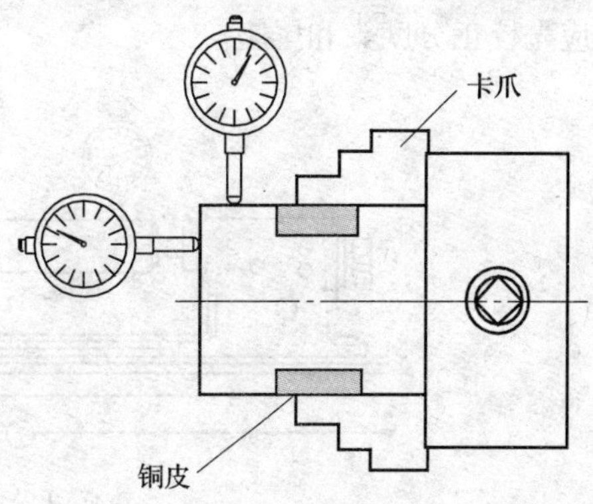

图 4—30　用三爪自定心卡盘装夹工件

2．用心轴装夹工件

心轴主要用于套类及带孔盘类零件的装夹。心轴分锥度心轴和圆柱心轴两种。装夹前应先校正心轴轴线与分度头主轴轴线的同轴度，并校正心轴的上素线和侧素线与工作台面和工作台纵向进给平行。

利用心轴装夹工件时又可以根据工件和心轴形式不同分为多种不同的装夹形式，如图 4—31 所示。

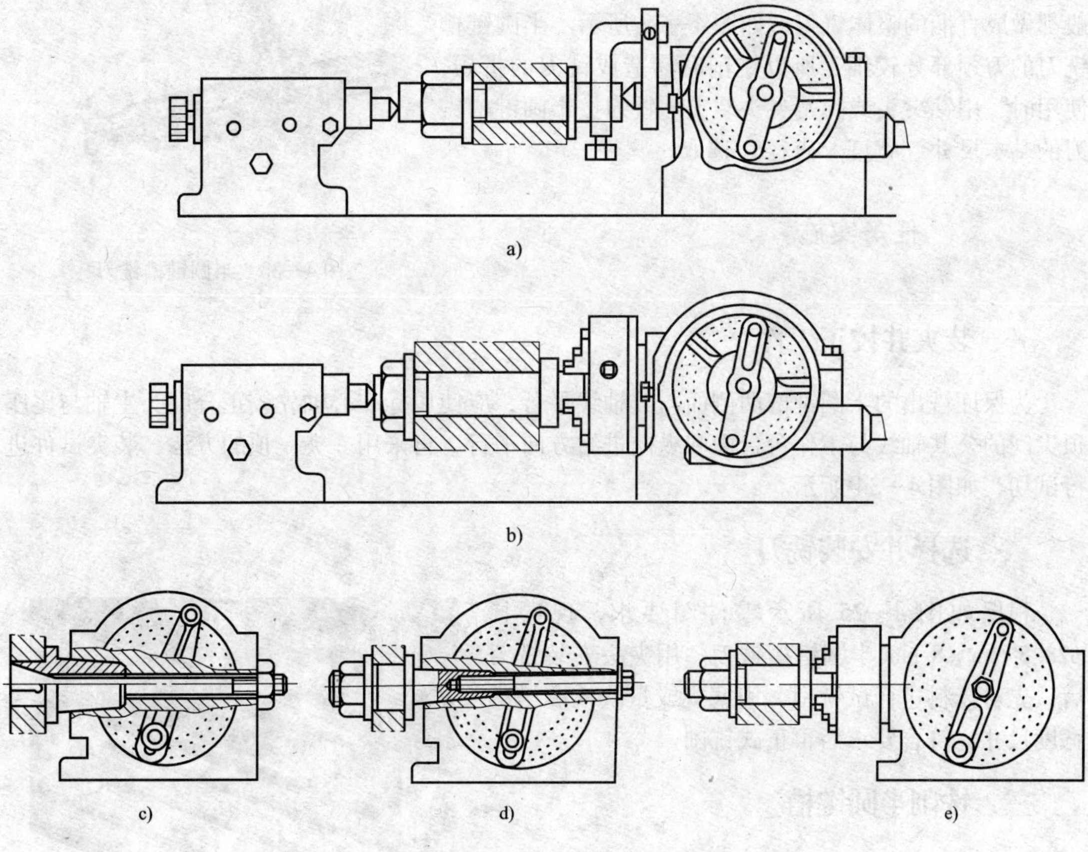

a)

b)

c)　d)　e)

图 4—31　在分度头上用心轴装夹工件

a）用心轴两顶尖装夹工件　b）用心轴一夹一顶装夹工件

c）用可胀心轴装夹工件　d）用锥度心轴装夹工件　e）用心轴、三爪自定心卡盘装夹工件

3. 用一夹一顶装夹

一夹一顶装夹适用于一端有中心孔的较长轴类工件的加工，如图4—32所示。此法铣削时刚度较大，适合切削力较大时工件的装夹。但校正工件与主轴同轴度较困难，装夹工件前，应先校正分度头和尾座。

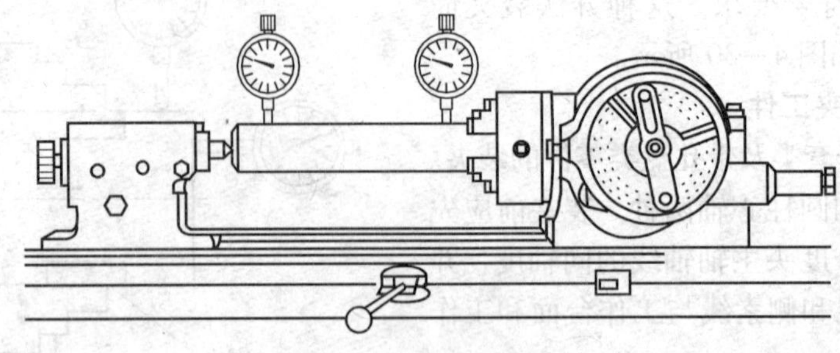

图4—32　一夹一顶装夹工件

三、半圆键槽铣刀

半圆键槽需用半圆键槽铣刀铣削，半圆键槽铣刀一般都做成直柄的整体铣刀，如图4—33所示。半圆键槽铣刀的刀颈部分较细，所以铣削时易造成铣刀的折损，使用时，用钻夹头或弹簧夹头装夹。铣刀按半圆键槽铣刀的基本尺寸（宽度×直径）选取。

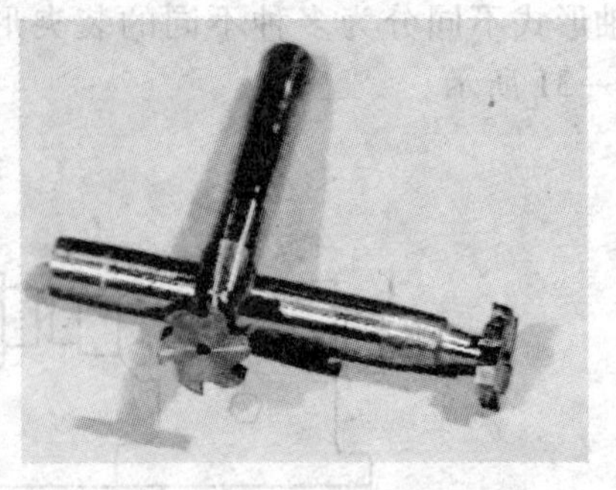

图4—33　半圆键槽铣刀

任务实施

一、装夹并校正工件

为保证铣出的半圆键槽两侧面与其轴线平行，应使用标准心轴先校正分度头主轴与尾座顶尖间的公共轴线与工作台台面和纵向进给方向平行，再采用一夹一顶的方法，装夹试件进行试切，如图4—34所示。

二、选择并安装铣刀

根据如图4—25所示零件图要求，现选择ϕ28.5 mm×8 mm半圆键槽铣刀。用夹头安装铣刀后，先对废料进行试铣削，用塞规或量块检测槽的宽度尺寸，符合要求后再正式铣削。

三、铣削半圆键槽

铣削时先利用游标高度尺在工件上划出半圆键槽的位置线，再按划线试切对刀。划线前先在工件表面涂色，再将游标高度尺调至工件中心高，划出

图4—34　铣半圆键槽时工件的装夹

中心线，再调高或降低半个键宽，在工件圆周各划一条线；通过分度头将工件转过 180°，将游标高度尺移到工件的另一侧再各划一条线，检查两次所划线之间的宽度是否等于键宽，是否符合要求，如图 4—35 所示。再用游标卡尺量出半圆键槽中心距端面的位置，并用划针划出中心位置线。

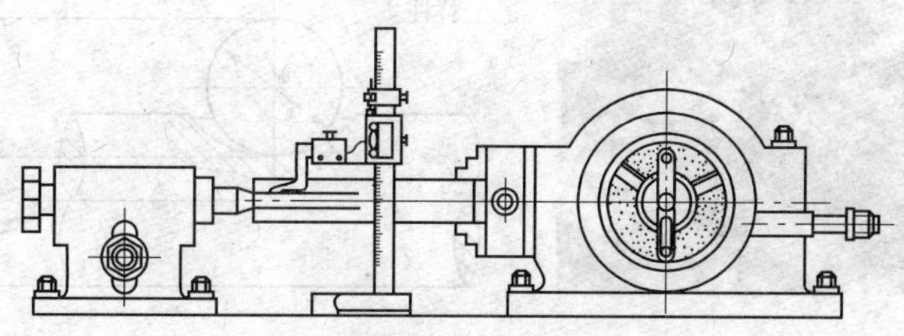

图 4—35　划线对刀法

划好线后，将铣刀调至划好的中心位置，试切的椭圆形切痕的短轴应正好处在半圆槽的中心位置（距端面 20 mm 处），并相对所划槽宽位置线处于对称位置，如图 4—36 所示。

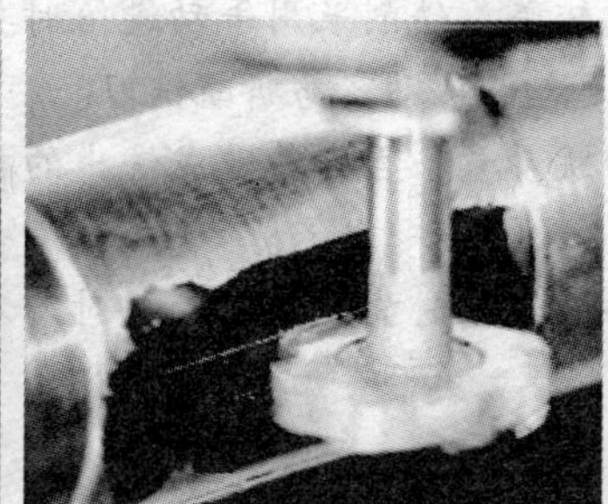
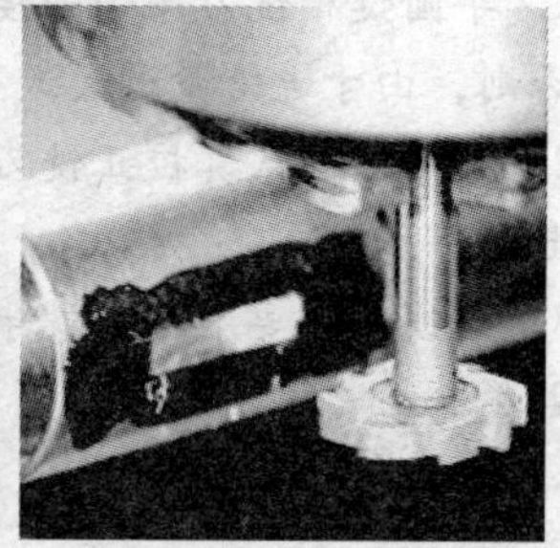

图 4—36　铣削半圆键槽

对好刀后，先锁紧纵向进给手柄，以手动方式慢慢地进行横向进给，并逐渐减慢进给速度，以防止铣刀折断。为改善散热条件，要充分浇注切削液。

操作提示

半圆键槽也可以在卧式铣床上铣削。铣削时，为提高铣刀强度，在卧式铣床上，可采用一夹一顶的装夹方式，如图 4—37 所示。

在挂架轴承孔内安装顶尖，顶住半圆键槽铣刀端面顶尖孔。铣削过程中的对刀调整与在立式铣床上相同。

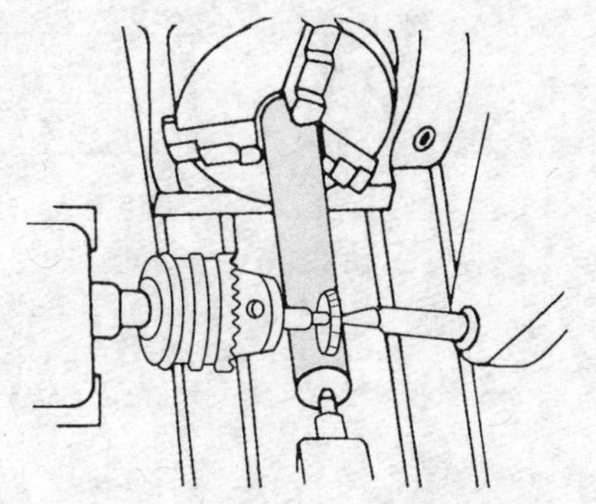

图 4—37　在卧式铣床上铣削半圆键槽

四、半圆键槽的检测

1. 半圆键槽的宽度一般用塞规或塞块检测。
2. 半圆键槽的深度可选用一块厚度小于槽宽的样

柱（直径为 d，d 小于半圆键槽直径），以配合游标卡尺或千分尺进行间接测量，如图 4—38 所示。槽深 $H=S-d$。

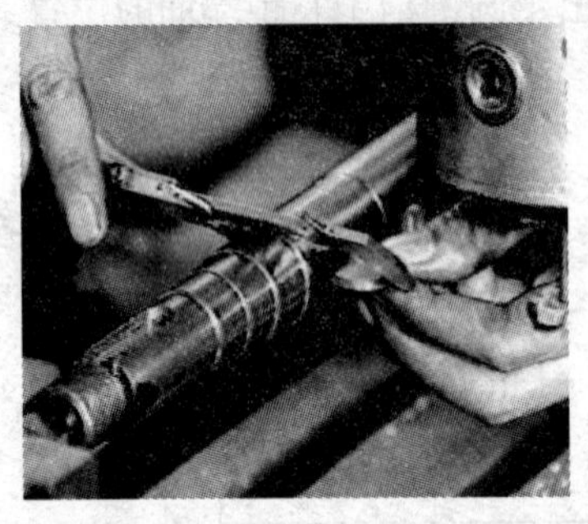

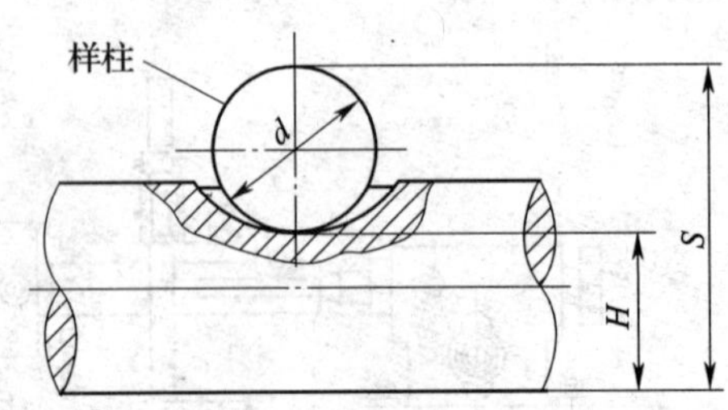

图 4—38　半圆键槽深度的测量

3. 半圆键槽两侧面相对工件轴线的对称度测量方法与平键槽相同。

操作提示

1. 半圆键槽铣刀颈部强度较差，铣削采用手动进给时要慢而均匀，工件装夹一定要紧固。否则，由于进给量过大或是工件窜动容易折断铣刀。

2. 铣削前要认真校正铣刀跳动量，否则易造成铣出的槽的侧面表面粗糙度值高和槽宽尺寸超差。

3. 划线一定要准确，铣半圆键槽时靠划线对刀。对刀不准会造成键槽的中心位置和对称度超差。

项目五

铣削矩形齿牙嵌式离合器

本项目我们将对如图 5—1 所示的矩形齿离合器进行铣削，分三个任务来学习多面体的铣削、圆周刻线和矩形齿离合器的铣削方法。

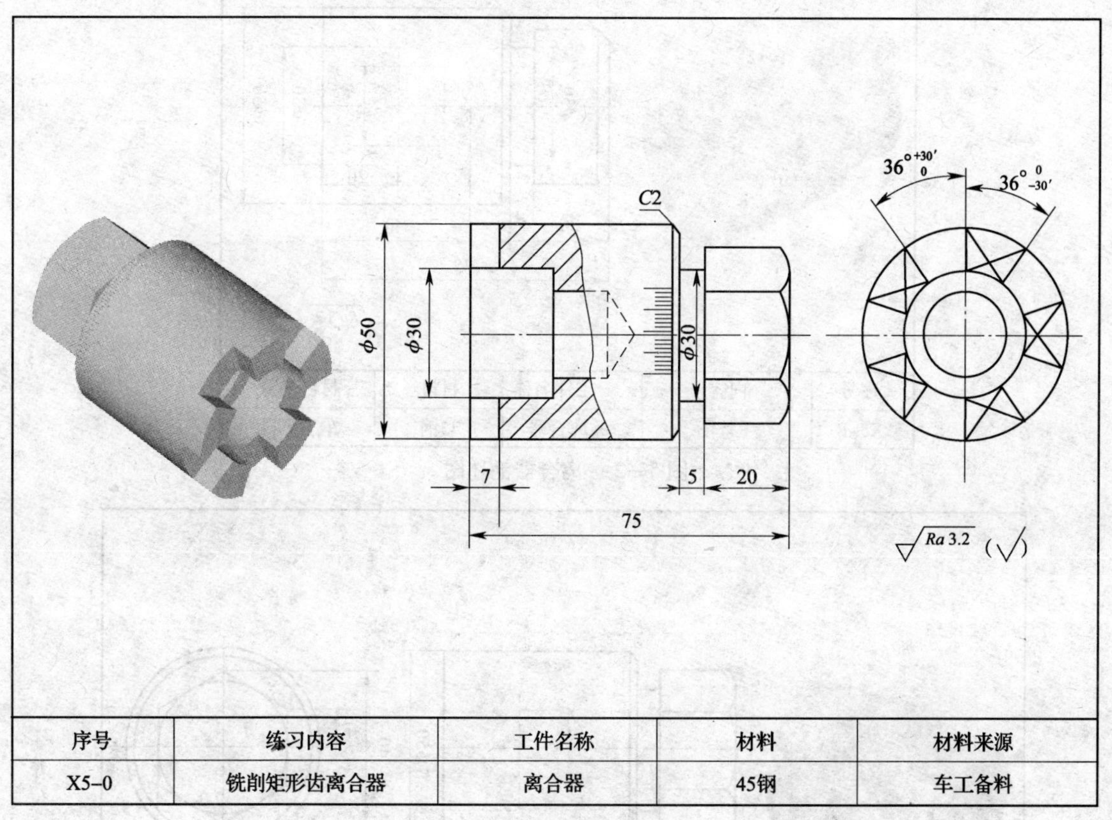

序号	练习内容	工件名称	材料	材料来源
X5–0	铣削矩形齿离合器	离合器	45钢	车工备料

图 5—1　矩形齿离合器

任务 1　铣削多边形

学习目标

1. 了解多边形铣削的相关计算。
2. 掌握多边形的铣削方法和加工步骤。

工作任务

在本任务中，我们要把图 5—2 所示离合器毛坯的左端铣削为一正六边形，如图 5—3 所示。此类工件（如六角螺钉、螺母等）在机械制造中应用非常广泛。由于正多边形工件的各边都是沿其内切圆或外接圆的圆周均布的，所以其每边的铣削，实际上只是在一个圆柱体表面铣削一个平面，但这些平面沿圆周等分均布，具有重复性。所以一般将工件在万能分度头上安装、校正后，通过简单分度进行铣削。

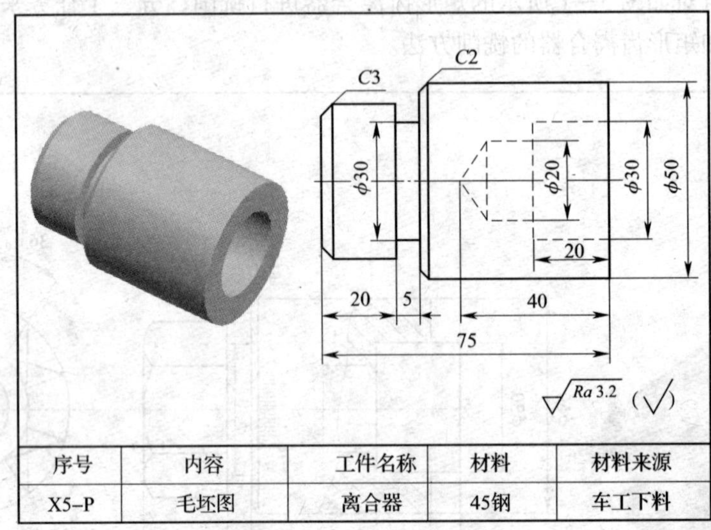

序号	内容	工件名称	材料	材料来源
X5–P	毛坯图	离合器	45钢	车工下料

图 5—2　离合器毛坯图

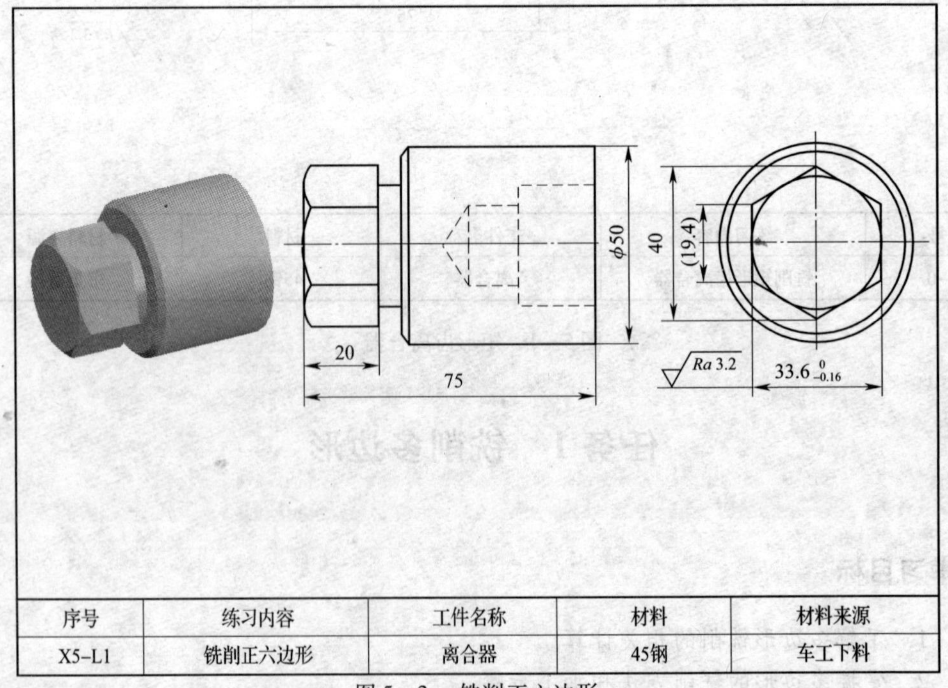

序号	练习内容	工件名称	材料	材料来源
X5–L1	铣削正六边形	离合器	45钢	车工下料

图 5—3　铣削正六边形

相关理论

一、正多边形的相关计算

正多边形的相关尺寸如图 5—4 所示。

中心角 $\alpha=\dfrac{360°}{z}$；

内角 $\theta=\dfrac{180°}{z}(z-2)$；

边长 $S=D\sin\dfrac{\alpha}{2}$；

内切圆直径 $d=D\cos\dfrac{\alpha}{2}$；

式中 D——外接圆直径；

z——正多边形的边数。

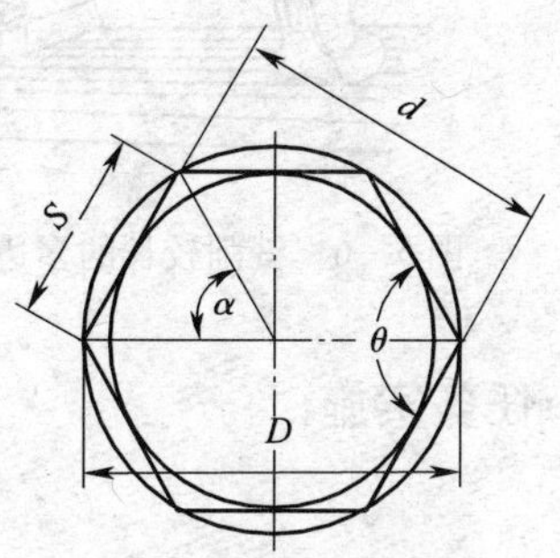

图 5—4 正多边形的计算

二、多边形工件的铣削方法

铣削短小的多边形工件一般采用分度头上的三爪自定心卡盘装夹，用三面刃铣刀或立铣刀铣削，如图 5—5 所示。对工件的螺纹部分，要采用衬套或垫铜皮，以防夹伤螺纹。露出卡盘的部分应尽量短，以防铣削中工件松动。

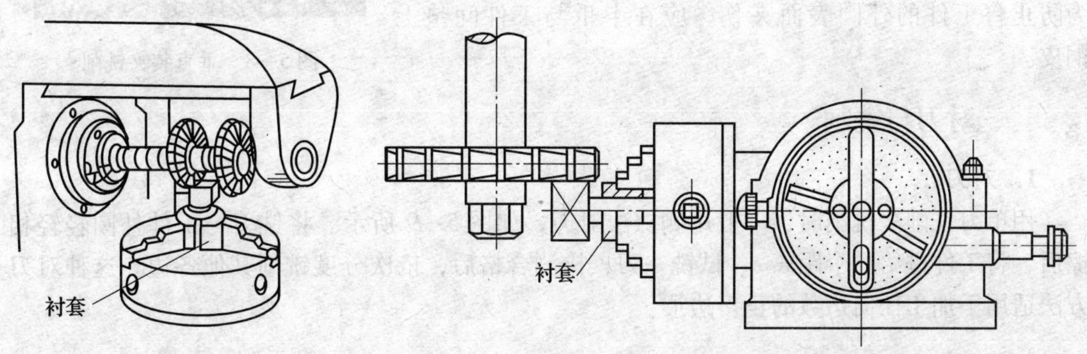

图 5—5 铣削较短的多边形工件

铣削较长的工件时，可用分度头配以尾座装夹，用立铣刀或端铣刀铣削，如图 5—6 所示。

对于批量较大、边数为偶数的多边形工件，可采用组合法铣削。组合法铣削时，一般用试切法对中心。先将两把铣刀的内侧距离调整为多边形对边的尺寸 S（即 $S=d$）。用目测法将试件中心对正于两铣刀中间，在试件端面上适量铣去一些后，退出试件，旋转 180°再铣一刀，若其中有一把铣刀切下了切屑，则说明对刀不准。这时可测量第二次铣削后试件的尺寸 S'，将试件未铣到的一侧向同侧的铣刀移动一个距离 $e=\dfrac{S-S'}{2}$即可，如图 5—7 所示。对刀结束，锁紧工作台，换上工件，即可开始正式铣削。

图 5—6　铣削较长的多边形工件

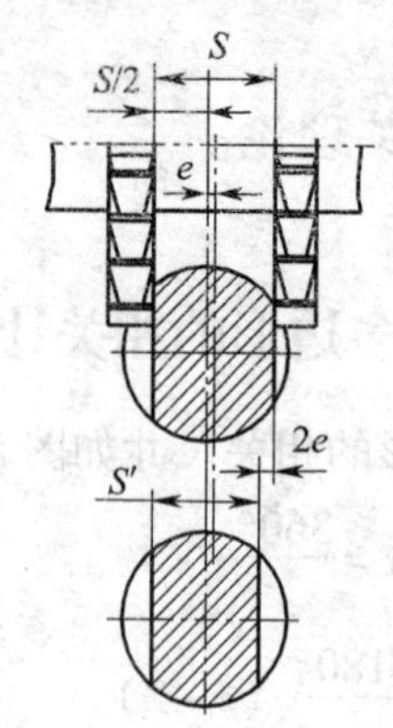

图 5—7　试切对中心

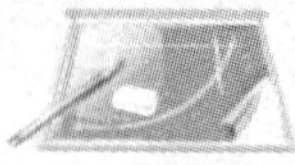

任务实施

一、工件的校正与装夹

该离合器上的正六边形在铣削时的径向单边余量不大，只有 3.2 mm。每个面均较宽，为 20 mm × 20 mm。故可在 X6132 铣床上用规格为 100 × 10 × 27 的三面刃铣刀，采用分度头垂直装夹的方法进行铣削，如图 5—8 所示。装夹时直接用三爪自定心卡盘装夹，用百分表校正工件外圆。为防止将工件的外圆表面夹伤，应在卡爪与工件间垫上铜皮。

图 5—8　垂直装夹铣削

二、对刀与铣削

1. 对刀

用单刀铣削法铣削时，一般用侧擦法对刀，如图 5—9 所示。将铣刀与工件外圆轻轻相擦后，将工件进给一个距离 e，试铣一刀，检测合格后，依次分度铣削其他各边。这种对刀方法适用于加工任何边数的正多边形。

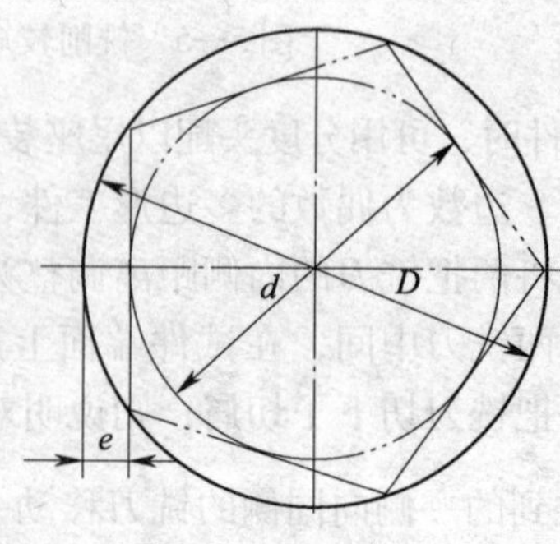

图 5—9　铣削多边形时的对刀调整

$$e=\frac{D-d}{2}$$

式中　D——工件外接圆直径；

d——工件内切圆直径。

该离合器上的六边形在对刀后的进刀量 e =（40 − 33.6）/2 = 3.2（mm）。

2．铣削与分度

由简单分度公式：$n=\frac{40}{z}=\frac{40}{6}=6\frac{2}{3}=6\frac{44}{66}$，即每铣削完一边将分度头手柄在 66 孔的孔圈上转过 6 转又 44 孔距（两分度叉间为 45 孔），铣削下一侧面。

3．检测

依次铣好各面，检测各边尺寸是否相等，对边尺寸是否符合图样上的尺寸要求，检测合格后卸下工件。

操作提示

1．装卸工件时，应先锁紧分度头主轴；夹紧工件时，在卡盘扳手上切忌用加长套管施力，以免损坏卡盘。

2．分度前应先松开主轴锁紧手柄，分度后紧固分度头主轴。

3．分度时应顺时针摇动手柄。如手柄摇错孔位，将手柄逆时针转动半圈后再顺时针转动到规定的孔位。

4．分度定位插销应缓慢插入分度孔盘孔内，切勿弹入孔内，以免损坏分度孔盘的孔眼和定位插销。

5．铣削前应找正工件，其圆跳动应在允许的范围之内，以避免铣削的多边形出现偏心和边长不等的现象。

6．分度计算和操作要准确无误，否则多边形的角度、边长及边数都会出现错误。

任务 2　在离合器上进行圆周刻线

学习目标

1．学习刻线刀的磨削方法。

2．了解直线移距分度。

3．掌握圆周刻线的方法和步骤。

工作任务

圆周上带有等分刻线的零件很多，如铣床工作台进给手柄上的刻度盘等。而在铣床上进行圆周刻线是铣工常见的工作内容之一。本任务将在离合器 ϕ50 mm 外圆柱面上对工件进行圆周刻线，刻线时要求间隔距离相等、长短分明、粗细均匀、清晰美观，如图 5—10 所示。

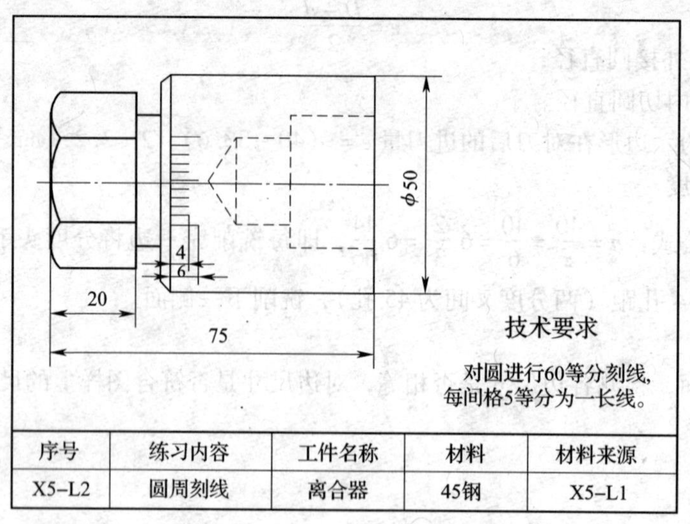

序号	练习内容	工件名称	材料	材料来源
X5–L2	圆周刻线	离合器	45钢	X5–L1

图 5—10　圆周刻线

相关理论

直线移距分度法

当工作台需要进行重复等距离直线移动时，如直尺刻线、铣长齿条时的移距，若采用工作台进给丝杠上的刻度盘为依据直接移距，则存在精度低、效率差、易出差错等缺点。这时若将分度头的主轴或侧轴通过配挂齿轮与工作台的丝杠相连接，利用分度头主轴或侧轴的转动带动工作台移动，不仅操作简便，而且移动精度高，这一移距方法就是直线移距分度法。其具体方法如下：

一、主轴挂轮法

这种方法适用于间隔距离较小或移距精度要求较高的分度场合。其方法是将分度头主轴经配换齿轮与工作台纵向丝杠相连接，这样利用分度头的减速比及分度孔盘的计数功能，便可简便、精确地进行移距分度。其传动系统如图 5—11 所示，图中所示为复式轮系。

主轴挂轮法的配换齿轮传动比计算公式为：

$$\frac{z_1 z_3}{z_2 z_4}=\frac{40L}{nP_{丝}}$$

式中　z_1、z_3——主动轮齿数；

z_2、z_4——被动轮齿数；

L——分度间隔距离，mm；

$P_{丝}$——工作台纵向丝杠螺距，mm；

40——分度头定数；

n——每分度一次分度手柄的转数（一般 n 取小于 10 的整转数）。

其配换齿轮的安装如图 5—12 所示，图中所示为单式轮系。

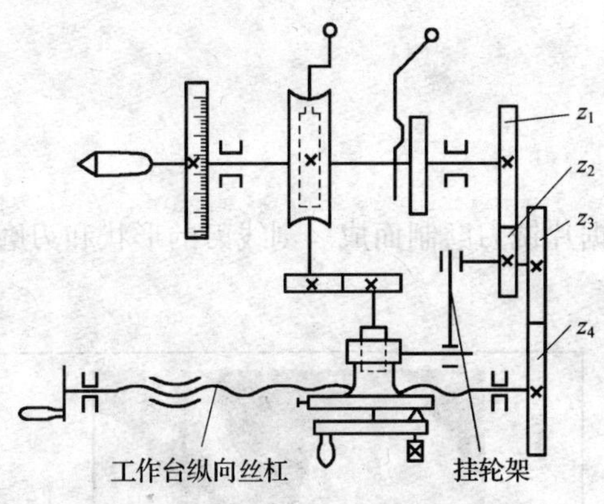

图 5—11　主轴挂轮法传动系统

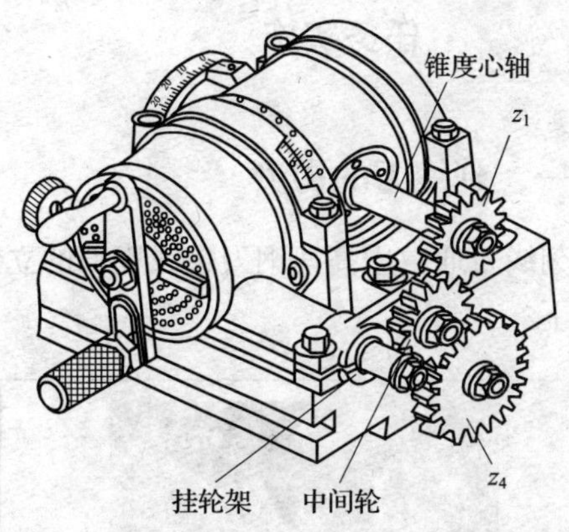

图 5—12　主轴挂轮法配换齿轮的安装

2. 侧轴挂轮法

侧轴挂轮移距分度法（见图 5—13），适合于间隔较大的直线移距分度。此法是在分度头侧轴与工作台丝杠之间安装配换齿轮，并将分度头主轴锁紧，此时分度手柄被固定。分度时松开分度孔盘紧固螺钉，拔出分度插销，用扳手转动侧轴，则分度孔盘相对分度插销转动以作为分度转动量的依据。同时侧轴带动配换齿轮及纵向丝杠转动实现工作台的纵向进给。

侧轴挂轮法的配换齿轮传动比计算公式为：

$$\frac{z_1 z_3}{z_2 z_4}=\frac{L}{nP_{丝}}$$

式中　z_1、z_3——主动轮齿数；

z_2、z_4——被动轮齿数；

L——分度间隔距离，mm；

$P_{丝}$——工作台纵向丝杠螺距，mm；

n——每次分度时分度孔盘的转数。

其配换齿轮的安装如图 5—14 所示，图中所示为复式轮系。

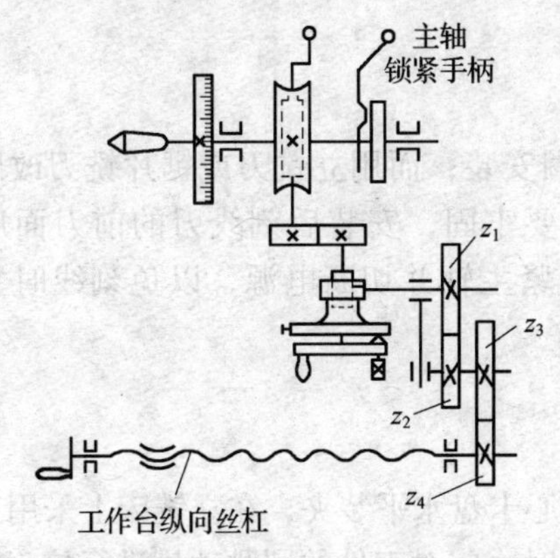

图 5—13　侧轴挂轮法传动系统

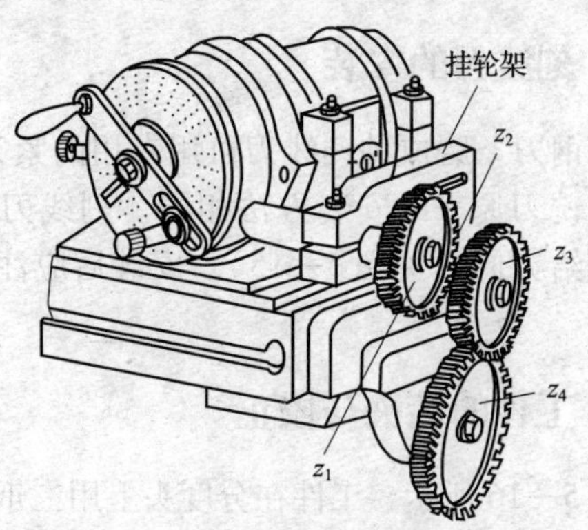

图 5—14　侧轴挂轮法配换齿轮的安装

任务实施

一、刻线刀的刃磨

刻线刀通常用高速钢刀条或废旧的立铣刀、锯片铣刀磨制而成。刻线刀的形状和刃磨方法如下：

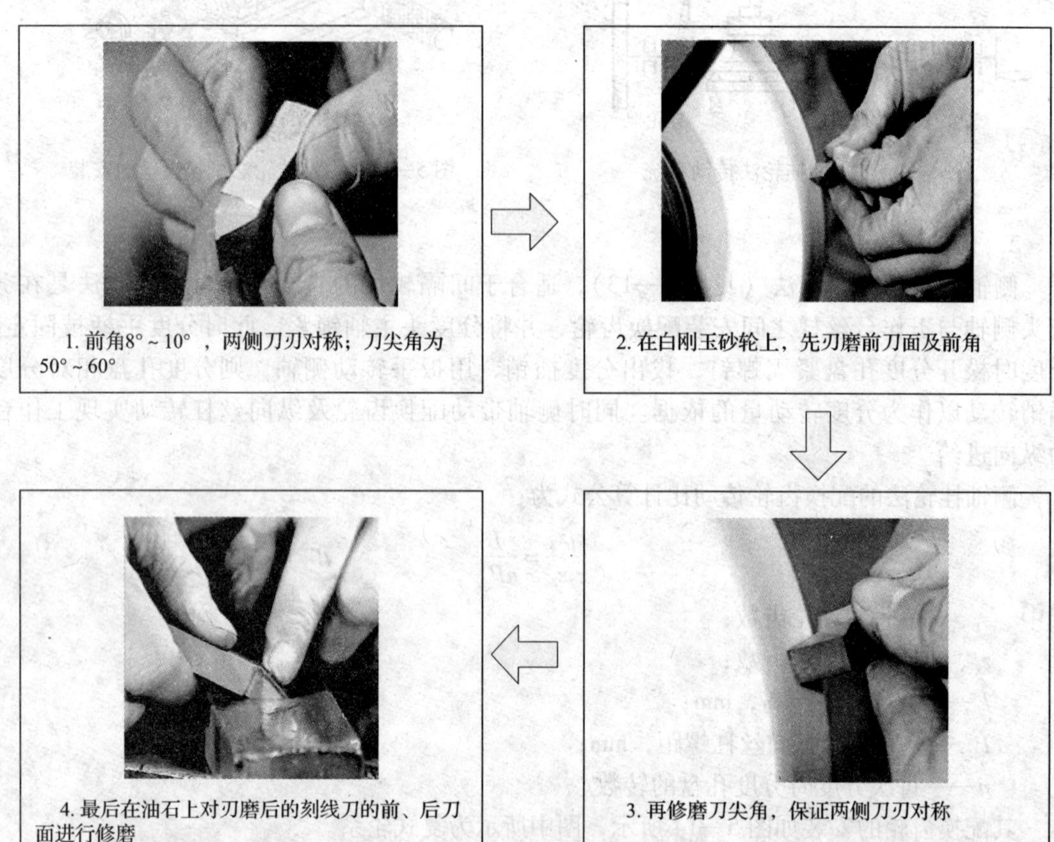

1. 前角8°～10°，两侧刀刃对称；刀尖角为50°～60°

2. 在白刚玉砂轮上，先刃磨前刀面及前角

3. 再修磨刀尖角，保证两侧刀刃对称

4. 最后在油石上对刃磨后的刻线刀的前、后刀面进行修磨

二、刻线刀的安装

用白钢刀条磨成的刻线刀可用专用的紧刀垫圈安装；而用立铣刀或锯片铣刀改磨的刻线刀，与铣刀原来的安装方法相同。刻线刀安装要牢固，安装后刻线刀的前刀面应垂直于刻线进给方向（见图 5—15）。安装后应注意锁紧主轴并切断电源，以免刻线时主轴发生转动。

三、工件的装夹与校正

如图 5—16 所示，工件在分度头上用三爪自定心卡盘水平装夹，在立铣床上采用工作台纵向进给的方式进行圆周刻线比较方便。装夹工件时，应对工件的圆跳动量进行校正，以免刻出的刻线深浅不一、粗细不均。

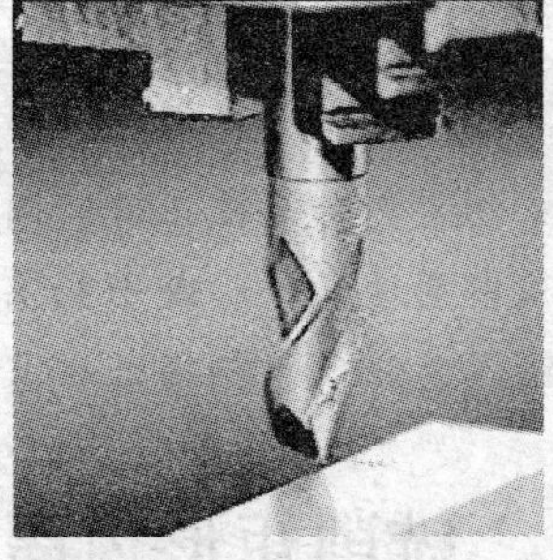

图 5—15　刻线刀的安装

四、对刀、刻线

图 5—16　圆周刻线时工件的装夹校正

1. 计算分度手柄转数

$$n=\frac{40}{z}=\frac{40}{60}=\frac{44}{66}$$

即每刻完一条线，分度手柄应在 66 孔圈上转过 44 孔距。

2. 划线对中心

在工件圆周和端面上划出中心线，使刻线刀刀尖对准工件中心线后，锁紧工作台横向进给（见图 5—17a、b）。

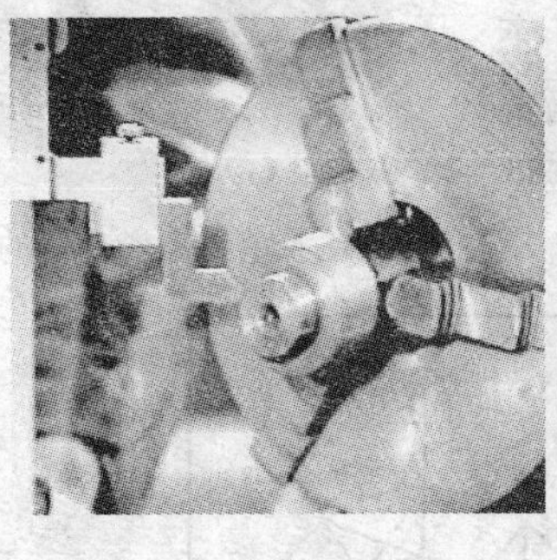

a)

b)

c)

图 5—17　圆周刻线对刀与刻法

3. 调整刻线长度

使刻线刀刀尖对正工件的端面，然后根据图 5—10 零件图所示的尺寸，将工作台纵向手柄的刻度盘“对零”锁紧，并在相应移动 4 mm 的刻度上做好标记（6 mm 为一整圈，正好回到零位）。

4. 刻线

调整工作台使刀尖轻轻划到工件表面，退出工件，上升工作台 0.1 ~ 0.15 mm，试刻后视线条清晰程度对刻线深度作适当的调整，刻完所有线条。通常刻线深度控制在 0.2 ~ 0.5 mm（见图 5—17c）。

质量提示

◇ 线条粗细不均匀，主要是工件装夹时未校正好，圆跳动量过大所致。

◇ 刻线长短不一，是刻线过程中刻度盘松动或手柄摇错所致。

◇ 刻线间隔不均匀，是分度错误或分度手柄摇过后没有倒间隙所致。

任务3　铣削矩形齿离合器

学习目标

1. 了解牙嵌式离合器的种类、结构特征及技术要求。
2. 了解牙嵌式离合器的铣削方法。
3. 掌握矩形齿离合器的铣削方法和加工步骤。
4. 掌握矩形齿离合器的检测方法。

工作任务

矩形齿离合器为等高齿离合器，根据齿数的奇偶性又可分为奇数齿和偶数齿两种（见图5—18）。离合器的齿槽等是沿圆周等分均布，具有重复性，所以适宜用万能分度头进行铣削。而奇数齿和偶数齿在铣削和调整方法上有所不同，本任务要加工的如图5—19所示的离合器为一奇数齿的矩形齿离合器，由于在铣削奇数齿的矩形齿离合器时铣刀可通过工件的整个端面，所以这种离合器的铣削方法相对比较简单。

图5—18　矩形齿离合器的奇偶性

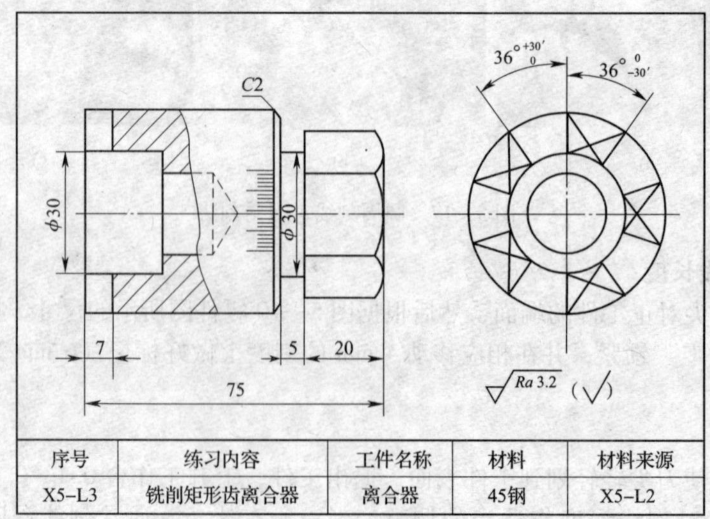

序号	练习内容	工件名称	材料	材料来源
X5–L3	铣削矩形齿离合器	离合器	45钢	X5–L2

图5—19　矩形齿离合器

其工艺步骤如下：

相关理论

一、牙嵌式离合器的结构特征和主要技术要求

牙嵌式离合器是用爪牙状零件组成嵌合副的离合器。它依靠齿牙的嵌入和脱开来传递或断开运动和扭矩。牙嵌式离合器按其齿形可分为矩形齿、尖齿形齿（以后统称尖齿）、梯形齿（梯形等高齿和梯形收缩齿）和锯齿形齿（以后统称锯齿）等几种；按轴向截面中齿高的变化又可分为等高齿离合器和收缩齿离合器两种。常见牙嵌式离合器的齿形如图 5—20 所示。

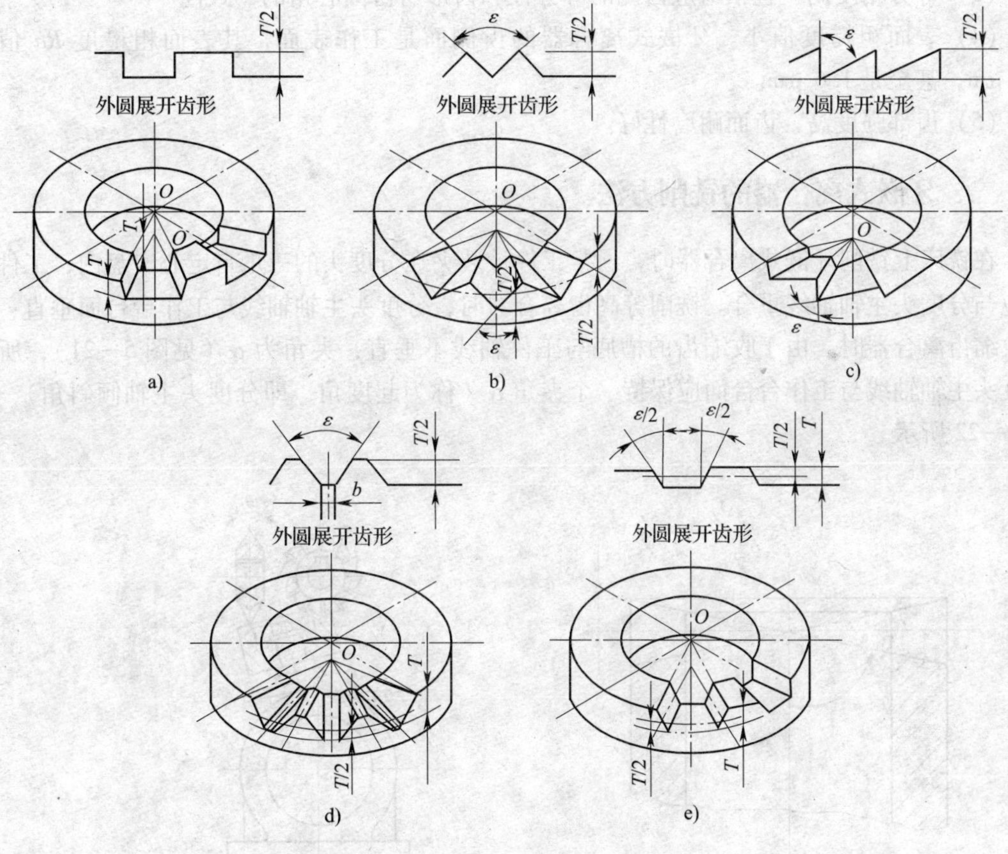

图 5—20　常见牙嵌式离合器的齿形

a）矩形齿离合器　b）尖齿形齿离合器　c）锯齿形齿离合器

d）梯形收缩齿离合器　e）梯形等高齿离合器

1. 牙嵌式离合器的结构特征

（1）各齿的齿侧面都必须通过离合器的轴线或向轴线上一点收缩，即齿侧必须是径向的，从轴向看端面上的齿，齿与齿槽呈辐射状。

（2）对于等高齿（矩形齿和梯形等高齿）离合器，其齿顶面与槽底面平行。

（3）对于收缩齿（尖齿、锯齿和梯形收缩齿）离合器，在轴向截面中，齿顶和槽底不平行而呈辐射状，即齿顶和槽底的延长线及它们的对称中心线都汇交于轴上的同一点（见图 5—20）。

2. 牙嵌式离合器的主要技术要求

牙嵌式离合器一般都是成对使用的。为了保证准确啮合，获得一定的运动传递精度和可靠地传递转矩，两个相互配合的离合器必须同轴，齿形必须吻合，齿形角必须一致。牙嵌式离合器的主要技术要求如下：

（1）齿形准确。包括齿形角、槽底的倾角和齿槽深等。

（2）同轴精度高。齿形的轴线（汇交轴）应与离合器装配基准孔轴线重合（偏移要小）。

（3）等分精度高。包括对应齿侧的等分性和齿形所占圆心角的一致性。

（4）表面粗糙度值小。牙嵌式离合器的齿侧面是工作表面，其表面粗糙度 *Ra* 值为 3.2 μm，甚至是 1.6 μm。

（5）齿部强度高，齿面耐磨性好。

二、牙嵌式离合器的铣削方法

在铣床上铣削牙嵌式离合器时，通常工件被装夹在分度头的三爪自定心卡盘内，工件轴线应与分度头主轴轴线重合。铣削等高齿离合器时，分度头主轴轴线与工作台台面垂直；铣削收缩齿离合器时，由于收缩齿的槽底与工件轴线不垂直，夹角为 α（见图 5—21），所以分度头主轴轴线与工作台台面应保持一个夹角 α（称为起度角，即分度头主轴倾斜角），如图 5—22 所示。

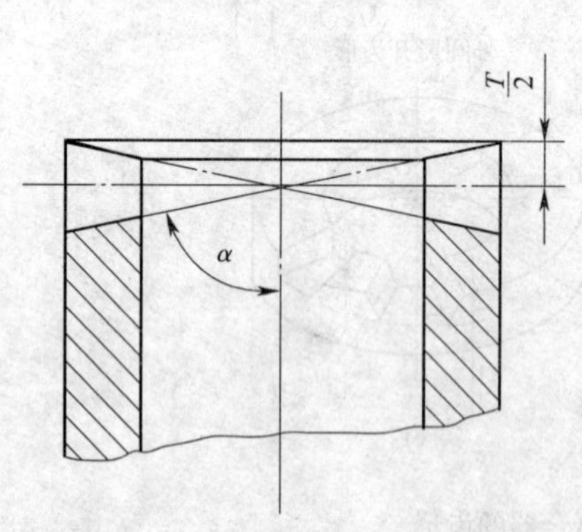

图 5—21　轴截面内的收缩齿齿形

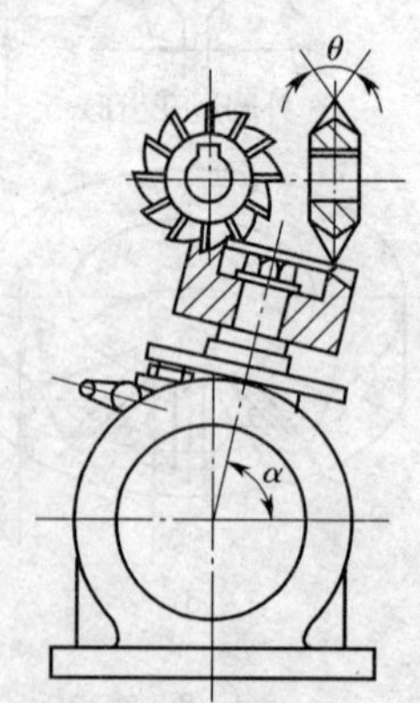

图 5—22　铣收缩齿离合器时分度头主轴倾角

铣削牙嵌式离合器时，铣刀主要根据齿槽形状选择：铣削矩形齿离合器选用三面刃铣刀或立铣刀；铣削尖齿离合器选用对称双角铣刀；铣削锯齿离合器选用单角铣刀；铣削梯形收缩齿离合器选用梯形槽成形铣刀；铣削梯形等高齿离合器则选用专用铣刀（常用三面刃铣刀按要求改制）。

任务实施

一、铣刀的选择

矩形齿离合器一般均选用三面刃铣刀（或立铣刀）铣削，其直径 D 在满足切深的情况下，可取小些，以减小铣刀跳动量。但铣刀的宽度 L（或立铣刀的直径 d）应略小于齿槽的小端宽度，如图 5—23 所示。L（或 d）值按下式计算：

$$L\ (d)\ \leqslant \frac{d_1}{2}\sin\alpha = \frac{d_1}{2}\sin\frac{180°}{z}$$

式中 L（d）——铣刀宽度（或直径），mm；

α——离合器齿槽角，(°)；

d_1——离合器齿圈内径，mm；

z——离合器齿数。

故铣削如图 5—19 所示矩形齿离合器所用的三面刃铣刀的宽度 L 或立铣刀的直径 d 必须小于：

$$\frac{30}{2}\sin 36° = 15\times 0.588 \approx 8.8\ (\text{mm})$$

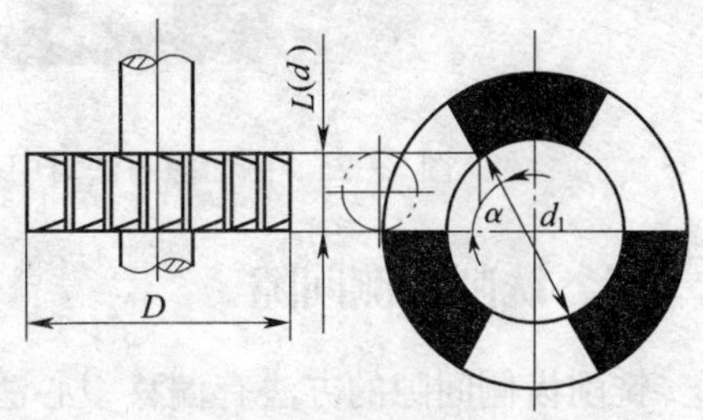

图 5—23　铣刀的选择

现选择规格为 63×8×22 的三面刃铣刀来铣削图 5—19 所示的奇数矩形齿离合器。

二、工件的安装与校正

工件在分度头上采用三爪自定心卡盘装夹，装夹时应通过校正使工件的径向圆跳动和端面圆跳动符合要求，并在工件的端面划出中心线。若在卧式铣床上用三面刃铣刀或在立式铣床上用立铣刀加工，则将分度头主轴调整为与工作台面垂直，如图 5—24 所示。

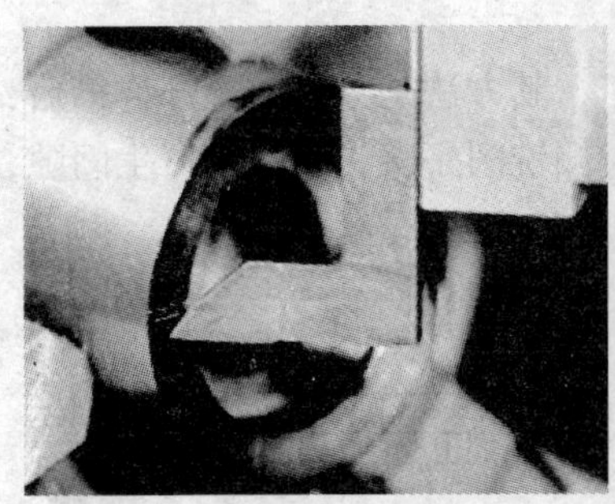

图 5—24　工件的划线与装夹、校正

三、对中与铣削齿槽

按划线将三面刃铣刀的一侧面刃对正工件中心或采用侧面擦刀法对中心（见图 5—25）。

对好中心后，开动机床使铣刀的圆周刃与工件的端面轻轻接触，然后退刀，按齿高 $T=7$ mm调整切深，将分度头主轴和工作台不需进给的方向紧固，使铣刀穿过工件整个端面，铣出第一刀，形成两个齿的各一个侧面（见图 5—26）。退刀后松开分度头主轴紧固手柄，使分度手柄转过 $40/z=40/5=8$（r）。分度后重新紧固主轴，再进行下一次走刀，以同样方法铣完各齿，奇数齿离合器的走刀次数等于其齿数，如图 5—27 所示。

图 5—25　侧面擦刀法对中心

图 5—26　铣削第一刀

四、铣削齿侧间隙

铣削齿侧间隙的方法有偏移中心法和偏转角度法两种。

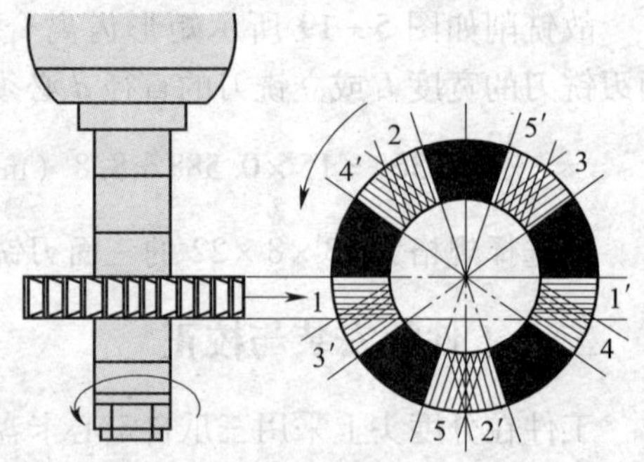

图 5—27　奇数齿离合器的铣削顺序

1．偏移中心法（见图 5—28）

这种方法只用于精度要求不高的工件，其方法是：在铣刀对中心时将三面刃铣刀的侧面刃向齿侧方向偏过工件中心 0.2～0.3 mm，这样铣后的离合器齿变小，嵌合时就产生了间隙。但由于齿侧不通过工件中心，工作时齿侧接触面积减小，影响其承载能力。

2．偏转角度法（见图 5—29）

这种方法适用于精度要求较高的离合器加工，其方法是：铣完全部齿槽后，将工件按图样要求转过一个很小的角度（15′），再对各齿齿侧铣削一次，使齿侧产生间隙，而齿侧仍然通过工件的中心。

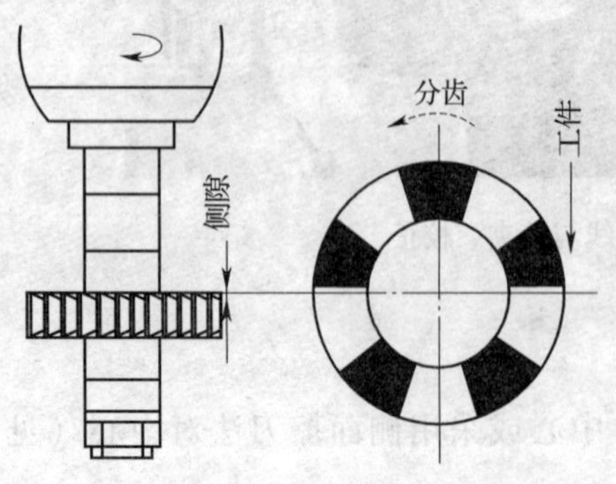

图 5—28　用偏移中心法铣齿侧间隙

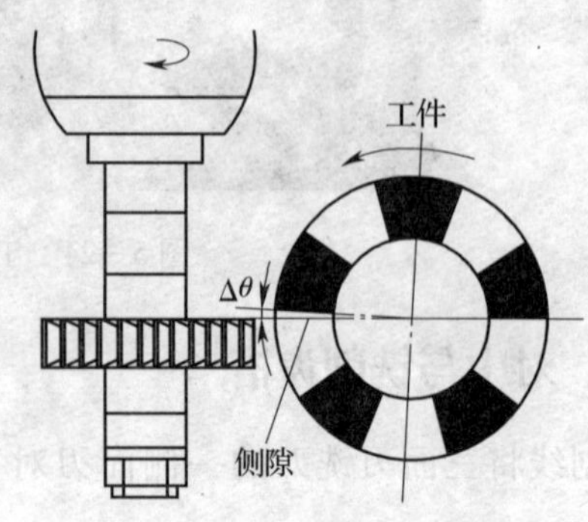

图 5—29　用偏转角度法铣齿侧间隙

由图 5—19 零件图中齿槽角和齿面角的偏差可知齿槽所占的中心角应大于齿面所占的中心角。故该离合器应采用偏转角度法来铣削齿侧间隙。

五、矩形齿离合器的检测（见图 5—30）

矩形齿离合器的齿槽深度、齿的等分性，可直接用游标卡尺分别测量齿顶到槽底的距离和每个齿的大端弦长是否相等来检测；对于离合器的接触齿数和贴合情况，可将一对离合器套在标准心轴上，接合后用塞尺或涂色法检测其贴合齿数和贴合面积。一般接触齿数不得少于总齿数的一半，贴合面积不应小于 60%。表面粗糙度可用目测法或标准样块对比来检测。

图 5—30　矩形齿离合器的检测

知识链接

偶数齿矩形离合器的铣削

在铣削偶数齿矩形离合器时，一般仍用三面刃铣刀，但铣刀不能通过工件的整个端面。所以对铣刀的宽度 L 和最大直径 D 都有尺寸要求（见图 5—31）。宽度（或立铣刀直径）要求与铣奇数齿时相同，但为了既保证齿高又避免铣伤对面齿牙，直径 D 应满足下式要求：

$$2T + d < D \leqslant \frac{T^2 + d_1^2 - 4L^2}{T}$$

式中　D——三面刃铣刀允许直径，mm；

d——刀轴垫圈直径，mm；

T——离合器齿高，mm；

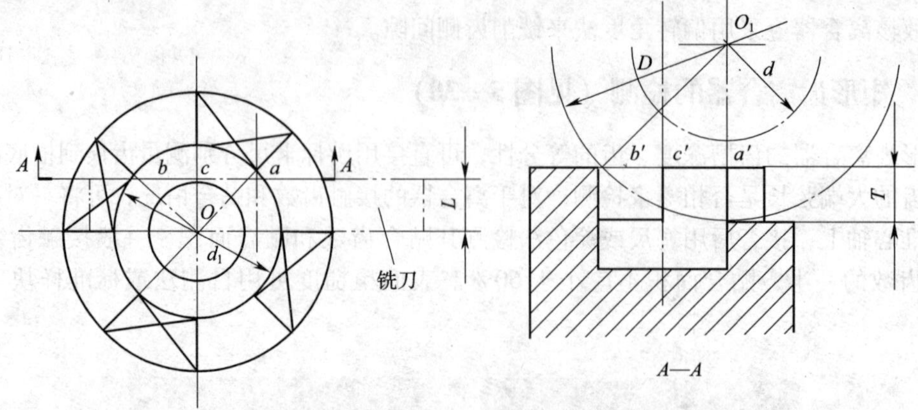

图 5—31　偶数齿离合器的铣刀选择

d_1—离合器齿圈内径，mm；

L——三面刃铣刀宽度，mm。

当三面刃铣刀直径 D 无法满足上式要求时，或铣削直径大、齿数少（齿槽宽度大于 25 mm）的离合器时，应改用立铣刀在立式铣床上铣削。

铣削偶数齿矩形离合器时，工件装夹、校正、划线、对中心的方法与铣削奇数齿离合器完全相同。但铣偶数齿离合器时，由于铣刀不能通过工件的整个端面，每次分度只能铣出一个齿的一个侧面，故要经过两次调整才能铣出准确的齿形。如图 5—32 所示为一个四齿离合器的铣削顺序。第一次调整使侧面刃 Ⅰ 对准工件中心，通过分度依次铣出各齿的同侧齿侧面 1、2、3、4（见图 5—32a）；然后进行第二次调整，将工作台横向移动一个铣刀宽度 L，使铣刀的侧面刃 Ⅱ 对准工件中心，并通过角度分度，使工件转过一个齿槽角 α（中心角）加一很小的规定角度 Δ（Δ 值由图样给定），即转过 $\frac{180°}{z}+\Delta$ 铣出齿侧 5，再通过分度依次铣出各齿的另一侧面 6、7、8。这样在完成侧面 5、6、7、8 铣削的同时也完成了各齿齿隙的铣削（见图 5—32b）。

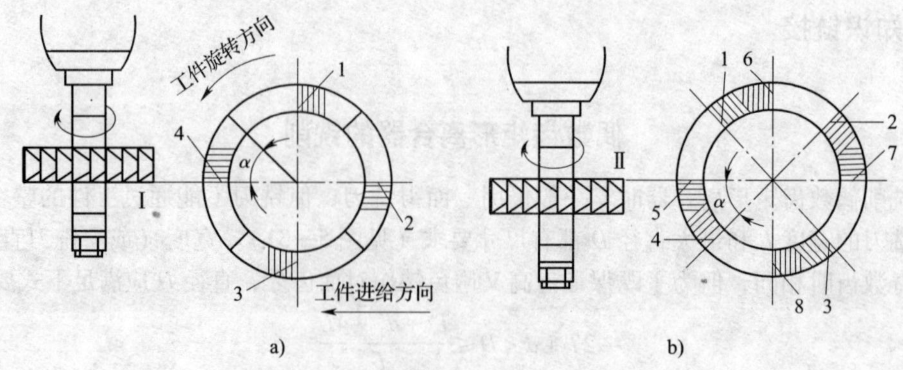

图 5—32　偶数齿离合器的铣削顺序

项目六

加工球形手柄组件

本项目我们将通过外球面的铣削、内球面的铣削、孔的加工三个任务来完成如图 6—1 所示的球形手柄及手柄盖板在铣床上的加工内容。

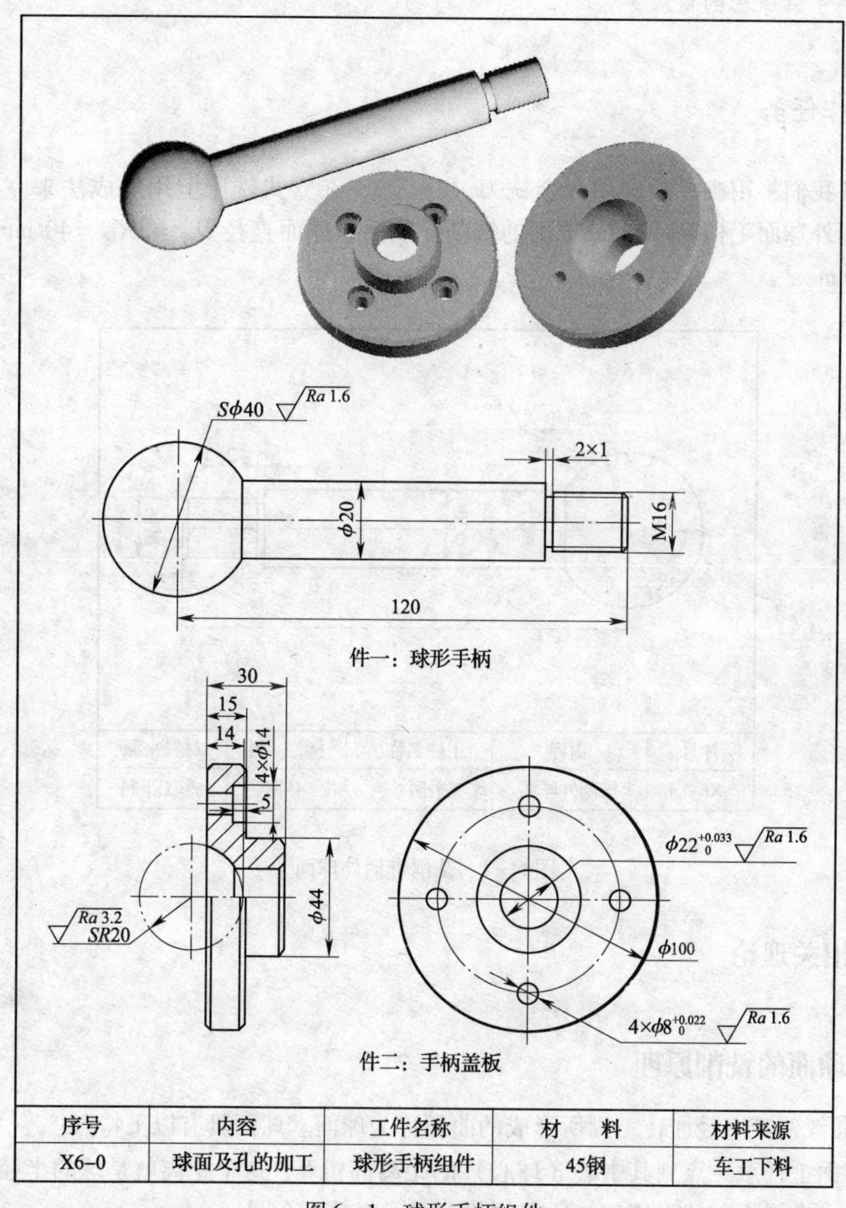

序号	内容	工件名称	材　料	材料来源
X6–0	球面及孔的加工	球形手柄组件	45钢	车工下料

图 6—1　球形手柄组件

任务1　铣削球形手柄外球面

学习目标

1. 了解球面的铣削原理。
2. 了解不同形状外球面的铣削方法。
3. 掌握单柄外球面的铣削方法和加工步骤。
4. 了解球面的检测方法。

工作任务

本任务我们将用机夹式硬质合金铣刀（飞刀），在立式铣床上用展成法来完成图6—2所示的单柄外球面手柄 $S\phi40$ mm 球面的铣削。该手柄球面直径 $D_{球}=2R_{球}=40$ mm，柄部直径 $D=20$ mm。

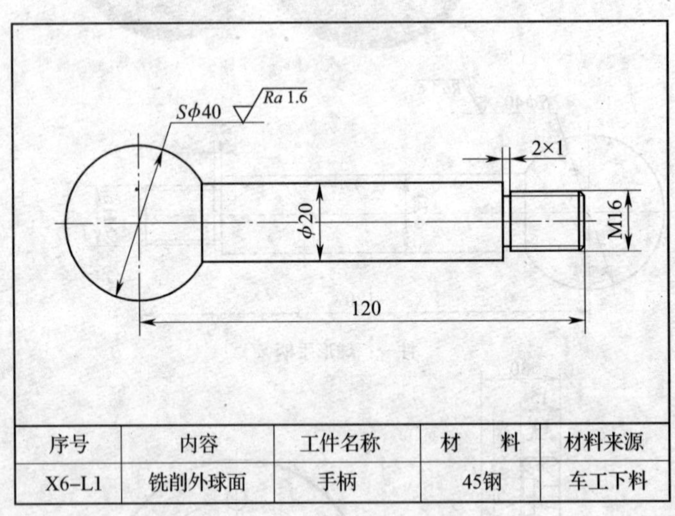

序号	内容	工件名称	材　料	材料来源
X6–L1	铣削外球面	手柄	45钢	车工下料

图6—2　铣削带柄外球面

相关理论

一、球面的铣削原理

半圆曲线绕其直径回转一周所形成的曲面称为球面。球面具有以下特点：

1. 球面上任意一点到其中心（球心）的距离都相等，这个距离就是球的半径 R。
2. 任一个平面与球面相截，所得的截面图形都是一个圆。

3. 任一截形圆的圆心 O_1 是球心 O 在截面上的投影，截形圆的半径 r 由球的半径 R 和球心到截面的距离 e 的大小决定，如图 6—3 所示。

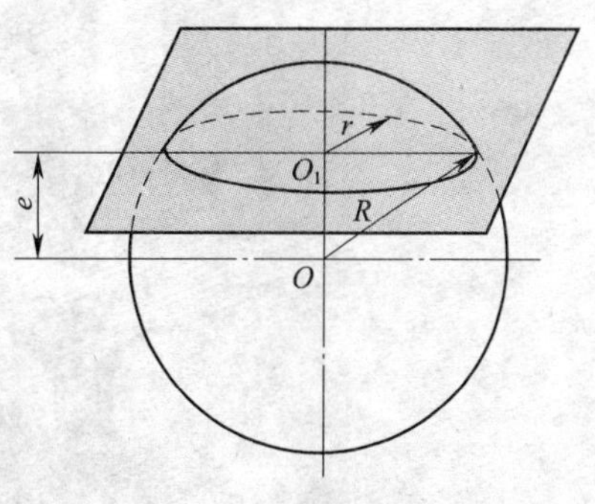

图 6—3　平面截球的截形圆

由图可知：　$$r = \sqrt{R^2 - e^2}$$

式中　r—截形圆的半径，mm；

R—球半径，mm；

e—球心到截面的距离，mm。

由上式可知：到球心距离相等的不同平面截同一个球时，截得的各截形圆半径都相等。球面铣削就是基于这一原理的一种加工方法。

知识链接

展成法是指加工时切削刀具与工件作相对展成运动，令刀刃运动轨迹在这种相对展成运动中所形成的包络面就是所获得的加工表面。铣球面时，就是利用铣刀旋转时刀尖圆形轨迹与工件绕自身轴线旋转，从而形成一定的球形包络面，如图 6—4 所示。

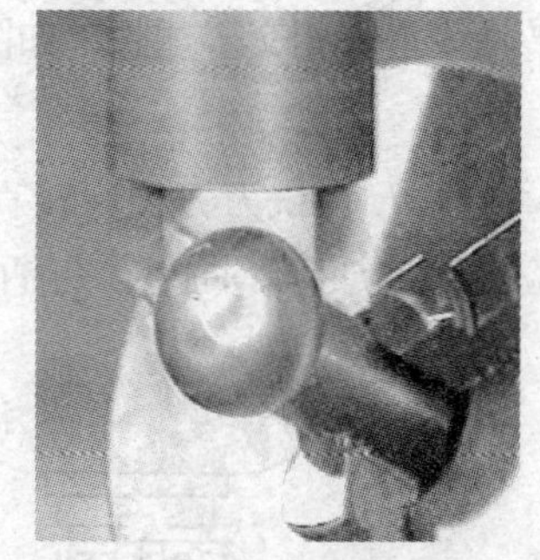
图 6—4　用硬质合金铣刀展成法铣削球面

铣削时，只要铣刀回转时刀尖运动的轨迹圆与被加工球面的截形圆重合，同时使工件绕与铣刀回转轴线相交的自身轴线回转，就能加工出所需的球面。铣刀回转轴线与工件轴线的交点即是球心。

根据上述加工原理，球面铣削的三个基本原则是：

（1）铣刀回转轴线必须通过球心，以使刀尖的回转运动轨迹与球面的某一截形圆重合。

（2）以铣刀刀尖的回转半径及截形圆所在截平面到球心的距离确定球面的半径尺寸。

（3）以铣刀回转轴线与球面工件轴线的交角确定球面的加工位置。

不同形状的球面，铣削原理是相同的。只是不同形状的球面在工件上所处的位置不同。所以，在铣削时铣刀刀尖所处的截形圆的位置有所不同。也就是说在铣削时工件与铣刀回转轴线的交角 α、截形圆直径（刀尖回转直径）d_c 和截形圆距球心的偏心距 e 有所不同。这样在铣削不同形状的球面时，相应的装夹和调整也就有所不同。

常见的其他形状的球面有：等直径双柄外球面、冠状外球面、带状外球面，以及冠状内球面和带状内球面等。

二、加工外球面用的铣刀

铣削外球面一般采用机夹式刀盘上安装硬质合金铣刀头，以便于调整刀尖回转直径。铣刀及刀头的形状和角度如图 6—5 所示。

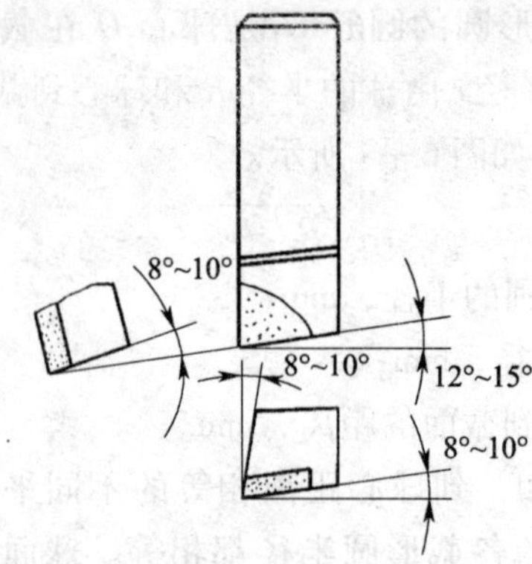

图 6—5　铣削球面用的铣刀及刀头

三、常见外球面的铣削方法

1. 等直径双柄外球面的铣削

铣削等直径双柄外球面，一般采用分度头一夹一顶的装夹方法。铣削时，铣刀轴线与工件回转轴线垂直相交于球心，如图 6—6 所示。铣双柄球时铣刀刀尖回转直径 d_c 由图 6—7 可知：

$$d_c = \sqrt{4R_{球}^2 - D^2} = \sqrt{D_{球}^2 - D^2}$$

式中 d_c 为铣刀刀尖回转直径；$R_{球}$、$D_{球}$ 为球面半径、直径。且铣刀头从刀盘中伸出的长度应大于被加工球面半径与柄部半径之差 $R_{球} - r_{柄}$。

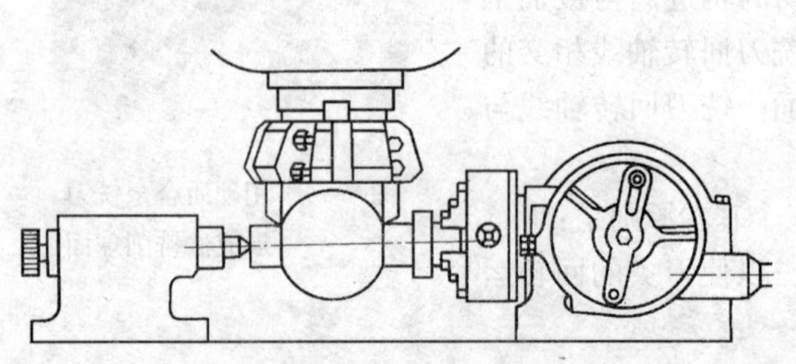

图 6—6　铣削等直径双柄外球面的装夹

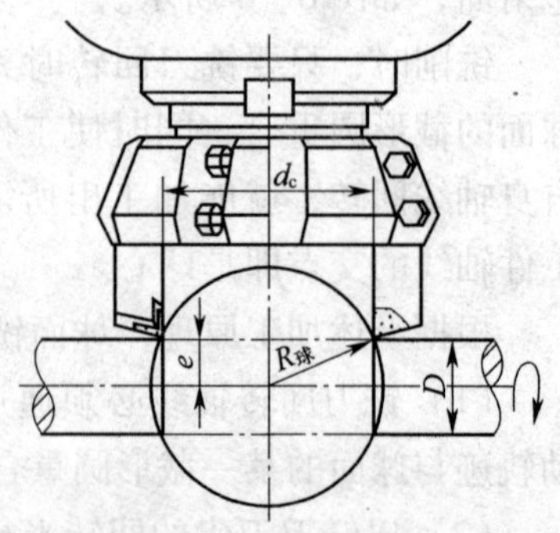

图 6—7　铣削等直径双柄外球面时的位置关系

2. 单柄外球面的铣削

在铣削单柄外球面时，铣刀或工件应转动一个角度 α 使铣刀旋转轴线与工件回转轴线相交于球心。其目的是使铣刀的刀尖在完成铣削时，应分别通过球面顶点 a（回转轴线与球面的交点）和球面与柄的上素线的连接点 b（见图 6—8）。主轴或分度头转动某一角度的目的就是使工件仰起一个起度角 α 后，工件上的这两点的连线恰好处于与主轴轴线垂直的位置，此时铣刀轴线与工件轴线应交于球心 O，而截形圆的直径（铣刀刀尖回转直径 d_c）即为这两点间的直线

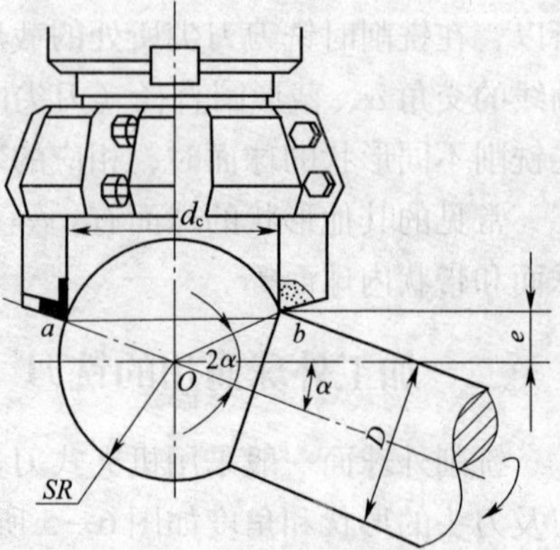

图 6—8　单柄外球面的铣削原理

距离 ab。由图可知：

$$\alpha = \frac{1}{2}\arcsin\frac{D}{2R_{球}}$$

$$R_c = R_{球}\cos\alpha$$

式中 R_c——铣刀刀尖回转半径；

$R_{球}$——球面半径；

D——球柄的直径。

3. 冠状外球面的铣削

铣削冠状外球面工件时，通常用三爪自定心卡盘装夹于回转工作台上，在立式铣床上用偏转立铣头的方法进行加工，如图 6—9 所示。由图 6—9 可知：在铣削冠状外球面时，相当于铣削一个只有小半个球面的单柄球；铣床主轴倾斜一个角度的目的是使铣刀的刀尖通过球冠顶点的同时，其轴线与工件轴线相交于球心。此时另一侧的刀尖可落在冠状球面与轴的接点上或以外的一定区域内，即其最小回转直径 d_{cmin} 为顶点与接点间的弦长，由于轴线必须交于球心，所以当铣刀刀尖回转直径 d_c 增大时，铣床主轴所扳角度 α 亦随之增大。这样，铣刀的刀尖回转直径 $d_{c实}$ 和轴线实际倾斜角度 $\alpha_{实}$ 均可在一定范围内选择，二者之间存在以下关系：

$$\alpha_{实} = \arcsin\frac{d_{c实}}{2R} = \arcsin\frac{d_{c实}}{D_{球}}$$

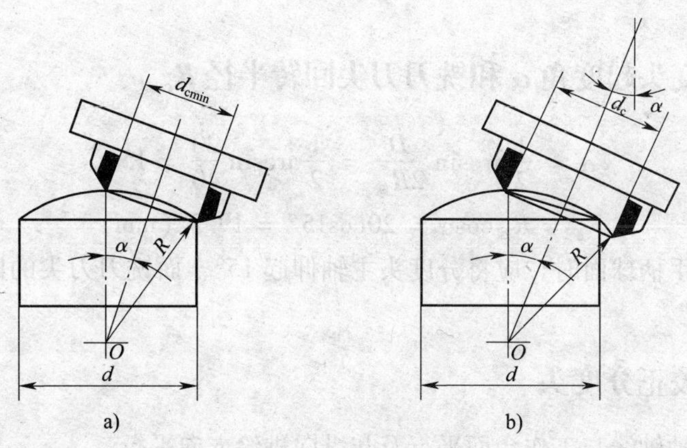

图 6—9 铣削冠状外球面

4. 铣削带状外球面（球台）

铣削带状外球面时，相当于铣削一个两端带有不同直径"柄"的外球面。由于铣削时的安装方法与铣削冠状球面时相同，工件轴线垂直于工作台面安装，因此必须要将立铣床主轴倾斜一个角度才能使其轴线与工件轴线相交于球心，而球带（球台）的上、下实际并无"柄的阻碍"，故刀尖截形圆直径和主轴所扳角度均可在一定范围内选择，如图 6—10 所示。由图 6—10a 可得。

$$d_{cmin} = 2R\sin\frac{\theta_2 - \theta_1}{2}$$

式中 $\theta_1 = \arcsin\frac{d_1}{2R}$，$\theta_2 = \arcsin\frac{d_2}{2R}$。

实际加工中铣刀刀尖回转直径 $d_{实}$ 可略大于 d_{cmin}。$d_{实}$ 确定后，立铣头的偏转角度亦可在一定范围内选择，即：$\alpha_{min} \leqslant \alpha \leqslant \alpha_{max}$。由图 6—10a 可得：$\sin\beta = \dfrac{d_{c实}}{2R}$。

而由图 6—10b 可得：$\alpha_{min} = \theta_1 + \beta$，$\alpha_{max} = \theta_2 - \beta$。

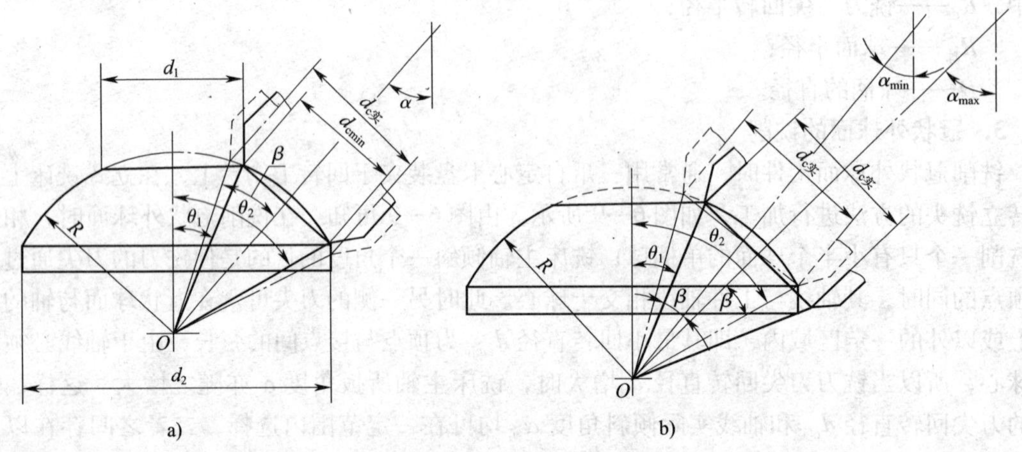

图 6—10　铣削带状外球面

任务实施

一、计算分度头起度角 α 和铣刀刀尖回转半径 R_c

$$\alpha = \frac{1}{2}\arcsin\frac{D}{2R_{球}} = \frac{1}{2}\arcsin\frac{20}{40} = 15°$$

$$R_c = R_{球}\cos\alpha = 20\cos15° = 19.32(\text{mm})$$

即：在铣削该手柄球面时，应将分度头主轴仰起 15°，而铣刀刀尖的回转半径应调整到 19. 32 mm。

二、安装、校正分度头

调整分度头主轴轴线与工作台面平行及与纵向进给方向平行。

三、调整、安装铣刀盘（见图 6—11）

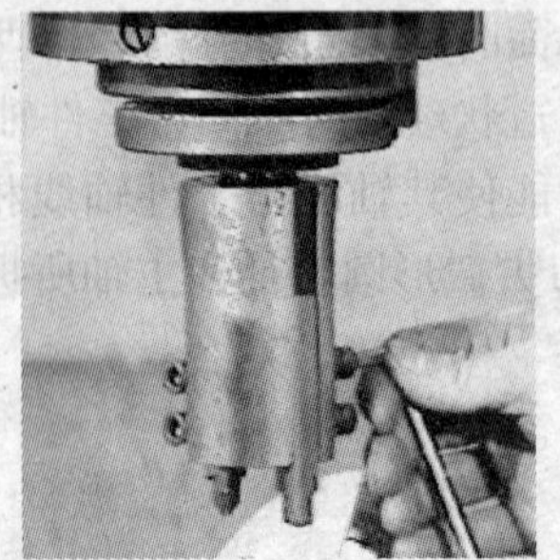

图 6—11　调整、安装铣刀盘

采用切痕调整法调整铣刀刀尖回转半径 R_c 等于计算值（19.32 mm）。即先将刀头装在刀盘上，大体测一下两刀尖间尺寸，并通过手动回转刀盘，用高度尺检测两刀尖回转半径是否一致。固定后试铣出一个圆形刀痕，用游标卡尺测量圆形刀痕后对刀头进行调整，使刀尖回转直径符合要求。

四、安装、校正工件

1. 以毛坯端面为基准，以球面半径 $R_{球}$ 为尺寸在球面毛坯圆周划线，如图 6—12 所示。

2. 将工件装夹在分度头的三爪自定心卡盘上并用百分表校正，如图 6—13 所示。

图 6—12　划球心距端面位置线

图 6—13　安装校正工件

3. 再用高度尺划出中心线与圆周线相交于 O 点，转动分度头分度手柄使交点转过 90°与立铣头主轴相对，如图 6—14 所示。

4. 按计算值精确调整分度头起度角 α（15°），如图 6—15 所示。

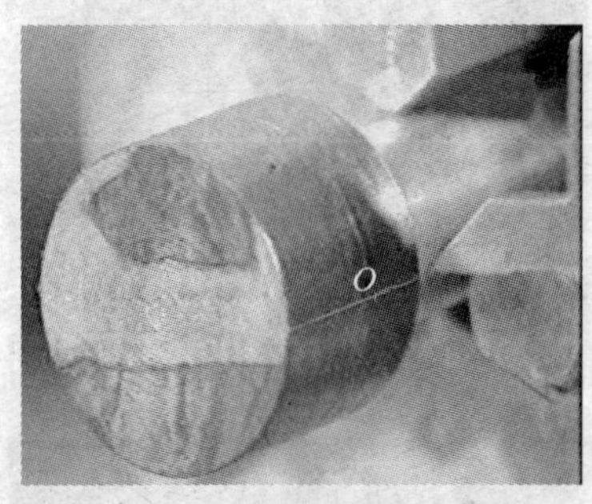

图 6—14　划出球心位置（O 点）

图 6—15　调整分度头起度角

五、对中心

在主轴孔内插入一顶尖，将尖端对准中心 O 点后（见图 6—16a），先降下工作台，然后将工作台纵向移动一个距离 S，即可对中。由图 6—16b 可知：

$$S = R_{球} \sin\alpha$$

式中，$R_{球}$ 为球面半径；α 为工件倾斜角度。

故只要纵向移动一个距离 $S = R_{球}\sin\alpha = 20\sin15° = 5.18$（mm），此时铣刀盘回转轴线即可通过球心。

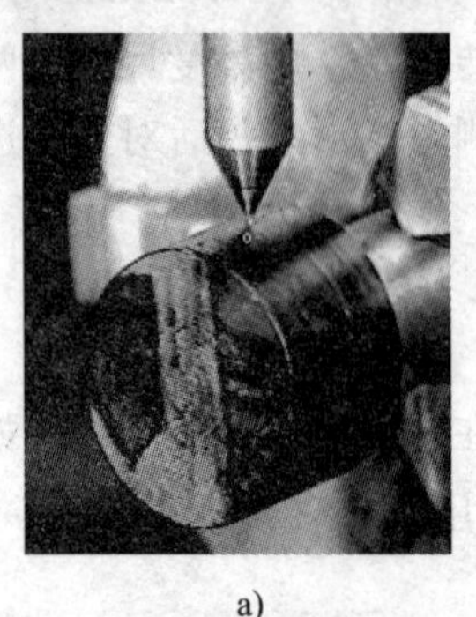

a)

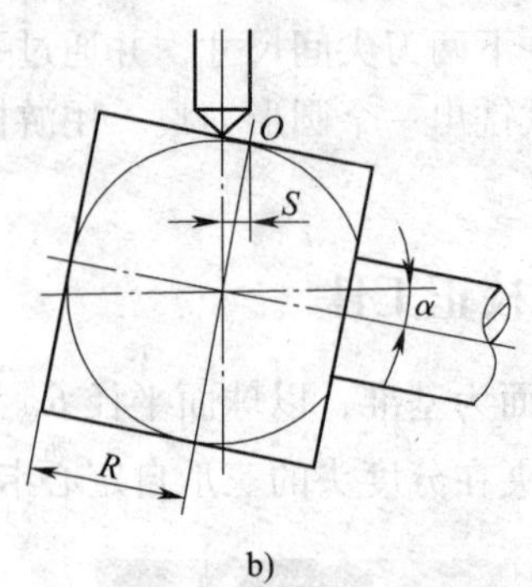

b)

图 6—16　主轴对中心

六、铣削球面（见图 6—17）

对好中心后，锁紧工作台纵向、横向紧固手柄。装上铣刀盘，开动机床主轴利用垂直进给调整切深，转动分度头手柄带动工件铣削。若工件表面呈网状刀纹，则说明工件回转轴线与铣刀回转轴线已相交，工件每转一周调整切深一次。粗铣后检测球面直径，并根据余量采用分层补充进刀，直至符合尺寸要求后，再光铣两周。等表面粗糙度符合要求时先降下工作台，再停止工件转动。

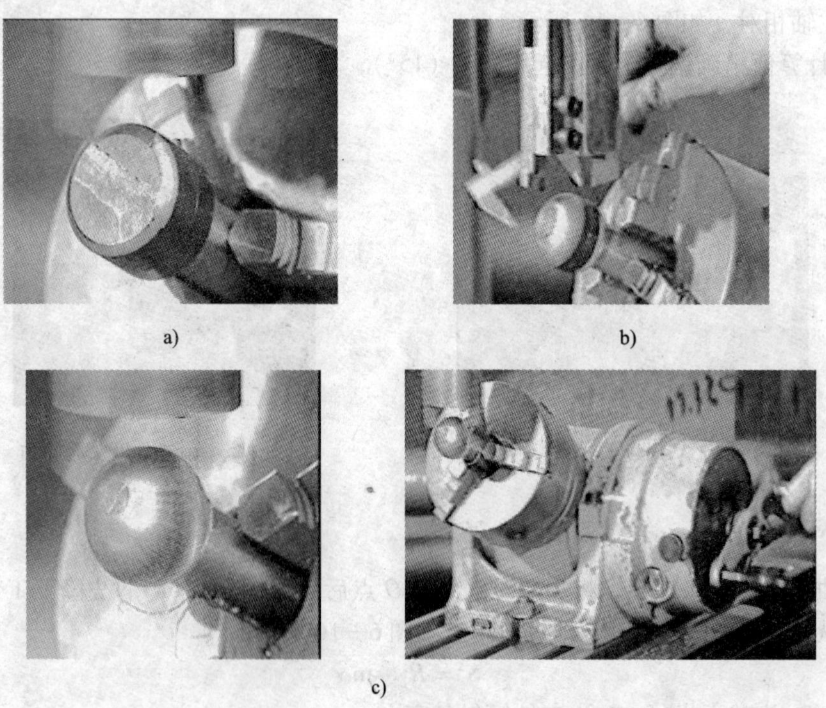

a)　b)　c)

图 6—17　外球面的铣削过程

a）利用垂直进给调整切深　b）粗铣后检测球面直径

c）根据余量采用分层补充进刀

七、检测

球面的尺寸精度用游标卡尺或千分尺直接测量，如图 6—18 所示。

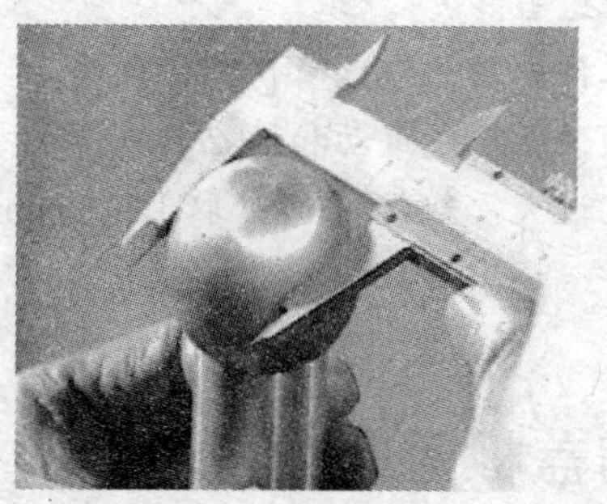
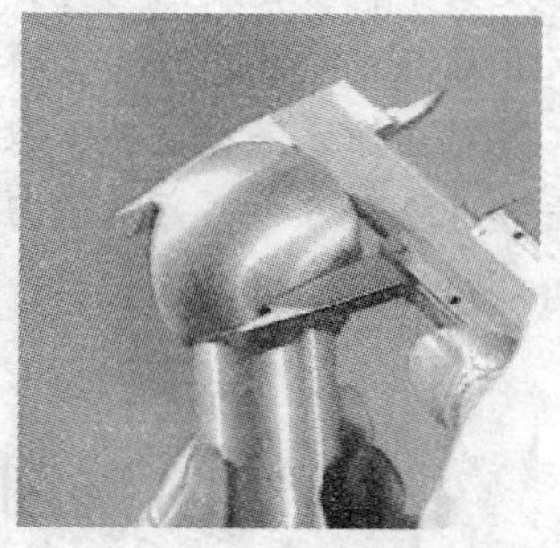

图 6—18　检测尺寸精度

形状精度用检测样板检测。进行检测时，应使样板曲面通过球面中心，并垂直于球面中心，转动工件或样板，利用透光法观察球面与样板曲面的贴合情况，来检测球面加工的形状精度，如图 6—19 所示。形状精度还可通过目测法检测（见图 6—20）。通过目测观察加工好的球面的切削纹路，如果切削纹路为交叉网纹，表示球面形状是正确的；若切削纹路为单向，则表示该球面形状不正确。

表面粗糙度可通过目测法或比较法检测，如图 6—21 所示。

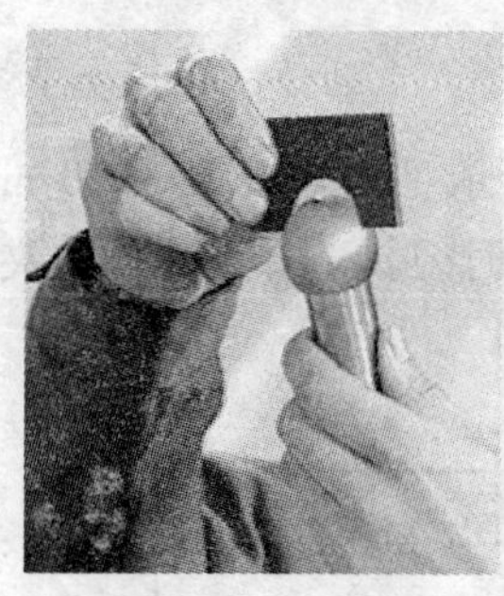
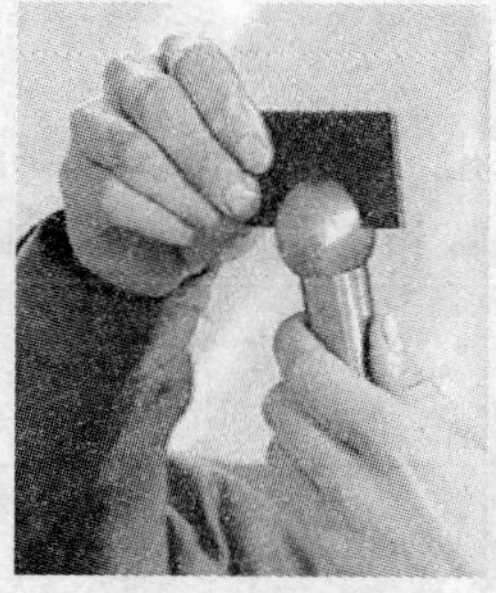
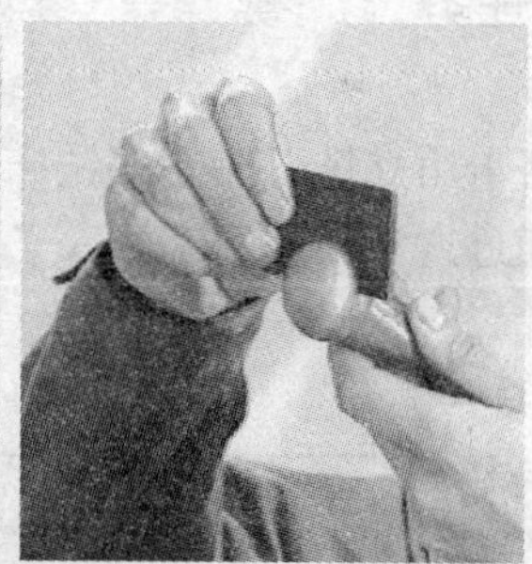

图 6—19　用样板检测形状精度

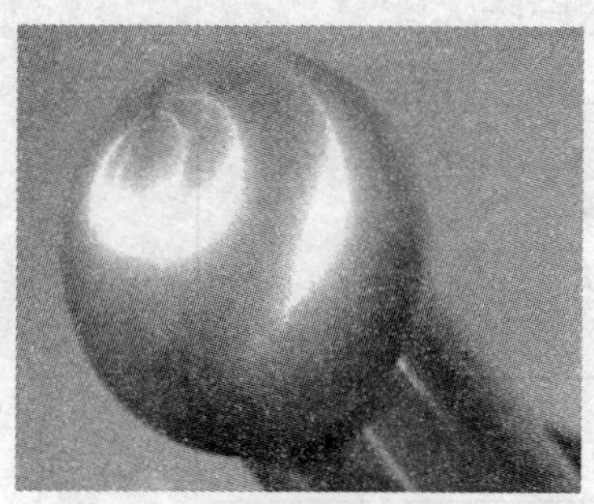

图 6—20　用目测法检测形状精度

图 6—21　用对比法检测表面粗糙度

操作提示

1. 转动分度头手柄时速度应均匀，快慢应适当。

2. 铣到尺寸后应先降下工作台，再停止工件转动，以免啃伤工件表面。

3. 回转工件时应注意保持逆铣，以免因顺铣而造成窜动和梗刀。

4. 通过垂直进给进刀时，每次进刀量不宜过大。粗铣时 a_p 可取 1 ~ 3 mm；半精铣时可取 0.5 ~ 1 mm；精铣时 a_p <0.5 mm。

任务2　铣削手柄盖板冠状内球面

学习目标

1. 了解内球面的种类和铣削方法。
2. 掌握冠状内球面的铣削方法和加工步骤。
3. 掌握冠状内球面的检测方法。

工作任务

本任务将采用立铣刀在立式铣床上完成如图 6—22 所示手柄盖板上 *SR*20 mm 冠状内球面的铣削，通过这一任务的实施，了解和掌握内球面铣削时刀具选择、工件装夹及对刀调整的方法和步骤。

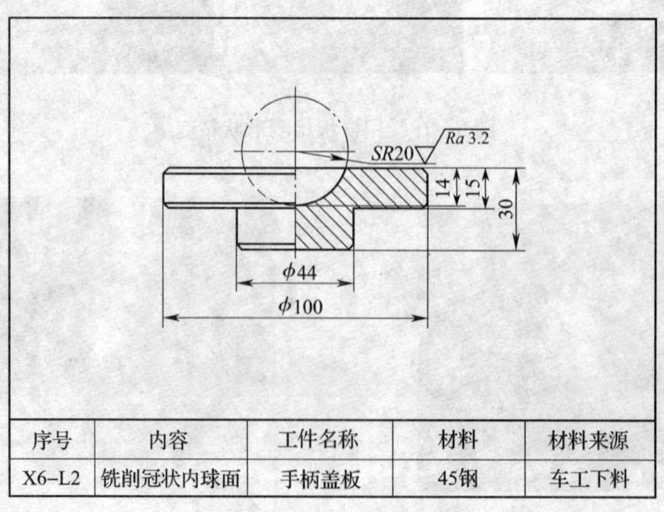

序号	内容	工件名称	材料	材料来源
X6–L2	铣削冠状内球面	手柄盖板	45钢	车工下料

图 6—22　手柄盖板零件图

相关理论

一、冠状内球面的铣削

铣削冠状内球面时，可采用立铣刀和镗刀在立式铣床上利用倾斜主轴法加工。

立铣刀一般只适合半径较小、深度较浅的内球面铣削。而镗刀由于回转半径调整较方便，故加工范围较大，加工时调整较灵活，实际生产中应用更为普遍。它们的加工方法与铣外球面基本相同。

无论是用镗刀还是用立铣刀加工内球面，铣削时必须保证：当刀尖进给到要求的深度时，回转的刀尖必须通过内球面的顶点（回转轴线与球面的交点），而此时铣刀的轴线亦恰好与工件的回转轴线相交于球心所在位置上。理论上讲，刀尖回转半径可在内球面半径（最大值）与内球面顶点至端口的弦长（最小值）之间选择。无论是工件扳角度还是主轴扳角度，都是为了使两轴线能正确地相交于球心的位置。若刀尖的回转半径等于内球面半径，则两轴线应垂直相交于球心。但用立铣刀铣削时，铣刀直径越大，所扳角度越小，而角度过小时，铣刀的圆周刃就会铣伤球面的边沿。所以用立铣刀铣削内球面时，铣刀直径有最小直径和最大直径的限制，即 $d_{cmin} \leqslant d_c \leqslant d_{cmax}$。由图 6—23 可得：

$$d_{cmin} = \sqrt{2RH} = \sqrt{DH}$$

$$d_{cmax} = \sqrt{4R^2 - 2RH} = \sqrt{D^2 - DH}$$

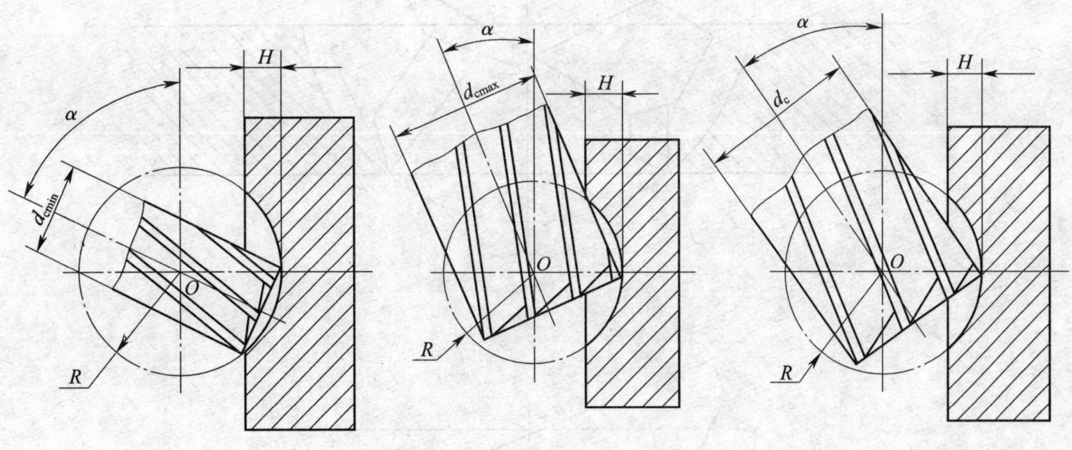

图 6—23　用立铣刀铣削冠状内球面

在具体确定 d_c 值时应尽可能采用较大规格的标准立铣刀，这样可以使主轴或工件的倾斜角度较小。当立铣刀的直径确定后，再根据铣刀的直径（或半径 R_c）确定主轴应扳转的角度 α：

$$\alpha = \arccos\frac{d_c}{2R} = \arccos\frac{d_c}{D} \text{ 即 } \alpha = \arccos\frac{R_c}{R}$$

用镗刀加工内球面的方法与用立铣刀加工内球面的方法基本相同。由于镗刀刀尖伸出量便于调节，且刀杆直径小于刀尖回转直径，所以用镗刀加工内球面更为简便、实用。加工情况如图6—24所示。此时可先确定倾斜角 α，倾斜工件或刀具的目的是避免铣削时刀杆碰到工件。所以只要条件允许，倾斜角度越小越好，若刀尖回转半径与刀杆半径之差大于内球面深度，就可以不用倾斜角度（镗刀回转轴线与工件回转轴线垂直相交）。

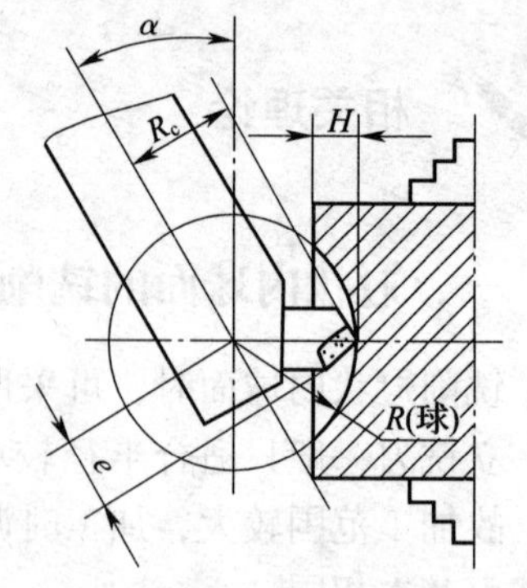

图6—24 用镗刀铣削冠状内球面

当刀尖回转半径 R_c 和所扳角度 α 中的一个被确定后，则另一个的值也就确定了。两者间的关系为：$R_c = R\cos\alpha$。

二、带状内球面的铣削

带状内球面的铣削方法与铣削冠状内球面的方法基本相同，多采用镗刀来完成，只是刀尖的回转半径和立铣头倾角的选择范围更大，选择、计算方法则与铣削带状外球面时原理相同，如图6—25所示。铣削时通常选择大的铣刀回转半径和小的立铣头偏转角，以免刀杆直径受工件的影响。

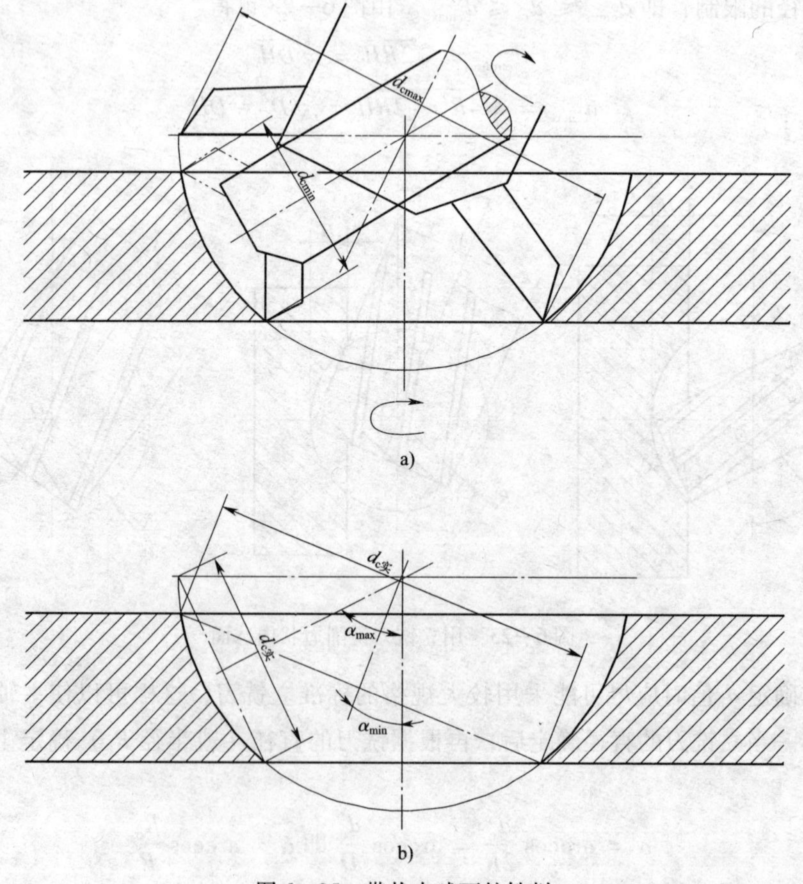

图6—25 带状内球面的铣削

a）铣刀回转半径选择 b）立铣刀头扳转角度的范围

任务实施

一、计算并选择铣刀

根据图6—22零件图所示，该冠状内球面的半径 $SR=20$ mm，深度 H 为14 mm，属于半径及深度尺寸较小的内球面，所以直接选择立铣刀铣削较为方便。

$$d_{cmin}=\sqrt{2RH}=\sqrt{2\times20\times14}=\sqrt{560}=23.66(\text{mm})$$

$$d_{cmax}=\sqrt{4R^2-2RH}=\sqrt{4\times20^2-2\times20\times14}=\sqrt{1\,040}=32.25(\text{mm})$$

根据 $d_{cmin}\leqslant d_c\leqslant d_{cmax}$，现选取 $d_c=30$ mm，即采用直径 $\phi30$ mm 的立铣刀进行铣削。则立铣头应偏转的角度为：$\alpha=\arccos\dfrac{R_c}{R}=\arccos\dfrac{15}{20}=41°25'$

二、装夹与校正工件（见图6—26）

将毛坯在分度头上利用三爪自定心卡盘进行水平装夹，并用百分表校正与分度头主轴同轴。再用高度尺在工件端面上划出中心线，然后将立铣头主轴偏转41°25′，并锁紧立铣头。若铣床主轴不能倾斜角度，则可以使分度头主轴与工作台面间倾斜一个角度 α。

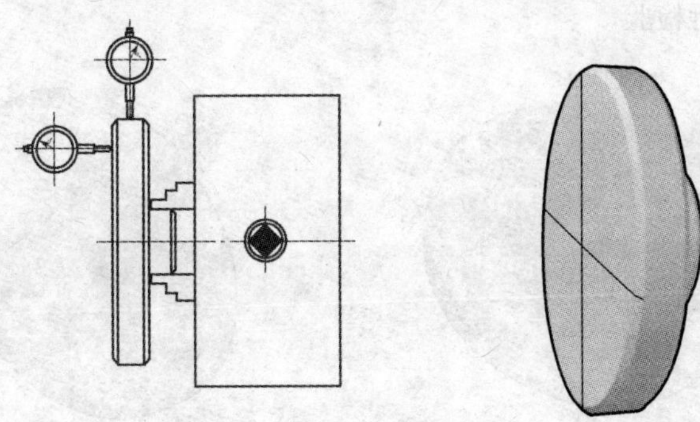

图6—26　装夹与校正

三、铣削冠状内球面

调整铣床位置，使铣刀刀尖对准工件中心。开动机床，观察切出浅痕通过内球面的中心后，纵向间歇进给一定进给量，并连续转动分度头手柄带动工件连续旋转进行铣削，直到纵向移动距离为球面的深度 $H=14$ mm 为止，如图6—27所示。

若铣床主轴不能倾斜角度，则可以使工件倾斜一个角度 $\alpha=41°25'$，再将铣刀尖调整到工件中心。开动机床先利用升降进给，转动分度头手柄带动工件铣削，将工作台上升一定距离 S 后，球面中心处会留下一个圆锥，然后再利用纵向进给，继续转动分度头手柄带动工件铣削。纵向移动一个距离 T，由图6—28可知：

$$S=H\sin\alpha=14\sin41°25'=9.26(\text{mm})$$

$$T=H\cos\alpha=14\cos41°25'=10.5(\text{mm})$$

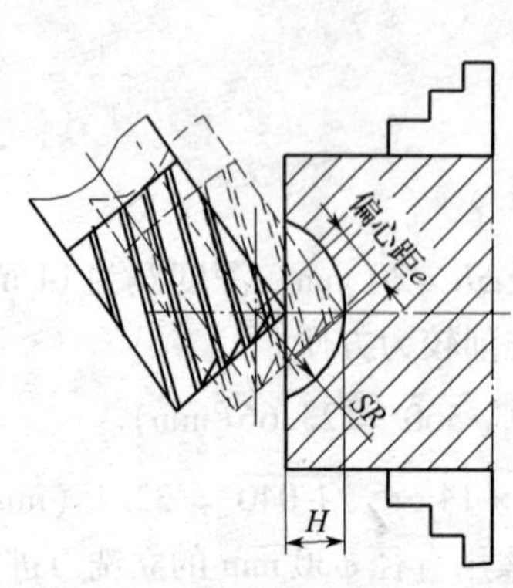

图 6—27　主轴倾斜一个角度时的对中

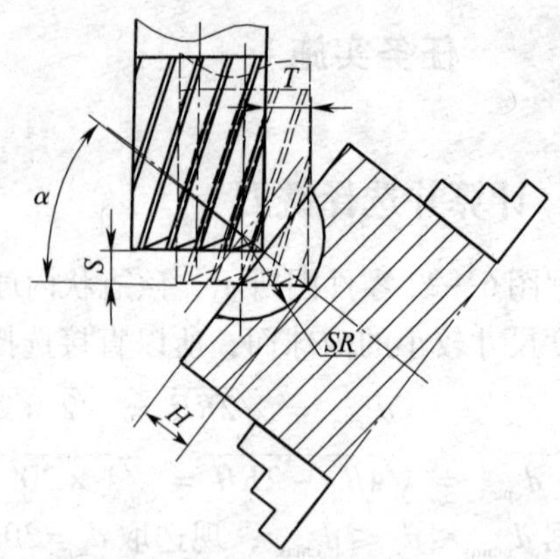

图 6—28　工件倾斜一个角度时的对中

即在对中后，通过升降进给 9. 29 mm，纵向进给 10.5 mm，即可完成 *SR*20 mm，深 14 mm的冠状内球面的铣削。

完成铣削后可利用检测样板综合检测内外球面的尺寸精度和形状精度。检测时，应使样板曲面通过球面中心，并垂直于球面中心，转动工件或样板，利用透光法观察球面与样板曲面的贴合情况，来检测球面的加工精度，如图 6—29 所示。另外，也可将加工好的手柄与盖板上的球冠互配来进行检验。

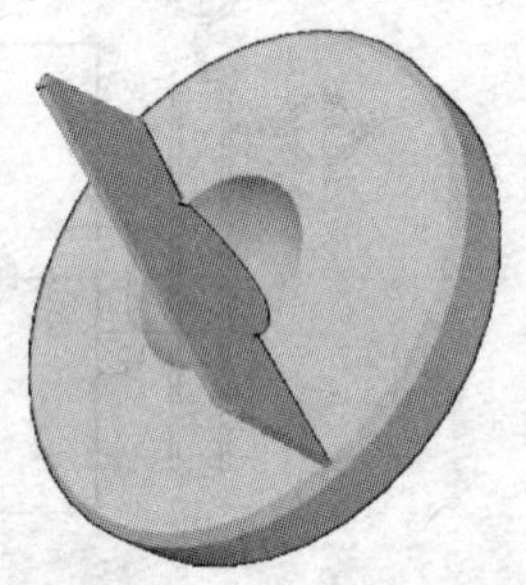

图 6—29　样板法检测内球面

操作提示

1. 工件亦可采用垂直装夹的方法进行铣削，但立铣头偏转角应按 α 角的余角 β 进行调整。当 α 角小于45°时，立铣头偏转角 β 就为一大于45°的值，而 X5032 铣床的立铣头偏转角为 ±45°。

2. 转动分度头手柄时速度应均匀，快慢应适当。

3. 铣到尺寸后应先降下工作台，再停止工件转动，以免啃伤工件表面。

4. 回转工件时应注意保持逆铣，以免因顺铣而造成窜动和梗刀。

5. 通过升降进给进刀时，每次进刀量不宜过大。粗铣时 a_P 可取 1 ~ 3 mm；半精铣时可取 0. 5 ~1 mm；精铣时 a_P <0. 5 mm。

任务3　钻、铰手柄盖板上的小孔

学习目标

1. 掌握在铣床上钻孔的工艺方法。
2. 熟练掌握钻头的相关知识，学会正确选择和刃磨钻头。
3. 了解铰孔的相关知识，掌握铰孔的工艺方法。

工作任务

本任务将完成盖板上4个$\phi 8^{+0.022}_{0}$ mm的小孔的加工。由图6—30可知：盖板上要加工的孔共有5个，其中$\phi 22^{+0.033}_{0}$ mm的大孔位于工件中心，并与内球面贯通，其余4个$\phi 8^{+0.022}_{0}$ mm的小孔均布于直径为70 mm的圆上。5个孔的尺寸精度要求均较高，且有较高的表面粗糙度要求。4个$\phi 8^{+0.022}_{0}$ mm的小孔需通过钻孔和铰孔来完成。中心$\phi 22^{+0.033}_{0}$ mm大孔则需通过钻孔和镗孔在下一任务中来完成。

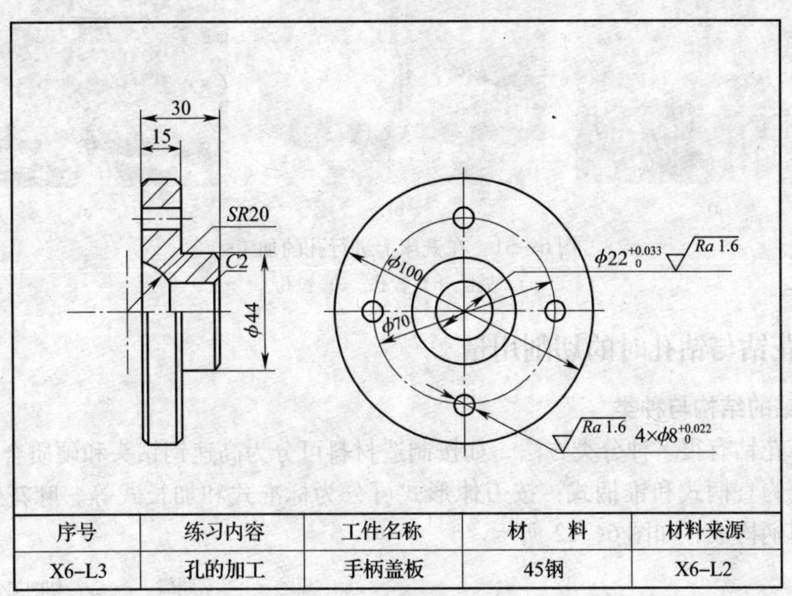

序号	练习内容	工件名称	材　料	材料来源
X6–L3	孔的加工	手柄盖板	45钢	X6–L2

图6—30　手柄盖板

相关理论

一、钻孔、铰孔与镗孔的概念

1. 钻孔

在实体材料上加工孔的方法称为钻孔。在铣床上钻孔时，钻头的回转运动是主运动，工件（工作台）或钻头（主轴）沿钻头的轴向移动是进给运动，如图6—31a所示。

钻孔大多采用麻花钻进行。为保证加工时孔与孔之间的位置精度要求，钻孔前需要对各孔的位置进行确定。对于单件或小批量加工，通常是对各孔先进行划线、打样冲眼定位，再钻孔。

2．铰孔

铰孔是用铰刀在工件孔壁上切除微量金属层，以提高其尺寸精度并减小其表面粗糙度值的方法，如图6—31b所示。铰孔是普遍应用的孔的精加工方法之一，其尺寸精度可达IT9～IT7，表面粗糙度 Ra 值可小于1.6 μm。铰孔之前，一般先经过钻孔、扩孔，然后铰孔；对精度高的孔，还需分粗铰和精铰。选用合适的铰削余量和切削液，会最大限度地提高工件加工的表面质量。

3．镗孔

用镗削扩大工件孔的工艺方法称为镗孔。在铣床上镗孔，孔的尺寸经济精度可达IT9～IT7，表面粗糙度 Ra 值可达3.2～0.8 μm。孔距精度可控制在0.05 mm左右。镗削时，以镗刀的旋转为主运动，工件或镗刀沿孔的轴线方向作进给运动。在铣床上镗孔，主要镗削中小型工件上不太大的孔和相互位置不太复杂的孔系，如图6—31c所示。

图6—31　在铣床上进行孔的加工

a）钻孔　b）铰孔　c）镗孔

二、麻花钻与钻孔时的切削用量

1．麻花钻的结构与种类

常用的麻花钻有很多种分类方法，如按制造材料可分为高速钢钻头和硬质合金钻头；按刀柄形式可分为直柄式和锥柄式；按刀体形式可分为标准式和加长式等。麻花钻主要由刀体、颈部和刀柄构成，如图6—32所示。

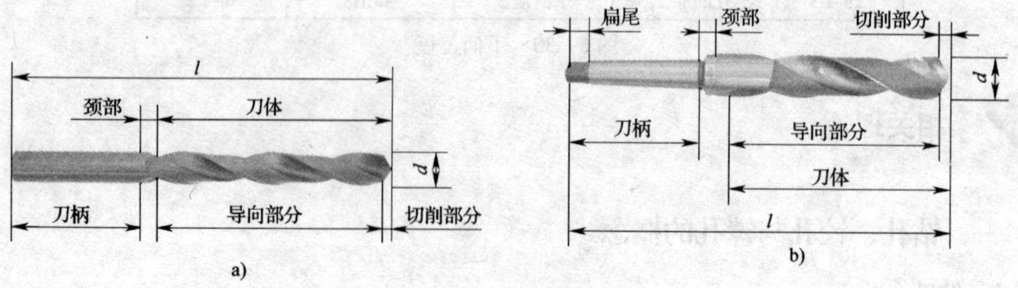

图6—32　麻花钻的构造

a）直柄麻花钻　b）锥柄麻花钻

麻花钻的刀体包括切削部分和导向部分。切削部分主要起切削工件的作用，其各部名称如图 6—33 所示。麻花钻在其轴线两侧对称分布着两个切削部分。两螺旋槽槽面是其前面，位于顶端的两个曲面是后面，两后面的相交线称为横刃，前面与后面相交形成主切削刃。导向部分在钻削时沿进给方向起引导和修光孔壁的作用，同时还是切削部分的后备。导向部分包括副切削刃、第一副后面（刃带）、第二副后面及其螺旋槽等。

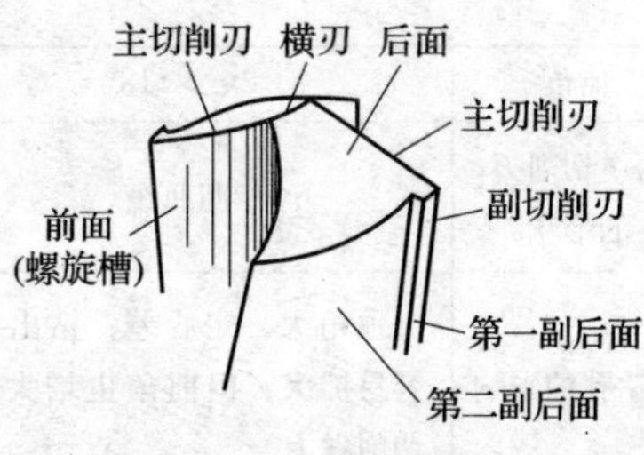

图 6—33　麻花钻刀体各部名称

2. 麻花钻的主要几何角度（见图 6—34）

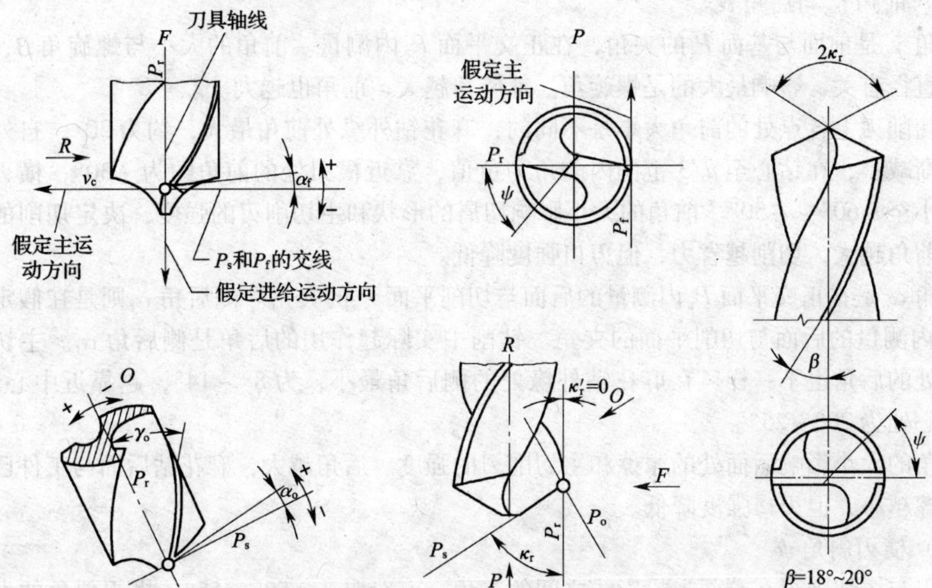

图 6—34　麻花钻的主要几何角度

P_r—基面　P_s—切削平面　P_f—假定工作平面　P_o—正交平面

（1）顶角 $2\kappa_r$

两主切削刃在与它们平行的轴平面上投影的夹角。顶角的大小影响麻花钻的尖端强度、前角和轴向抗力。顶角大，麻花钻的尖端强度大，并可加大前角，但钻削时轴向抗力大，且由于主切削刃短，定心较差，钻出的孔径容易扩大。加工钢与铸铁的标准麻花钻，其顶角 $2\kappa_r=118°\pm2°$。刃磨麻花钻时，可根据表 6—1 大致判断顶角的大小。

表 6—1　　麻花钻的顶角

顶角	$2\kappa_r>118°$	$2\kappa_r=118°$（标准麻花钻）	$2\kappa_r<118°$
图示	>118°　凹形切削刃	118°　直线形切削刃	凸形切削刃　<118°

续表

顶角	$2\kappa_r > 118°$	$2\kappa_r = 118°$（标准麻花钻）	$2\kappa_r < 118°$
两主切削刃的形状	凹曲线	直线	凸曲线
对钻孔的影响	顶角大，定心差，钻出的孔容易扩大；但前角也增大，使切削省力	适中	顶角小，定心准，钻出的孔不容易扩大；同时前角也减小，使切削阻力增大
适用的材料	较硬的材料	中等硬度的材料	较软的材料

（2）前角 γ_o与后角 α_o

前角 γ_o是前面与基面 P_r的夹角，在正交平面 P_o内测量。前角的大小与螺旋角 β、顶角和钻心直径有关，影响最大的是螺旋角。螺旋角越大，前角也越大。

主切削刃上各点处的前角大小是不同的，麻花钻外缘处前角最大，约为 30°，自外缘向中心逐渐减小，在钻心至 $d/3$ 范围内前角为负值，靠近横刃处的前角约为 −30°，横刃上的前角则小至 −60° ~ −50°。前角的大小影响切屑的形状和主切削刃的强度，决定切削的难易程度。前角越大，切削越省力，但刃口强度降低。

后角 α_o是在正交平面 P_o内测量的后面与切削平面 P_s的夹角。侧后角 α_f则是在假定工作平面 P_f内测量的后面与切削平面的夹角。钻削中实际起作用的后角是侧后角 α_f。主切削刃上各点处的后角也不一样，在麻花钻外缘处的侧后角最小，为 8° ~ 14°，越靠近中心越大，靠近钻心处为 20° ~ 25°。

后角的大小影响后面处的摩擦和主切削刃的强度。后角越大，麻花钻后面与工件已加工面的摩擦越小，但刃口强度降低。

（3）横刃斜角 ψ

横刃与主切削刃在端面上投影线之间的夹角，一般取 ψ = 50° ~ 55°。横刃斜角的大小与后面的刃磨（即后角的大小）有关，可用来判断钻心处的后角是否刃磨正确。当钻心处后角较大时，横刃斜角就较小，横刃长度相应增长，钻头的定心作用因此而变差，轴向抗力增大。

（4）螺旋角 β

麻花钻外圆柱面与螺旋槽表面的交线（螺旋线）上任意一点处的切线与麻花钻轴线之间的夹角。标准麻花钻的螺旋角 β = 18° ~ 30°，直径大的麻花钻 β 取大值。

3．钻削用量

（1）切削速度 v_c

麻花钻切削刃外缘处的线速度与其直径、主轴转速之间的计算式为：

$$v_c = \frac{\pi dn}{1\,000}(\mathrm{m/min})$$

钻孔时，钻头切削速度 v_c的选择主要根据钻头品质，以及被钻孔工件的材料和所钻孔的表面粗糙度等要求来确定。一般在铣床上钻孔时，由工件作进给运动，因此钻削速度应选低一些。此外，当所钻直径较大时，也应在钻削速度范围内选择低一些。高速钢钻头钻削速度的选择可参见表 6—2。

表 6—2 钻削速度 v_c 选用表 m/min

加工材料	v_c	加工材料	v_c
低碳钢	25 ~ 30	铸铁	20 ~ 25
中、高碳钢	20 ~ 25	铝合金	40 ~ 70
合金钢、不锈钢	15 ~ 20	铜合金	20 ~ 40

（2）进给量 f

麻花钻每回转一周，麻花钻与工件在进给方向（麻花钻轴向）上的相对位移量，称为每转进给量 f，单位为 mm/r，如图 6—35 所示。麻花钻为多刃刀具，有两条刀刃（即刀齿），其每齿进给量 f_z（单位为 mm/z）等于每转进给量的一半，即：

$$f_z = \frac{1}{2}f$$

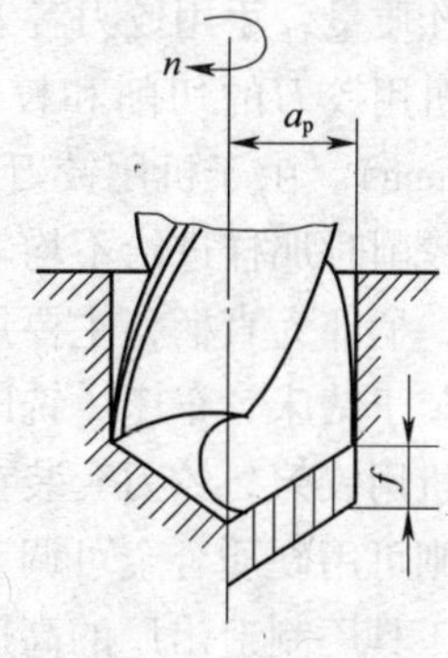

图 6—35 钻削用量

钻孔时进给量的选择也与所钻孔直径的大小、工件材料及孔表面质量要求等有关。在铣床上钻孔一般采用手动进给，但也可采用机动进给。每转进给量 f 在加工铸铁和有色金属材料时可取 0. 15 ~ 0. 50 mm/r，加工钢件时可取 0. 10 ~ 0. 35 mm/r。

（3）切削深度 a_p

切削深度 a_p 一般指已加工表面与待加工表面间的垂直距离。钻孔时的切削深度等于麻花钻直径的一半，即 $a_p = \frac{1}{2}d$，如图 6—35 所示。

三、铰刀与铰孔时的铰削用量

1. 铰刀的结构与分类

铰刀主要由工作部分、颈部和柄部构成。

铰刀的工作部分由引导锥、切削部分和校正部分组成。最前端的引导锥可将铰刀引导进入孔中，并起着保护切削刃的作用。切削部分是进行切削工作的一段锥体。后面的校准部分起着导向、校准和修光的作用，也是铰刀的备磨部分。

铰刀的颈部主要起着中间连接的作用，在其颈部标记着商标及其规格等。铰刀的柄部是其夹持部分，有直柄和锥柄（莫氏标准锥度）两种。通过它将铰刀可靠安装在机床上。

铰刀按其使用的动力源不同，分为手用铰刀和机用铰刀。按刀柄形式的不同，分为直柄铰刀和锥柄铰刀，如图 6—36 所示。按工作部分切削刃形状的不同，分为螺旋齿铰刀和直齿铰刀。按铰刀材料的不同，分为高速钢铰刀和硬质合金铰刀。

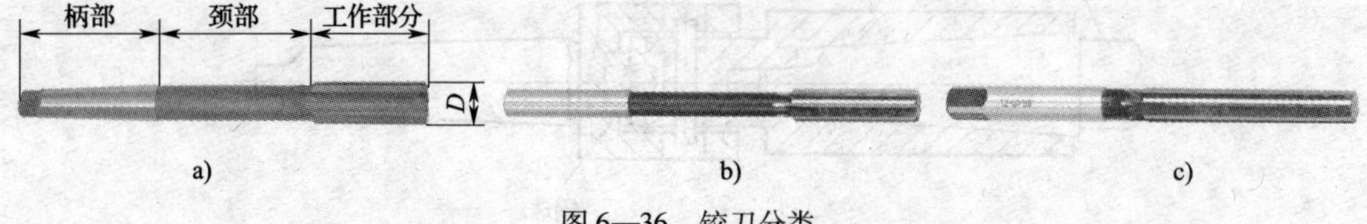

图 6—36 铰刀分类

a）锥柄机用铰刀 b）直柄机用铰刀 c）手用铰刀

手用铰刀与机用铰刀最直观的区别是：手用铰刀的工作部分比较长，且刀齿间的齿距在圆周上不是均匀分布的。

手用铰刀的切削部分制作得较长的目的有两个：一是手用铰刀要靠自身切削部分定心，增加切削部分的长度可以提高定心作用；二是用来减小铰削时的轴向抗力，使工作省力。由于铰孔的切削余量很小，所以铰刀的前角对切屑变形影响不大，一般铰刀的前角 $\gamma_o = 0°$，铰削近于刮削，可减小孔壁的表面粗糙度值。铰刀切削部分与校正部分的后面一般都磨成 6°~8°。手用铰刀的倒锥量很小，所以其校正部分都做成倒锥而无圆柱部分。为了获得较高的铰孔质量，手用铰刀各刀齿间的齿距在圆周上不是均匀分布的。

机用铰刀的切削和校正部分较短，且分圆柱和倒锥两部分，其倒锥量较大（0.04~0.08 mm）。由于机用铰刀工作时其柄部与机床连接在一起，铰削时连续稳定，不会如手用铰刀铰削时那样进给不均匀，所以为了制造方便，各刀齿间的齿距在圆周上均布。标准手用铰刀，柄部为直柄，主要用于单件、小批量生产或装配工作中。机用铰刀主要用于成批生产，装于钻床、车床、铣床、镗床等机床上进行铰孔。成批生产中铰削直径较大的孔时使用套式机用铰刀，铰刀套装在专用的 1∶30 锥度心轴上铰削，其直径范围为 25~100 mm。更大的孔则可用硬质合金可调节浮动铰刀铰削。

工具厂制造出厂的高速工具钢通用标准铰刀，一般均留有 0.005~0.02 mm 的研磨量，待使用者按需要的尺寸研磨。出厂的铰刀直径尺寸精度分为 H7、H8、H9 三种。如果要铰削精度较高的孔，新铰刀不宜直接使用，需经研磨至所要求的尺寸后才能使用，以保证铰孔尺寸精度。

2．浮动铰刀杆

由于铰孔时，必须保证铰刀轴线与孔轴线的严格重合，这就使操作者在铰孔过程中，需要反复地调整工作台位置，消耗的调整工时太多。因此，解决铰孔中调整铰刀位置的问题是一个关键。铰刀的安装，有浮动连接和固定连接两种方式。固定连接时，必须防止铰刀偏摆，最好钻孔、镗孔和铰孔连续进行，以保证加工精度。采用浮动连接装置，可以极大地提高铰孔的效率。

如图 6—37 所示为浮动铰刀杆，由于安装铰刀的套筒与浮动套筒有一定的径向间隙量，可使铰刀因其自身的几何形状及其铰削特点，会自动地随孔作径向调整，使铰刀与孔的轴线自动进行重合，从而保证了铰刀与孔轴线的同轴度。这样，节省了大量的孔位调整时间，使铰孔效率大大提高。在浮动铰刀杆中，固定销的作用是将套筒与浮动套筒松动连接起来，使铰刀能在任何方向上浮动。淬硬的钢珠嵌在臼座里，以保证进给作用力沿轴线方向传递给铰刀，同时保证其具有灵活性。

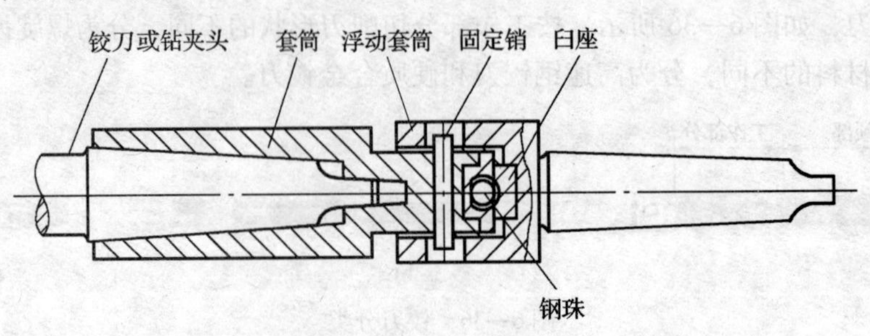

图 6—37　浮动铰刀杆

3. 铰削用量

（1）铰削余量

首先确定铰削余量。铰削余量的大小直接影响铰孔质量。余量太小，则上道工序残留的加工痕迹不能被全部铰去；余量太大，会使加工精度降低，表面粗糙度值增大。选择铰孔余量时，应考虑铰孔精度、表面粗糙度、孔径的大小、工件材质的软硬和铰刀类型等因素。具体情况可参照表6—3。

表6—3　　铰孔余量　　mm

孔径	≤6	>6~10	>10~18	>18~30	>30~50	>50~80	>80~120
粗铰	0.10	0.10~0.15	0.10~0.15	0.15~0.20	0.20~0.30	0.35~0.45	0.50~0.60
精铰	0.04	0.04	0.05	0.07	0.07	0.10	0.15

注：如仅用一次铰孔，铰孔余量为表中粗铰和精铰余量的总和。

（2）切削速度与进给量

在铣床上用普通高速钢铰刀铰孔，加工材料为铸铁时，切削速度 $v_c \leqslant 10$ m/min，进给量 $f \leqslant 0.8$ mm/r；加工材料为钢时，切削速度 $v_c \leqslant 8$ m/min，进给量 $f \leqslant 0.4$ mm/r。

（3）切削液

由于铰削的加工余量小，切屑都很细碎，容易黏附在刀刃上，会夹在孔壁与铰刀棱边之间，将已加工表面刮毛。因此，所选用的切削液应具有较好的流动性和润滑性。铰削韧性材料可采用乳化液或极压乳化液；铰削铸铁等脆性材料可选用煤油或煤油与矿物油的混合液。

四、回转工作台及其功用

回转工作台又称圆转台，是铣床的主要附件之一。回转工作台的规格以圆工作台的外径表示，常用规格有250、320、400、500 mm四种。定数有60、90和120三种，即回转工作台的手轮每转1 r，圆工作台相应转过1/60 r（即6°）、1/90 r（即4°）和1/120 r（即3°），其中尤以定数为90的居多。回转工作台属简单分度头系列，有手动、机动、立式、卧式及可倾式等多种形式，如图6—38所示。

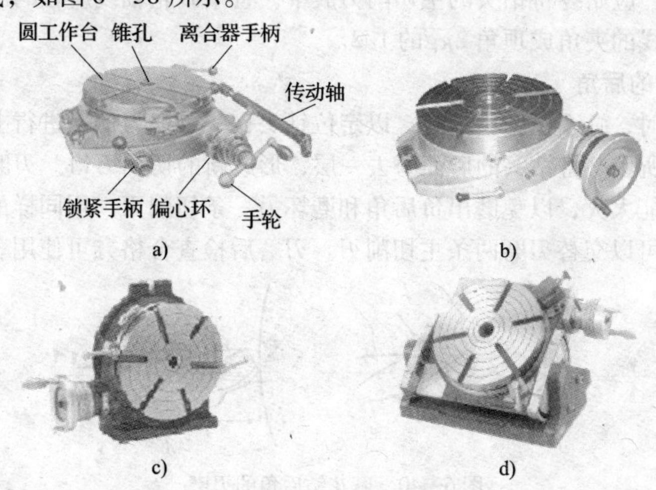

图6—38　回转工作台

a）机动回转工作台　b）手动回转工作台　c）立、卧两用回转工作台　d）可倾回转工作台

回转工作台主要用于在其圆工作台面上装夹中小型工件，进行圆周分度和作圆周进给铣削回转曲面，如有定位角度及均布要求的孔或槽、工件上的圆弧槽、圆弧外形等。

任务实施

一、刃磨麻花钻

麻花钻的切削刃因使用钝化或因不同的钻削要求而需要改变麻花钻切削部分的几何形状时，需要对麻花钻进行刃磨。麻花钻的刃磨，主要是刃磨两个后面（即刃磨主切削刃）并修磨前面（横刃部分），如图 6—39 所示。

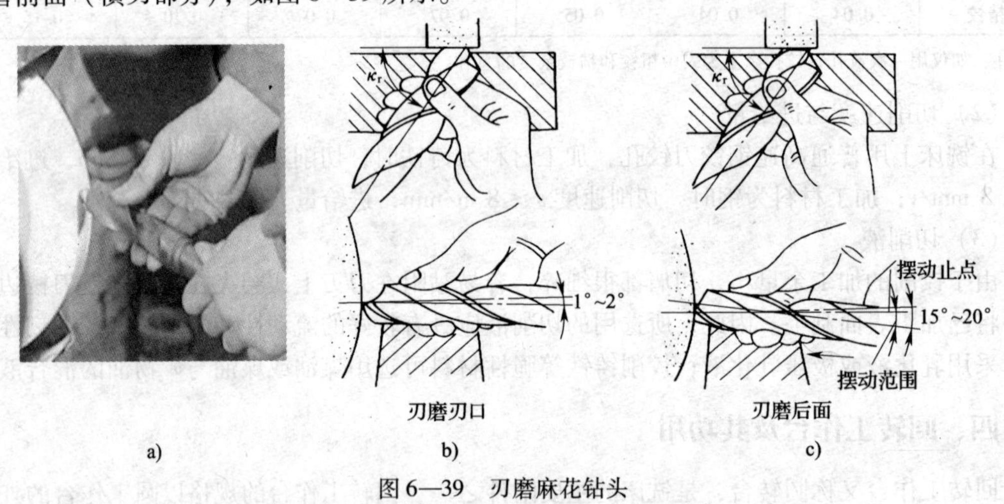

图 6—39　刃磨麻花钻头

a）麻花钻的刃磨　b）刃磨刃口　c）刃磨后面

1. 刃磨麻花钻的顶角

麻花钻头在刃磨前，要检查砂轮表面是否平整，若砂轮表面不平整或有跳动现象，必须进行修整。刃磨时，应始终将钻头的主切削刃放平，置于砂轮轴线所在的平面上，并使钻头轴线与砂轮圆周素线的夹角成顶角 $2\kappa_r$ 的 1/2。

2. 刃磨麻花钻的后角

刃磨麻花钻头时，一手握钻头前端，以定位钻头；一手捏刀柄，进行上下摆动，并略作转动，如图 6—40 所示。将钻头的后面磨去一层，形成新的切削刃口。刃磨时，钻头的转动与摆动的幅度都不能太大，以免磨出负后角和磨坏另一条切削刃。用同样的方法刃磨另一主切削刃和后面，也可以交替刃磨两条主切削刃。刃磨后检查合格方可使用。

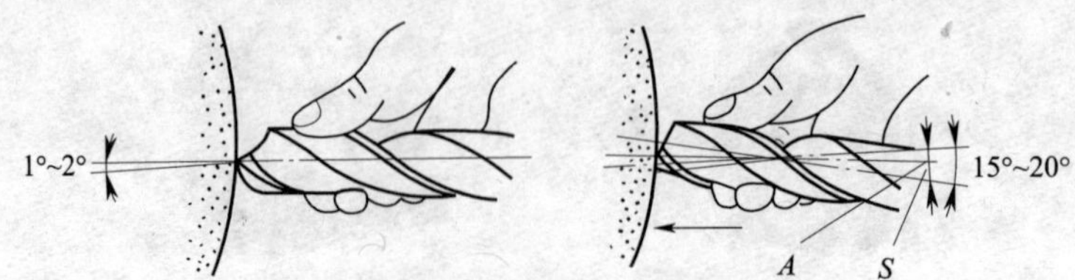

图 6—40　麻花钻后角的刃磨

A—钻头摆动止点　S—钻头摆动范围

3. 麻花钻横刃的修磨

修磨横刃（见图6—41），就是要把麻花钻的横刃磨短。用砂轮缘角刃磨钻心处的螺旋槽，一方面可将钻心处的前角增大，另一方面能将钻头的横刃磨短。可以有效地减小切削阻力，增强钻头的定心效果。

通常直径大于5 mm的麻花钻都需要修磨横刃，修磨后的横刃长度为原来的1/5～1/3，同时要严格保证修磨后的螺旋槽面仍对称分布于钻头轴线的两侧。

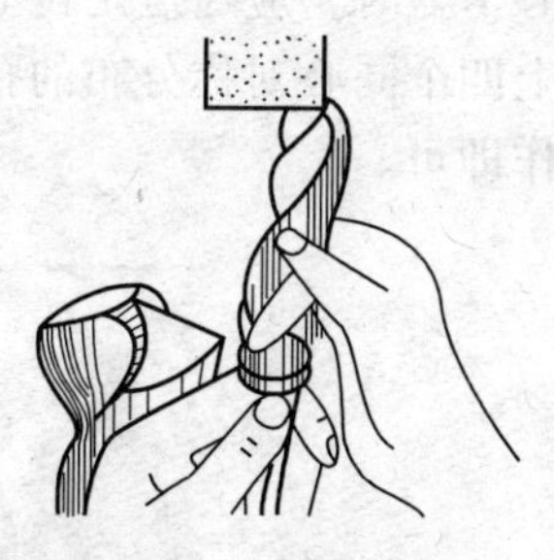

图6—41 修磨横刃

操作提示

1. 刃磨时应用力均匀，不能过猛，并随时观察钻头几何角度，以便及时修正。

2. 注意磨削温度不宜过高，要经常在水中冷却钻头，防止退火降低刃口硬度，影响切削性能。

3. 不能由刃背磨向刃口，以免造成刃口退火。

4. 钻头切削刃的位置应略高于砂轮轴线的水平面，以免磨出负后角，使钻头无法切削（见图6—42）。

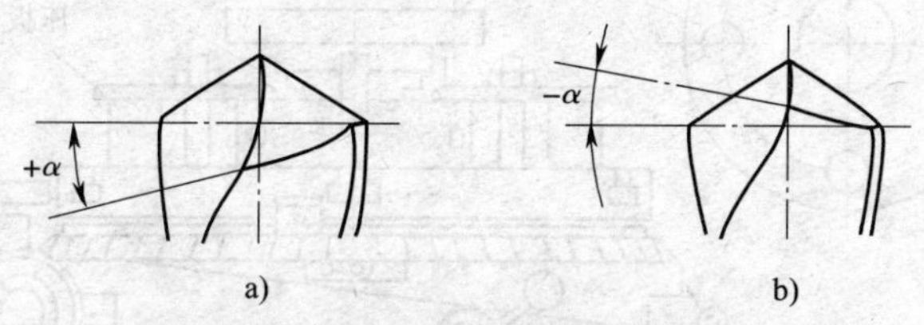

图6—42 麻花钻后角的正负值变化

a）正后角的钻头 b）负后角的钻头

5. 麻花钻头的两条主切削刃应长度相等，同时两刃与轴线的夹角也应相等（保持对称），刃口上不允许有钝口或崩刃存在。

6. 根据加工材料确定合适的顶角$2\kappa_r$。$2\kappa_r$一般选在80°～140°之间，工件材料硬应选较大的$2\kappa_r$值，工件材料软则选较小的$2\kappa_r$值。

7. 刃磨出合适的后角，以确定正确的横刃斜角ψ，通常的横刃斜角ψ为50°～55°。

二、涂色划线并打样冲眼

检查工件尺寸合格后，在工件表面涂色，按图6—30的尺寸、位置要求进行划线，将样冲尖对准划线交点打样冲眼，用来确定孔的加工位置，以方便引钻，如图6—43所示。

三、装夹工件

对于像盖板这样的盘形零件，在分度头上采用三爪自定心卡盘进行垂直装夹最方便。但考虑到在分度头上垂直装夹时，会大大缩短工作台升降的行程，所以最好在回转工作台上固定一三爪自定心卡盘，再利用三爪自定心卡盘进行装夹，如图6—44所示。固定三爪自定心卡盘时，应通过定位心轴或校正的方法保证卡盘与回转工作台同心。这样，在对盖板上四个同心对称分布的孔进行加工时，每次只需转动回转工作台的分度手柄进行分度操作即可。

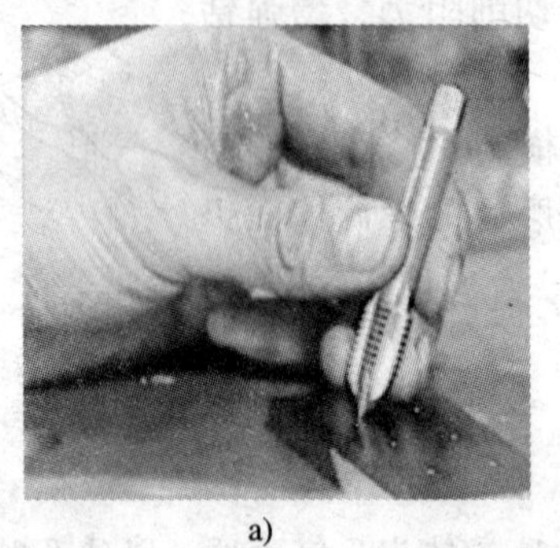

a)

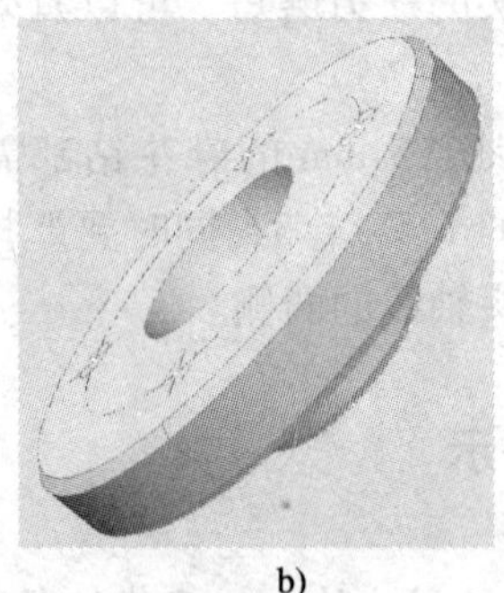

b)

图6—43　打样冲

a）使样冲尖对准划线交点　b）使孔的位置明显并方便引钻

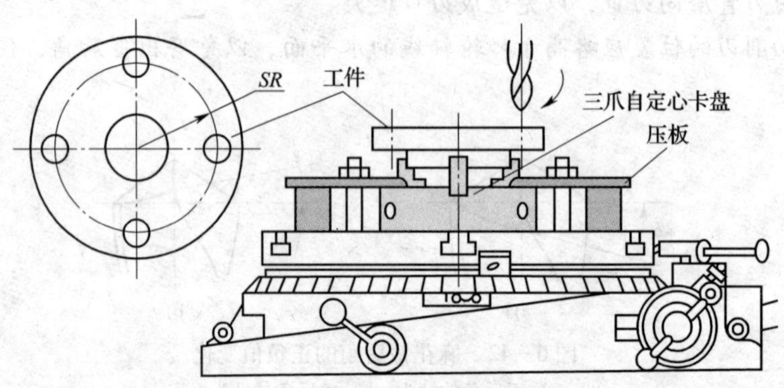

图6—44　对盖板钻铰孔时的装夹

四、钻孔与铰孔

先用钻夹头将 $\phi7.8$ mm 的标准麻花钻直接夹紧在铣床主轴上，将主轴转速调整为 955 r/min。开车，调整工作台和回转工作台的位置，使钻头轴线对准样冲眼（钻孔中心位置）后，将工作台纵向和横向的进给机构锁紧。采用主轴套筒进给，对样冲眼进行引钻，引钻时，略钻一浅坑后应观察孔位置是否偏斜，如图6—45所示。若发现钻头轴线未对准孔中心，发生孔坑偏斜现象，则需要通过錾槽法，纠正孔坑。方法如图6—46所示，在浅坑距划线距离较大处錾几条浅槽，落下钻头试钻。待孔坑校准后才可以正式钻孔。在钻头即将钻通时，应减慢进给速度，以防止钻头突然出孔，折断钻头。钻孔后先换一较大的钻头，对孔口进行倒角，然后换上铰刀准备铰孔。

铰孔时，铰刀随铣床主轴作主运动，必须保证铰刀轴线与孔的轴线相互重合。否则铰出的孔会产生孔口扩大或孔不符合加工要求。为满足铰孔时铰刀轴线与孔的轴线相互重合的要求，每钻完一个孔后，即卸下钻头，换上机用铰刀进行铰孔。铰孔用的铰刀可选择直径为 $\phi7.97$ mm 的粗铰铰刀和直径为 $\phi8.01$ mm 的精铰铰刀各一把，分粗铰和精铰两次来保证孔的加工精度。根据推荐的切削速度 $v_c = 8$ m/min，进给量 $f = 0.4$ mm/r 进行计算，铰孔时应选择主轴转速为 300 r/min，进给速度为 118 mm/min。铰孔时采用乳化液作为切削液。

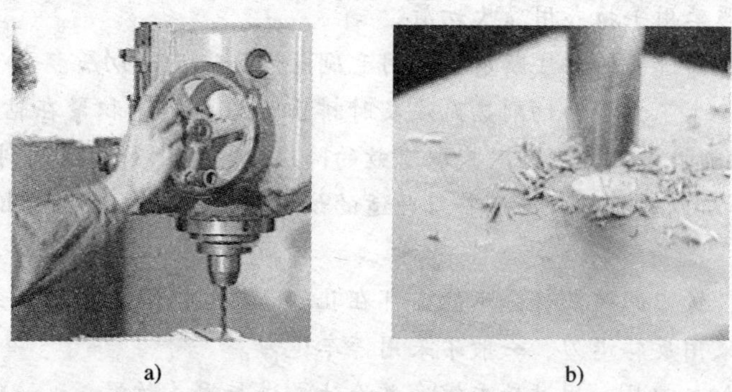

图 6—45　引钻孔坑的操作

a）利用主轴套筒进给进行引钻　b）观察孔坑的引钻效果

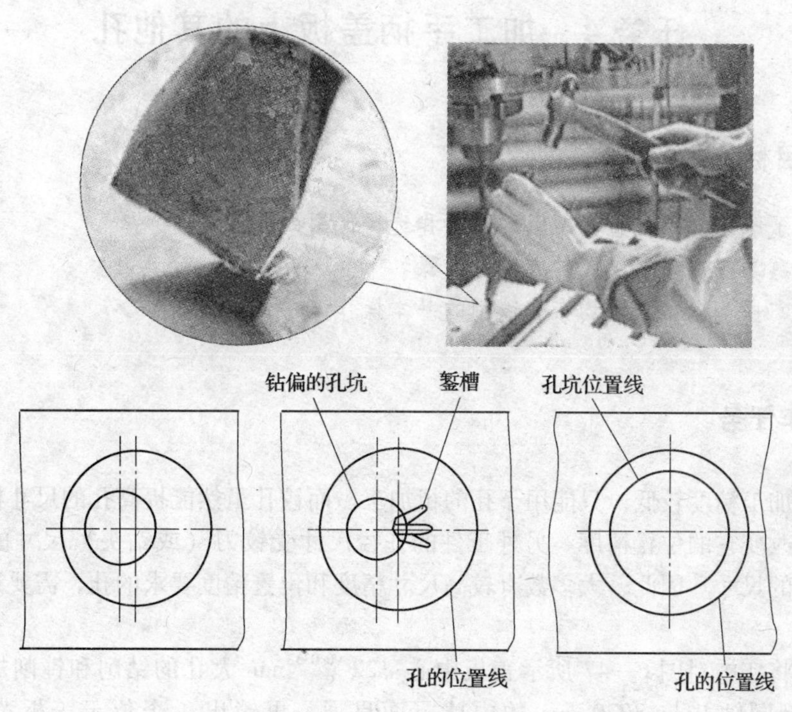

图 6—46　偏斜孔坑的纠偏

当第一个孔加工好后，应用 ϕ8H8 的光滑极限量规对孔径进行检测并对孔的表面质量进行检查。合格后，松开回转工作台的紧固手柄，转动分度手柄 22 圈半（回转工作台的定数为 90，$n = \frac{90}{z} = \frac{90}{4} = 22\frac{1}{2}$），使工件一起转过 90°后，重新锁紧回转工作台的紧固手柄。再换上 ϕ7.8 mm 的标准麻花钻头，重复以上程序进行剩下各孔的加工。

操作提示

1. 钻孔时，严禁用手拉或用嘴吹切屑。

2. 可以通过暂停进给的方法断屑，并用毛刷或切削液清除切屑。

3. 由于钻孔产生了大量的切削热无法及时排出，这些热量积聚在钻头周围，随时会将钻头退火而失去切削性能。必须及时采取有效的降温措施，例如加注切削液、及时退出钻头在空气中冷却等。所以钻孔时，要调整好合适的切削液流量，并经常退出钻头，既可清除切屑，又可冷却钻头。

4. 铰通孔时，铰刀的校正部分不能全部在孔外。

5. 铰刀不能采用反转退刀，一般不采用停车退刀。

6. 铰刀是精加工刀具，用过后应擦净并涂油，进行妥善放置。

7. 选择铰刀直径时，应通过对试件的试铰尺寸来确定。

任务4　加工手柄盖板上的其他孔

学习目标

1. 了解在铣床上镗孔所用的工具和选择使用的方法。

2. 熟悉在铣床上镗孔的方法与步骤。

3. 掌握单孔和圆周均布孔镗削的基本操作方法。

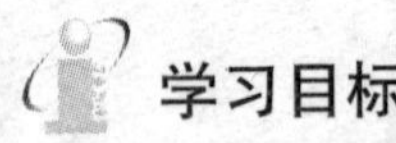

工作任务

钻孔的加工精度较低，只能用于孔的粗加工。而铰孔虽然能提高孔的尺寸精度和表面质量，却无法改变它的位置精度。另外工件的孔径尺寸受铰刀（或钻头）尺寸的约束而不能加工成随意的尺寸。因此，大多数有较高尺寸精度和位置精度要求的孔，需要选择镗孔来完成。

本任务将实施对图6—47所示盖板中心 $\phi22^{+0.033}_{0}$ mm大孔的钻削和镗削加工，使之与 $\phi44$ mm轮毂同轴并与 $SR20$ mm的内球冠面贯通。再镗出4个位于盖板背面，与4个 $\phi8^{+0.022}_{0}$ mm小孔同轴、深5 mm的 $\phi14^{+0.075}_{+0.032}$ mm台阶孔。

相关理论

一、镗刀

镗孔所用的刀具称为镗刀。按照切削刃形式，镗刀分为单刃镗刀和双刃镗刀两大类。在铣床上镗孔，大多使用单刃镗刀。按照镗刀刀头的紧固形式，镗刀分为整体式镗刀、机械夹紧式镗刀和浮动式镗刀。

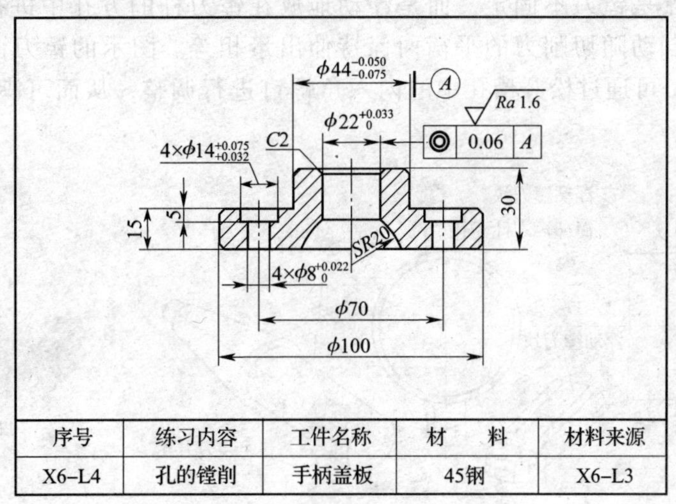

序号	练习内容	工件名称	材　　料	材料来源
X6–L4	孔的镗削	手柄盖板	45钢	X6–L3

图 6—47　手柄盖板其他孔的加工

1. 整体式镗刀

整体式镗刀的切削部分与镗刀杆是一体的，安装在镗刀盘中即可进行镗削，一般用于小孔径工件的镗孔。常见的有焊接式镗刀、高速钢整体式镗刀，如图 6—48 所示。

图 6—48　整体式镗刀

2. 机械夹紧式镗刀

机械夹紧式镗刀是将镗刀头固定在镗刀杆上进行镗孔。采用的镗刀头有焊接式镗刀头、高速钢整体式镗刀头和机械夹紧式镗刀头，如图 6—49 所示。

图 6—49　机械夹紧式镗刀头和镗刀杆

按照镗孔类型的不同，镗刀头也分为镗通孔用镗刀头和镗盲孔用镗刀头。其根本区别就在于主偏角 κ_r 的大小。镗通孔用镗刀头的主偏角 $\kappa_r < 90°$，只能镗通孔（见图 6—50a）；镗盲孔用镗刀头的主偏角 $90° \leqslant \kappa_r \leqslant 93°$，主要用于镗盲孔和台阶孔（见图 6—50b）。

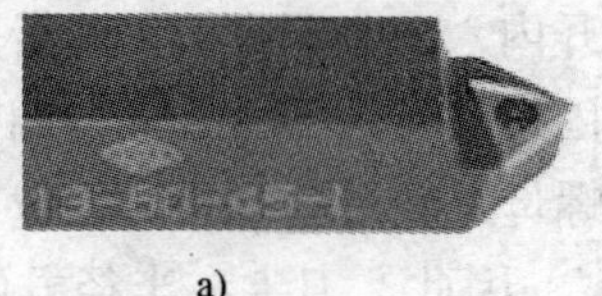

a）

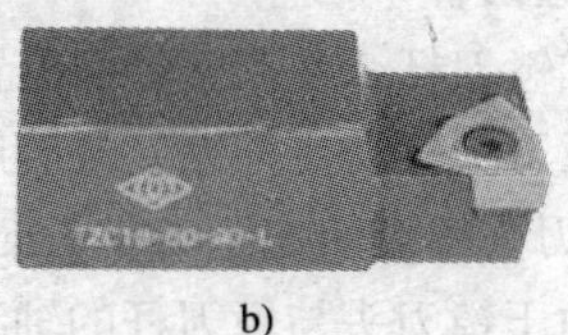

b）

图 6—50　机械夹紧式镗刀头

a）镗通孔用的机夹式镗刀头　b）镗盲孔用的机夹式镗刀头

3. 浮动式镗刀

浮动式镗刀是一种精镗孔刀具。因其两端都有切削刃，也称双刃镗刀，如图 6—51 所示。它的安装特点是镗刀不固定，而是浮动地放在镗刀杆的方孔中进行镗削。镗孔时，两端的切削刃会自动随切削力的平衡而保持伸出量相等。图示的镗刀由上下两块组成，两刀刃间的尺寸，可通过松开槽孔中的内六角螺钉进行调整，从而可满足不同孔径的加工要求。

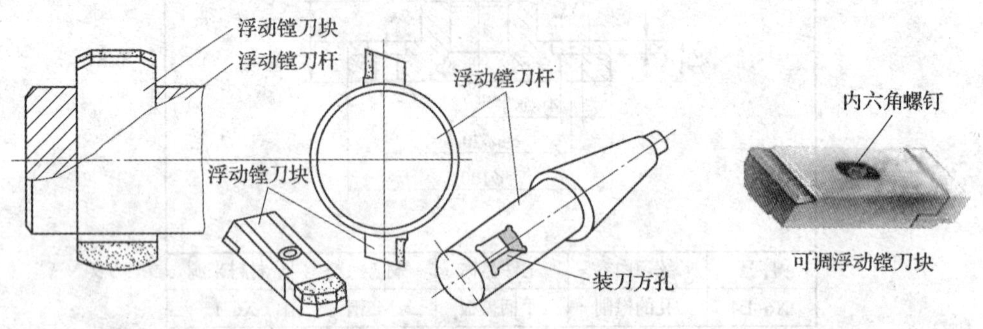

图 6—51 浮动式镗刀及其镗刀杆

二、镗刀杆

镗刀杆是安装在机床主轴孔中工作的，用以夹持镗刀头的杆状工具。镗刀杆按照能否准确控制镗孔尺寸，分为简易式镗刀杆和可调式镗刀杆。

1. 简易式镗刀杆

简易式镗刀杆结构简单，制造容易。其缺点是，用敲刀法控制工件孔径尺寸，调整过程较费时。根据装刀槽的设计形式不同，分为镗通孔用镗刀杆和镗盲孔用镗刀杆（见图 6—52）。

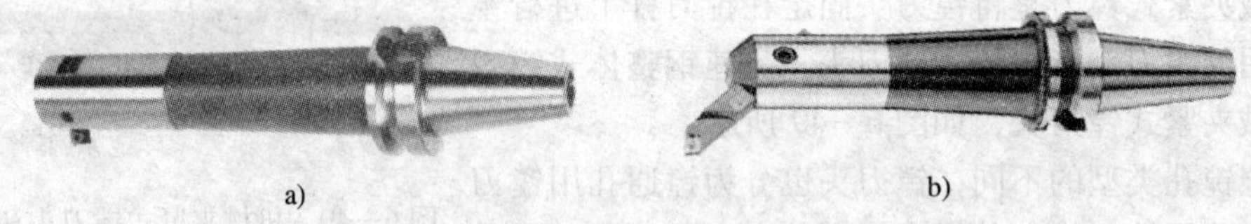

图 6—52 简易式镗刀杆

a）镗通孔用镗刀杆 b）镗盲孔用镗刀杆

2. 可调式镗刀杆

使用可调式镗刀杆，在调整镗刀位置时，先松开内六角紧固螺钉，然后用专用扳手转动调整螺母，使镗刀头按需要伸缩，最后用内六角紧固螺钉将镗刀头紧固。调整螺母上的刻度为 40 等分，镗刀头螺纹的螺距为 0. 5 mm，则调整螺母每转过一小格时，镗刀头的伸缩量为 0. 012 5 mm。由于镗刀头与镗刀杆的轴线倾斜 53°8′，因此，刀尖在半径方向的实际调整距离为 0. 012 5 mm × sin53°8′ ≈ 0. 01 mm。即调整螺母每转过一小格，刀尖在半径方向的实际调整距离为 0. 01 mm，实现了准确调整的目的，如图 6—53 所示。

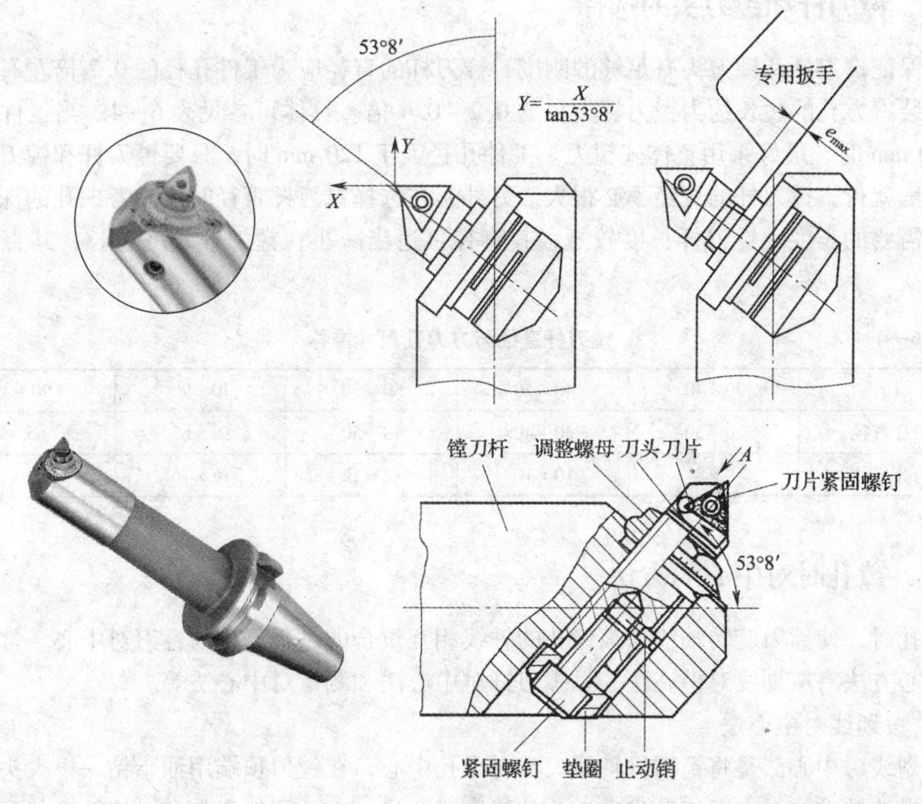

图 6—53 可调式镗刀杆与镗刀头

三、镗刀盘

镗刀盘又称为镗头或镗刀架。它具有较大的刚度，镗孔时能够精确地控制孔的直径尺寸。

安装镗刀盘时，其锥柄与主轴锥孔配合。使用时，用内六角扳手转动镗刀盘上的刻度盘，使其螺杆转动，根据转过的刻度数，即可精确地控制燕尾块的移动量。若螺杆螺距为1 mm，其刻度盘有 50 等分的刻线，则刻度盘每转过 1 小格，燕尾块的径向移动量为 0.02 mm。

镗刀盘的结构简单，使用方便。燕尾块上的几个装刀孔，可用内六角螺钉将镗刀固定在装刀孔内，使可镗孔的尺寸范围有了更大的扩展，如图 6—54 所示。

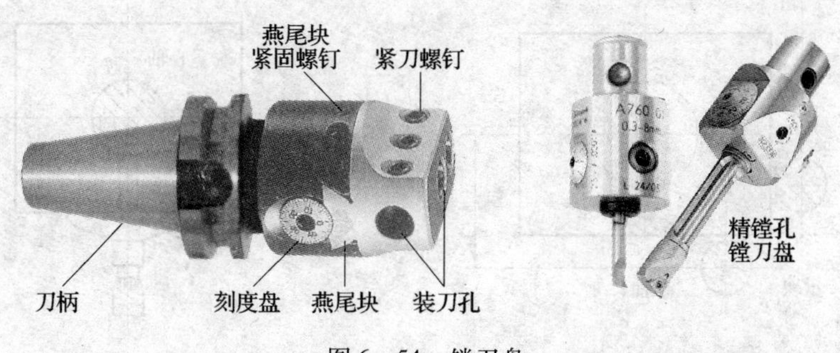

图 6—54 镗刀盘

四、镗刀杆和镗刀头的选择

为保证镗刀杆和镗刀头有足够的刚度，镗刀杆的直径应为工件孔径的0.7倍左右，且镗刀杆上装刀方孔的边长约为镗刀杆直径的0.2～0.4倍。具体可参见表6—4。当工件的孔径小于30 mm时，最好采用整体式镗刀。工件孔径大于120 mm时，只要镗刀杆和镗刀头有足够的刚度就行，镗刀杆的直径不必很大。另外，在选择镗刀杆直径时还需考虑孔的深度和镗刀杆所需要的长度。镗刀杆长度较短，其直径可适当减小；镗刀杆长度越长，其直径应越大。

表6—4　镗刀杆直径与方刀孔尺寸推荐　mm

孔径	30～40	40～50	50～70	70～90	90～120
镗刀杆直径	20～30	30～40	40～50	50～65	65～90
方刀孔尺寸	8×8*	10×10	12×12	16×16	20×20

五、镗孔时对中心的方法

镗孔时，使镗刀旋转轴线与被镗孔的轴线相互重合的过程，称为镗刀对中心。常用的镗刀对中心方法有按划线对中心法、靠镗刀杆对中心法和测量对中心法等。

1．按划线对中心法

按划线对中心法是将镗刀杆轴线大致对准孔中心，在镗刀顶端用油脂粘一根大头针。使主轴缓慢地转动，一方面使针尖靠近孔的轮廓线，另一方面调整工作台，使针尖与孔轮廓线间的距离尽量均匀相等。采用按划线对中心法进行镗刀对中心的准确度较低。

2．靠镗刀杆对中心法（见图6—55）

安装好镗刀杆，镗刀杆圆柱部分的圆柱度误差很小，与铣床主轴同轴度较好。调整工作台位置，使镗刀杆先与基准面A刚好接触，此时将工作台横向移动一段距离S_1，然后使镗刀杆与基准面B接触，并纵向移动距离S_2。为控制好镗刀杆与基准面之间的松紧程度，可在二者之间置一量块，接触的松紧程度以用手能轻轻推动量块，而手松开量块又不落下为宜。此法也可采用标准心轴进行对刀。

3．测量对中心法（见图6—56）

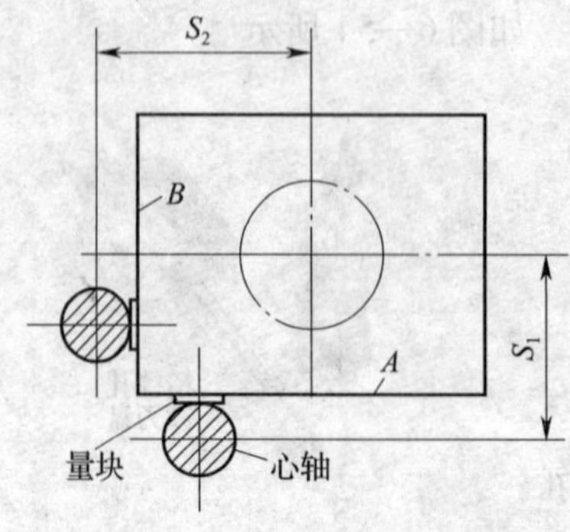

图6—55　靠镗刀杆对中心法

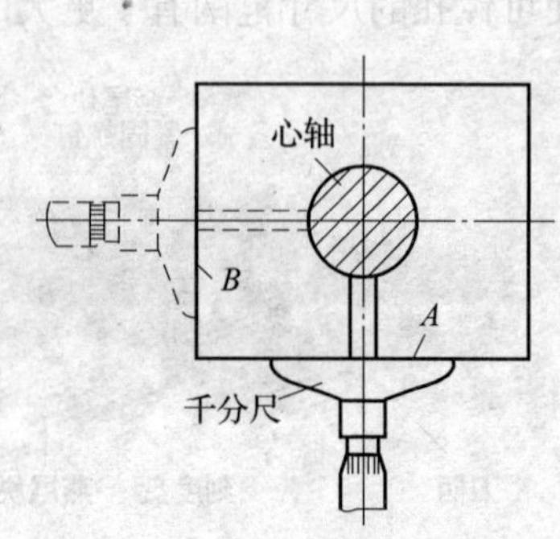

图6—56　测量对中心法

当镗刀杆圆柱部分的圆柱度误差很小，并与铣床主轴同轴时，调整工作台位置，用游标深度尺或深度千分尺测量镗刀杆（或心轴）圆柱面至基准面 *A* 和 *B* 的距离。以测量数据为参照，可以精准地确定镗刀杆的工作位置。若测量数据与加工要求不符，仍可以重新调整工作台的位置，直至工件的位置符合条件为止。

4．用寻边器对中心法

寻边器又称偏心式对刀棒，如图 6—57 所示，是一种非常有用的对刀工具。寻边器上有一个具有内置弹簧的浮动杆，其端部是一个精磨过的定尺寸圆柱测量头，测量头的直径通常为 5 mm、10 mm 或 13 mm。对刀时先将寻边器夹在铣床的主轴上，把寻边器的端部推至一侧使其偏心，将主轴转速调整到 600 ~ 800 r/min。起动主轴并调整工作台，使寻边器调至工件要对刀的一个侧面。移动工作台使工件慢慢接触正在旋转的寻边器端部。继续慢慢移动工作台直到寻边器偏心合拢后顶端又突然偏向一侧，立即停止移动（见图 6—58）。此时铣床主轴轴线距工件对刀侧面的距离即为寻边器端部圆柱测量头的半径（误差 <0.01 mm）。然后，按要求将工作台移动相应的距离，移距方法与靠镗刀杆法相同。

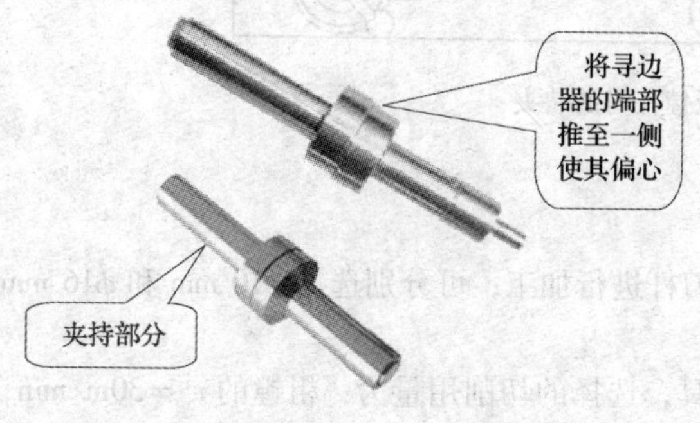

图 6—57　寻边器

图 6—58　用寻边器对中心

5．环表法对中心

当要加工孔的位置位于盘形等回转体零件的中心位置时，可以将百分表安装在铣床主轴上，将百分表的触头与工件上的回转基准面轻轻接触。通过转动铣床主轴，观察百分表的指针变化来调整主轴与工件的回转中心同心（见图 6—59）。当百分表的指针跳动量小于规定值时，锁紧工作台纵向和横向紧固手柄，换上钻头等孔加工刀具即可保证加工出的孔的位置位于工件的回转中心。

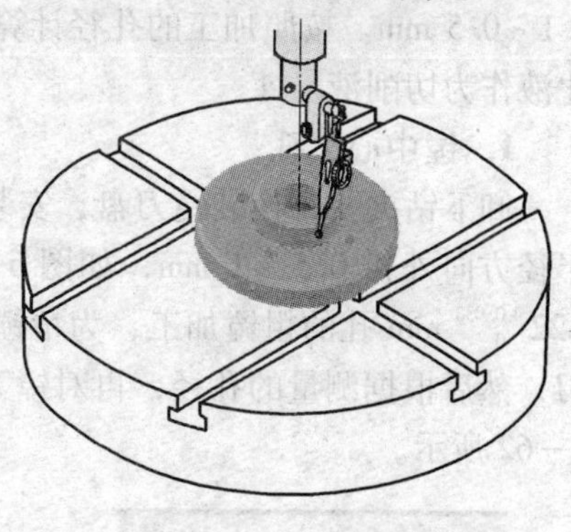
图 6—59　环表法对中心

任务实施

一、加工前的准备工作

检查 X5032 型铣床主轴零位。若零位不准，在镗孔时若用工作台升降进给会使镗出的孔呈椭圆状，使孔的圆柱度误差超差；若采用主轴套筒进给，则会使镗出的孔轴线与基准面不垂直。检查时，主轴轴线对工作台台面的垂直度误差在回转直径 300 mm 的范围内应小于 0.02 mm。然后，仍采用上一任务的装夹方法。只是将工件上下掉转 180°重新夹紧即可。再用环表法将铣床主轴找正到与工件的圆柱面 A 同轴。锁紧工作台的纵向和横向紧固手柄。

再选用一把 $\phi18$ mm 的钻头，先对盖板中心 $\phi22^{+0.033}_{0}$ mm 孔处进行预钻孔，如图 6—60 所示。

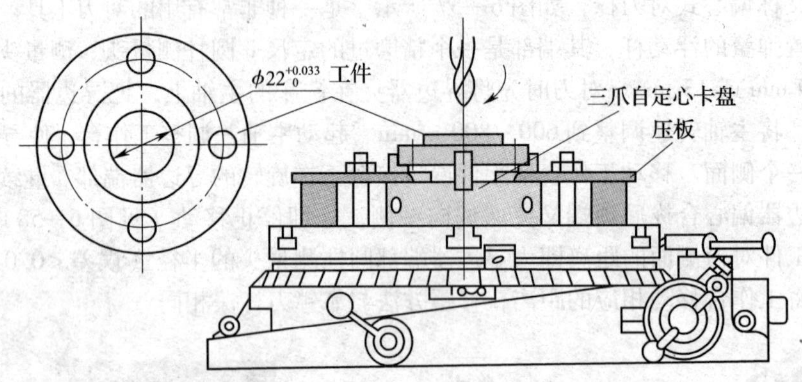

图 6—60 盖板镗孔时的装夹

二、对盖板实施镗孔操作

选择镗刀盘安装整体式镗刀或采用简易镗刀杆进行加工，可分别选择 $\phi10$ mm 和 $\phi16$ mm 的整体式镗刀及直径为 $\phi16$ mm 的简易镗刀杆。

因被加工孔径较小，宜采用高速工具钢刀具，选择的切削用量为：粗镗的 v_c = 30m/min，进给量 f = 0.2 mm/r，a_p = 0.5 ~ 2 mm；精镗的 v_c = 10 m/min，进给量 f = 0.05 mm/r，a_p = 0.1 ~ 0.5 mm。按照加工的孔径计算并选择主轴转速，以及相应的进给速度。镗孔时采用乳化液作为切削液。

1．镗中心大孔

卸下钻夹头，换装镗刀盘，安装 $\phi16$ mm 镗刀。调整镗刀盘中镗刀的工作位置，每次在半径方向外扩 0.5 ~ 1 mm，如图 6—61 所示。采用工作台垂直方向进给，分 2 ~ 3 刀完成 $\phi22^{+0.033}_{0}$ mm 孔的粗镗加工，为精镗留 0.5 ~ 1 mm 的余量。精镗时，先对工件浅浅地试镗一刀，然后根据测量的孔径，再对镗刀进行调整，在孔口试镗合格后完成整个孔的加工，如图 6—62 所示。

图 6—61 调整镗刀

图 6—62 试切调整后精镗孔径

若没有镗刀盘，也可安装直径为 $\phi16$ mm 的简易镗刀杆，利用敲刀法（见图 6—63），分几刀完成 $\phi22^{+0.033}_{0}$ mm 孔的粗、精镗加工。

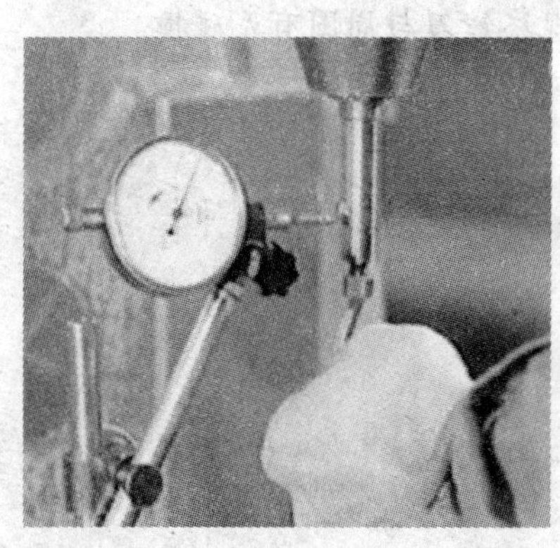
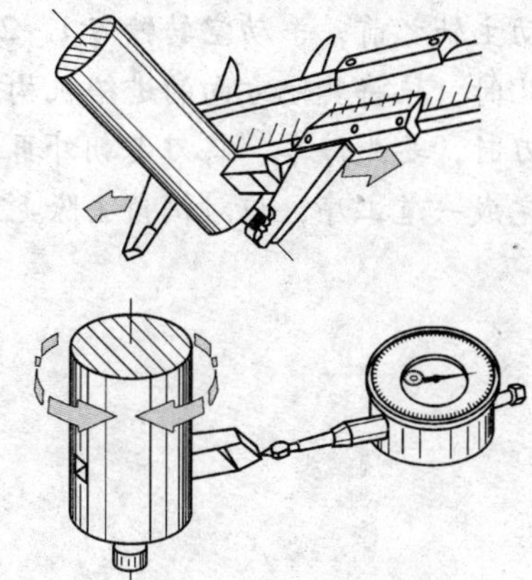

图 6—63　用敲刀法控制刀头伸出量

精镗结束后，应先停车，然后用手转动镗刀将刀尖面向自己（与床身相反），再降下工作台退出镗刀，这样可利用工作台下降时的外倾，避免刀尖划伤孔壁而影响孔的表面质量。

退出镗刀后，将镗刀盘上镗刀工作位置径向外扩 2 ~ 3 mm，或将简易镗刀杆上的镗刀再敲出 2 ~ 3 mm，重新启动主轴，并手动慢慢上升工作台，当镗刀再次碰到工件后，再继续慢慢手动将工作台上升 2 mm，即完成了 $\phi22$ mm 孔口的 $C2$ mm 倒角。

2. 镗圆周均布台阶孔

完成中心大孔的镗削后，松开工作台横向紧固手柄，将工作台横向调整一均布孔相对中心的半径 35 mm 的距离，再锁紧横向紧固手柄。松开回转工作台紧固手柄，转动回转工作台将已铰好的 $\phi8$ mm 孔调整到与主轴同心，当主轴所夹持的 $\phi8g7$ 校正心棒能顺利进入铰好的 $\phi8H8$ 孔中时，锁紧回转工作台。换装直径为 $\phi10$ mm、主偏角 κ_r 等于 90°的整体镗刀。

开动主轴慢慢上升工作台，使镗刀在工件表面轻轻划出一浅痕，验证主轴与 $\phi8$ mm 孔同心后，开始镗第一个台阶孔。分几刀完成 $\phi14^{+0.075}_{+0.032}$ mm 孔的粗、精镗加工。粗镗时的每次进刀孔深保持 4.5 mm，待最后一刀精镗时再将孔深尺寸进到 5 mm。若没有镗刀盘，也可采用主轴分别夹持 $\phi10$ mm、$\phi12$ mm、$\phi13.5$ mm、$\phi14$ mm 多把整体镗刀逐步扩镗的方法完成。

完成一孔的加工后，利用回转工作台进行圆周分度，由于回转工作台的定数为 90，故每加工完一孔后，回转工作台手柄应转过：$n=\frac{90}{z}=\frac{90}{4}=22\frac{1}{2}$（r）。按加工第一个孔的方法重复完成其余各孔的加工。

操作提示

1. 启动主轴之前，手动空转镗刀 1 ~2 周。观察镗刀与周围有无碰撞。
2. 镗孔时，应将其他方向的进给机构锁紧。
3. 退刀时，要先停车，将刀尖朝外再退出。
4. 每完成一道工序，应对倒角去除毛刺，再进行检查。

项目七

铣削双孔曲面板及等速凸轮

在这一项目，我们主要通过对图 7—1a 所示的双孔曲面板及图 7—1b 所示的等速盘形凸轮两个零件的铣削加工，来进一步学习镗孔的方法，巩固镗孔操作技能，了解曲面的特点以及曲面加工的方法和步骤。再通过完成图 7—1c 所示的等速圆柱凸轮的铣削掌握加工圆柱螺旋槽和等速圆柱凸轮的相关知识和加工方法。

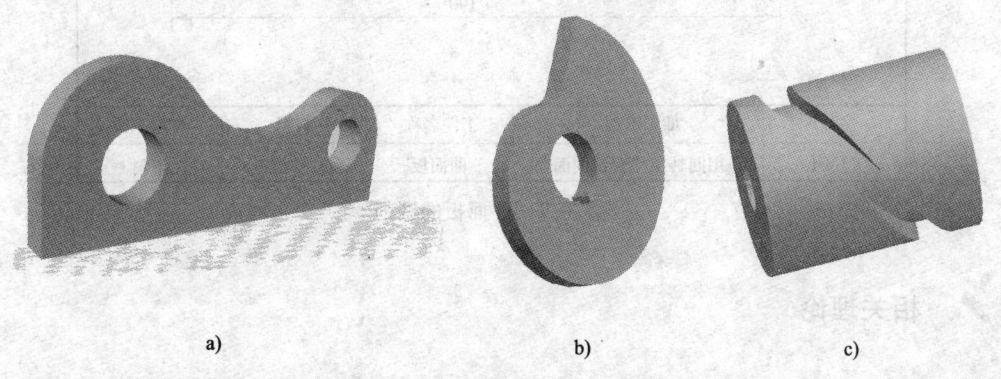

a)　　b)　　c)

图 7—1　双孔曲面板、等速盘形凸轮及等速圆柱凸轮

任务 1　加工双孔曲面板

学习目标

1. 了解特形面的概念，熟悉不同特形面的铣削方法。
2. 掌握镗削孔系时保证孔距的方法及步骤。
3. 掌握在回转工作台上铣削曲面的方法及步骤。

工作任务

铣削单件或数量较少的、由圆弧或圆弧与直线组成的曲线外形零件时，大多利用回转工作台在立式铣床上用立铣刀进行铣削。如图 7—2 所示的双孔曲面板正是这样的典型零件，本任务将通过在立式铣床上对该零件的加工来学习和掌握有孔距要求的孔的镗削方法，以及在回转工作台上铣曲面的方法。

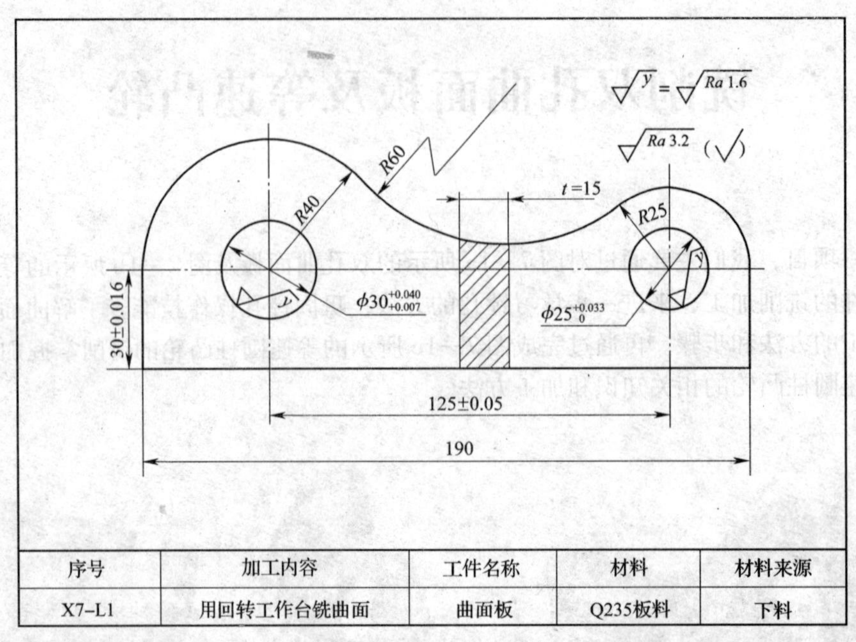

序号	加工内容	工件名称	材料	材料来源
X7–L1	用回转工作台铣曲面	曲面板	Q235板料	下料

图 7—2　曲面板的铣削

相关理论

一、特形面的概念

一个或一个以上方向截面内的廓形为非圆曲线的形面称为特形面。只在一个方向截面内的廓形为非圆曲线的特形面称为简单特形面。简单特形面是由一直线沿非圆曲线平行移动而形成的。

简单特形面包括曲面和成形面，如图 7—3 所示。当直素线较短时称为曲线回转面（简称曲面）；直素线较长的则称为成形面。

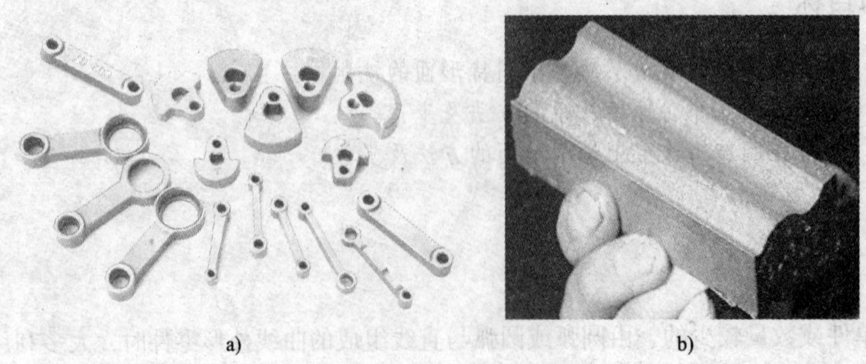

图 7—3　具有曲面和成形面的零件

a）曲面　b）成形面

在普通铣床上通常只能进行简单特形面的加工。其中曲线回转面可用立铣刀在立式铣床或仿形铣床上加工，而成形面则多采用成形铣刀在卧式铣床上加工，如图 7—4 所示。对于更复杂的曲面，现在多采用数控铣床和加工中心来完成。

图 7—4　曲面和成形面的加工方法

二、用回转工作台铣削曲面时的工艺要求

用回转工作台铣曲面时，为了保证工件圆弧中心位置和圆弧半径尺寸，以及使圆弧面与相邻表面圆滑相切，铣削时应确保以下几点：

1. 工件圆弧中心必须与回转工作台中心重合。
2. 准确地调整回转工作台与铣床主轴的中心距离。
3. 确定工件圆弧面开始铣削时回转工作台的转角（铣刀的切入点）。
4. 若工件圆弧面的两端都与相邻表面相切，要确定圆弧面铣削过程中回转工作台应转过的角度。

三、用回转工作台铣削曲面时的相关原则（见图 7—5）

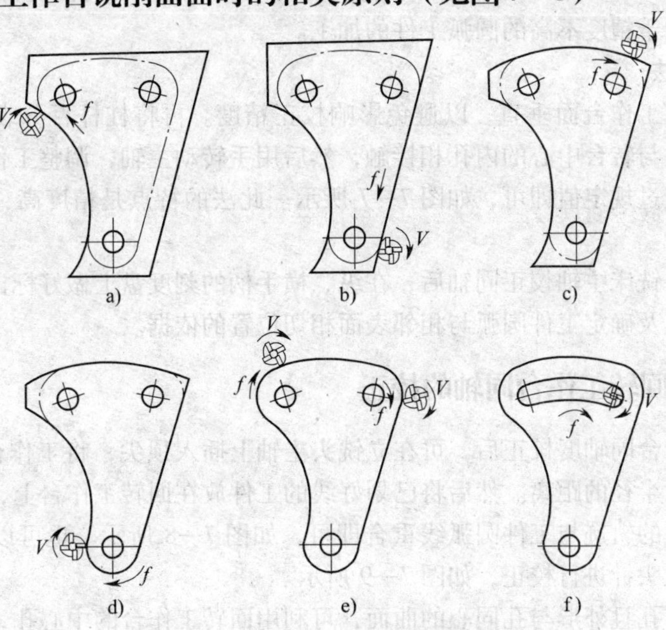

图 7—5　铣曲面时的铣削方向和铣削顺序

1．为了保证逆铣，回转工作台回转方向的确定原则

（1）铣凸圆弧时转台的旋转方向应与铣刀的旋转方向一致。

（2）铣凹圆弧时转台的旋转方向应与铣刀的旋转方向相反。

2．为了保证相邻表面的圆滑连接，曲面加工先后顺序的确定原则

（1）当曲面上同时有凸圆弧、凹圆弧、直线相互连接时，其总的顺序是先铣凹圆弧，再铣直线，最后铣凸圆弧。

（2）凹圆弧与凹圆弧相接时，应先铣半径小的凹圆弧。

（3）凸圆弧与凸圆弧相接时，应先铣半径大的凸圆弧。

（4）若凹圆弧与直线没有直接相接，中间有凸圆弧过渡时，则凹圆弧与直线的铣削顺序不限。

3．为了保证圆弧半径尺寸的准确，回转工作台与铣床主轴的中心距的确定原则

（1）当铣削凸圆弧时，中心距应等于凸圆弧半径与铣刀半径之和。

（2）当铣削凹圆弧时，中心距应等于凹圆弧半径与铣刀半径之差。

四、回转工作台与铣床主轴同轴的校正

为保证在曲面铣削时铣削半径（回转工作台与铣床主轴的中心距）的准确调整，回转工作台在铣床工作台上安装后，首先应将回转工作台中心与铣床主轴校正同轴，确定工作台相对主轴的中心原点，并记住此时工作台的纵、横向位置和手柄刻度，以便工件多次对刀时的计算调整。回转工作台与铣床主轴同轴度的校正方法如下：

1．顶尖校正法

在转台中心的内孔中插入带中心孔的心轴，先不要将回转工作台在铣床工作台面上压紧。在铣床主轴上夹一顶尖，移动工作台将顶尖对正心轴端面的中心孔，向下压紧转台以达到两者同轴的目的，再将转台紧固在工作台上，如图 7—6 所示。此法的特点是校正速度快，但精度较低，适用于精度不高的圆弧工件的加工。

2．环表校正法

先校正主轴与工作台面垂直，以避免影响校正精度。再将杠杆百分表固定在机床主轴上，使百分表测头与转台中心的内孔相接触，然后用手转动主轴，调整工作台位置使百分表读数的摆动量不超过规定值即可，如图 7—7 所示。此法的特点是精度高，适于高精度圆弧零件的加工。

回转工作台与铣床主轴校正同轴后，在纵、横手柄的刻度盘上做好标记，作为调整主轴与工作台中心距离及确定工件圆弧与相邻表面相切位置的依据。

五、工件与回转工作台同轴的校正

完成主轴与转台同轴度校正后，可在立铣头主轴上插入顶尖，将工作台纵向（或横向）移动等于工件圆弧半径的距离。然后将已划好线的工件放在回转工作台上，调整工件，使转动转台时顶尖描出的轨迹与工件圆弧线重合即可，如图 7—8 所示。也可以用划针或在铣刀上用润滑脂粘上大头针进行校正，如图 7—9 所示。

对于工件上有孔且外形与孔同心的曲面，可利用回转工作台的中心孔，直接用心轴定位即可。

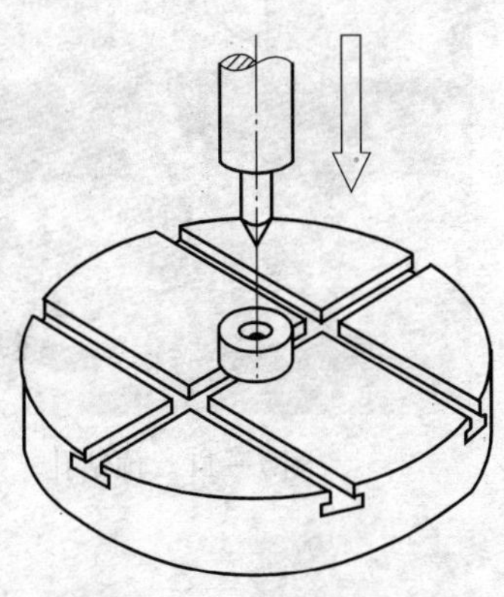

图 7—6　顶尖校正法

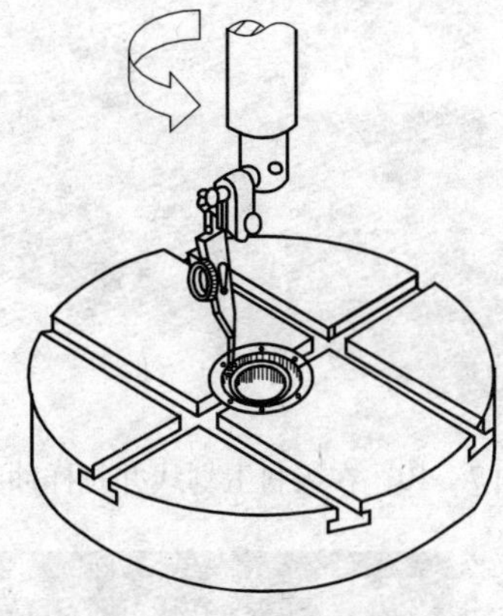

图 7—7　环表校正法

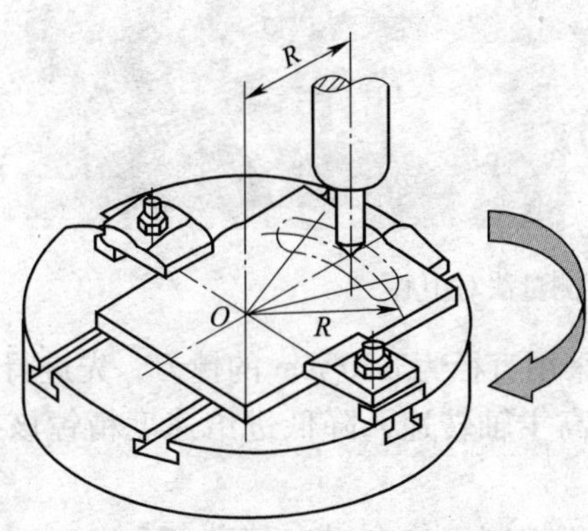

图 7—8　用顶尖校正

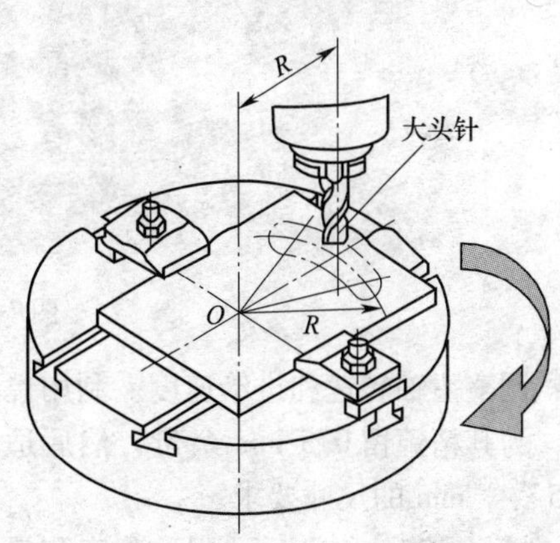

图 7—9　用大头针校正

任务实施

一、完成双孔的镗削

1．划线

按图 7—2 所示的尺寸要求，在已下好的板料表面划出孔的位置和零件轮廓线，并在孔的中心位置和零件轮廓线上打样冲眼，如图 7—10 所示。

2．工件的装夹与校正

铣床工作台上设置一对等高垫铁，将板料放置在平行垫铁上，用百分表找正图 7—10 中所示侧面 *A* 与工作台纵向进给平行，并用压板压紧工件。然后分别采用 ϕ27 mm 和 ϕ23 mm 的钻头对 ϕ30 mm 和 ϕ25 mm 两孔的中心位置进行预钻孔，如图 7—11 所示。

3．镗双孔

调整工作台位置，目测使镗刀杆对准第一个 ϕ25 mm 孔位置，采用测量法使镗刀杆对准第一个孔的中心，对刀过程如图 7—12 所示。然后将其纵向和横向的进给机构锁紧，采用工作台垂直进给方式进行镗孔。

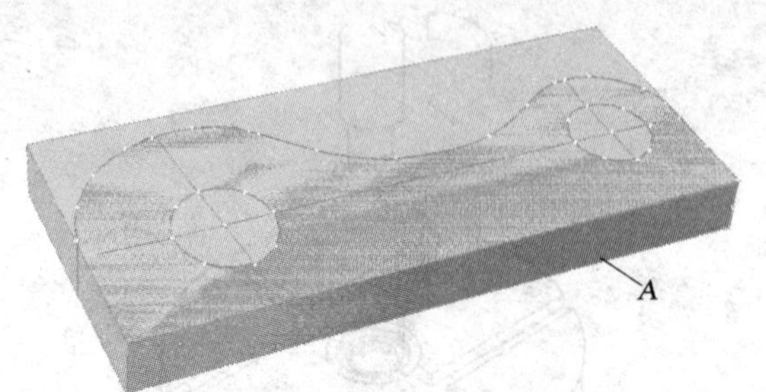

图 7—10　在板料上划线并打样冲眼

图 7—11　预钻孔

图 7—12　测量法对中心

调整主轴转速和进给速度。利用镗刀盘采用直径为 $\phi 20$ mm 的镗刀，先进行粗镗和半精镗，为其精镗留 0.5 mm 余量，然后适当提高主轴转速，降低进给速度精镗该孔至图样上 $\phi 25^{+0.033}_{0}$ mm 的尺寸要求。

镗好 $\phi 25$ mm 孔后，用百分表和量块精确控制工作台纵向移动 125 mm，再镗 $\phi 30$ mm 孔。移距时，先将百分表用固定架固定在工作台手拉油泵的加油孔上。按照需要移动的距离（125 mm）选择一组量块。将量块放在百分表测量触头与角铁之间，通过调整使百分表指针指向“零”位。然后抽出量块，纵向移动工作台，使角铁面与百分表测量触头接触，直到指针指向“零”位为止。即可将工作台准确地纵向移动 125 mm距离，如图 7—13 所示。

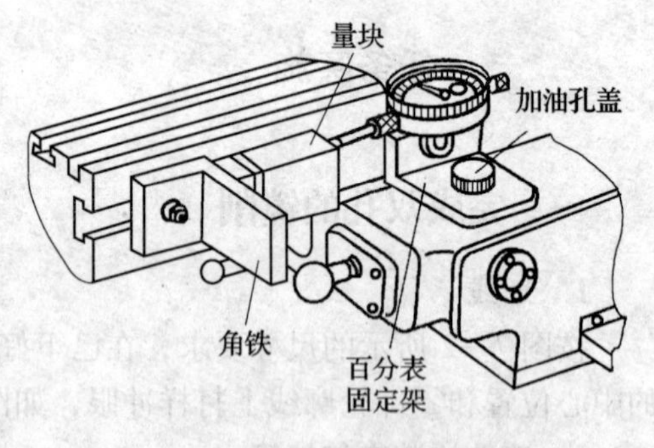

图 7—13　用百分表量块精确控制工作台纵向移动距离

再用同样方法将第二个孔镗至图样上 $\phi 30^{+0.040}_{+0.007}$ mm 的尺寸要求。并用量棒检测两孔中心距是否符合图样要求，如图 7—14 所示。

技术指导

若需用百分表和量块精确控制工作台横向移动距离，移动方法如图 7—15 所示。将百分表夹座固定在铣床的横向导轨上（为防损坏导轨面，应在紧固螺钉与导轨面之间垫铜皮）。用百分表与量块进行参照，可以对工作台的横向移动距离精确调整。其方法与控制纵向移动距离的调整方法基本相同。

图 7—14　双孔的镗削与检测

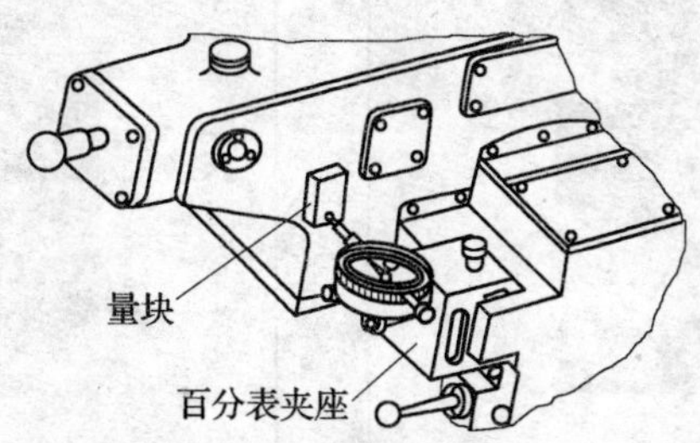

图 7—15　用百分表和量块精确控制工作台横向移动距离

二、在回转工作台上铣削外形曲面

1．校正回转工作台

用环表法，将回转工作台的回转中心与铣床主轴轴线的同轴度校正到 0.02 mm 之内。记住此时工作台的纵横向位置和手柄刻度及最终的移动方向，并做出标记，作为半径调整时的工作原点。

2．拟定曲面板的加工顺序

根据在回转工作台上铣曲面的加工顺序确定原则及如图 7—2 所示曲面板零件图可知：该零件基准面廓形为直线，并且没有与凹圆弧相切，所以可将直线廓形部分的外形铣好后再划出圆弧部分的轮廓线并铣削圆弧部分；圆弧部分的铣削顺序是先铣削中间 *R*60 mm 的凹圆弧，再铣削两侧的凸圆弧（见图 7—16）。其中 *R*60 mm 的凹圆弧应采用按线找正装夹，*R*40 mm 和 *R*25 mm 的两个凸圆弧则都可采用心轴定位装夹。

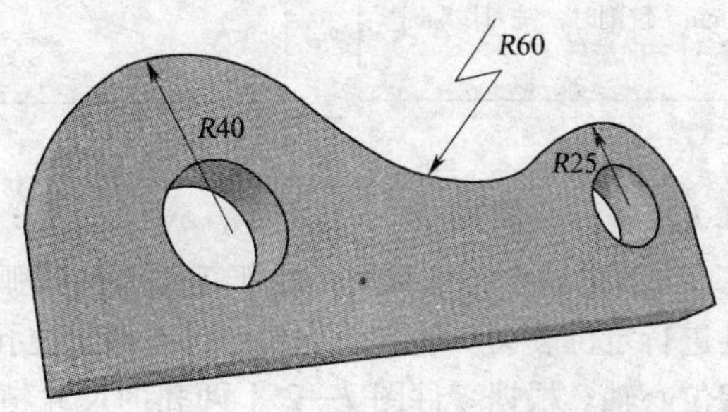

图 7—16　圆弧轮廓的铣削顺序

3．工件的装夹校正与曲面的铣削

（1）铣削 $R60$ mm 的凹圆弧

在划好线的工件下垫上平行垫铁，平行垫铁不应露出轮廓线外，紧固用的压板、螺栓及平行垫铁长度要适当，以免损伤回转工作台和妨碍铣削。用压板螺栓轻轻压住工件后开始校正

先用钢尺对中心。用钢尺的侧面通过回转工作台内孔的中心，调整工件上的圆弧曲线与钢尺上等于工件圆弧半径的刻度对齐

然后用划针校正。在立铣头上固定一划针，以回转工作台内孔的中心为基准，调整工作台使工件圆弧线对准划针尖，转动工作台并调整工件使划针尖的轨迹与工件圆弧线重合

紧固工件，再复核一次

重合后即可装上直径为22 mm的铣刀进行铣削，先粗铣，再进行精铣。精铣时铣床工作台相对原点刻度移动的距离应为60 mm−11 mm=49 mm。铣削时，铣刀作顺时针方向旋转，回转工作台作逆时针方向旋转

（2）铣削 $R40$ mm 和 $R25$ mm 凸圆弧

在铣削 $R40$ mm 和 $R25$ mm 的两个凸圆弧时，由于工件上两圆弧各有一与其圆弧同心的孔，故可直接用这两个孔进行定位装夹。装夹前先按工件上两定位孔的尺寸及回转工作台中心孔的尺寸，配作两个定位心轴。根据零件图 7—2 上两孔的尺寸精度配作心轴尺寸应选择 $\phi25g8$ 和 $\phi30h8$。其操作过程如下：

在回转工作台的中心孔内插入台阶心轴

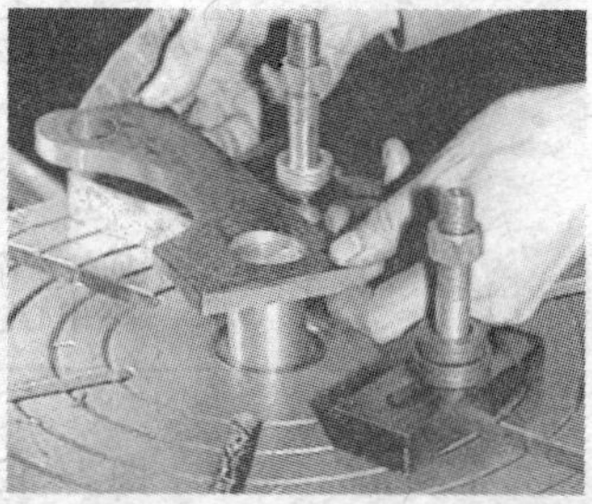

利用工件上的孔，将工件插入心轴中定位

夹紧工件，即可达到工件与回转工作台同轴的目的

调整好与$R60$ mm凹圆弧相切的切入转角及主轴与工件的中心距。转动回转工作台即可铣出工件上相应的凸圆弧部分。铣削结束时应注意与侧面直边或其他圆弧的光滑连接，防止转过角度而造成“少肉”

技术指导

在铣削由圆弧构成的曲面时，铣刀的切入点与终止点应与两圆弧面的切点重合。也就是圆弧面开始及终止铣削时，铣刀外圆与圆弧面的接触点应和圆弧面与相邻表面的切点重合。如果不重合，就会使圆弧面与相邻表面连接不圆滑。

当工件由铣床工作台作直线进给变换成由回转工作台作圆周进给，直线与圆弧过渡转换时无论是过早或过迟，均会使铣出的圆弧半径增大，出现凸起或凸棱，习惯称之为“多肉”，如图 7—17 所示。但当用回转工作台铣削凸圆弧时，若终止过迟，就会因过切出现凹坑，习惯称之为“少肉”，如图 7—18 所示。

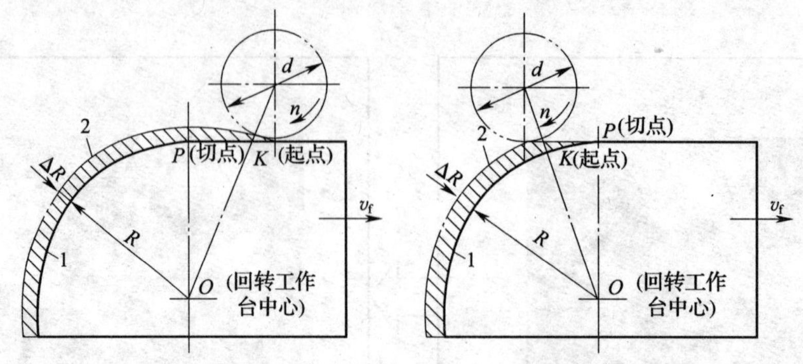

图 7—17　造成“多肉”时的情况

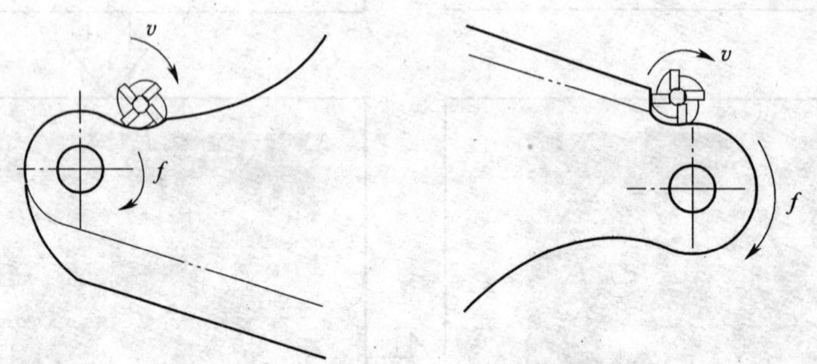

图 7—18　造成“少肉”时的情况

任务 2　铣削等速盘形凸轮

学习目标

1. 熟悉等速盘形凸轮的相关知识。
2. 掌握等速盘形凸轮相关参数的计算。
3. 掌握双手联合进给铣曲面的方法。
4. 掌握等速盘形凸轮铣削的工艺方法。

工作任务

本任务我们将通过对图 7—19 所示的等速盘形凸轮进行铣削加工，学习双手联合进给铣曲面，掌握盘形凸轮铣削的相关加工计算和通过分度头挂轮铣削等速盘形凸轮的方法。

等速盘形凸轮的工作曲线是平面等速螺旋线（阿基米德螺旋线），因此，凸轮在周边上的一动点在凸轮转过相等角度时，沿半径方向的位移量是相等的。

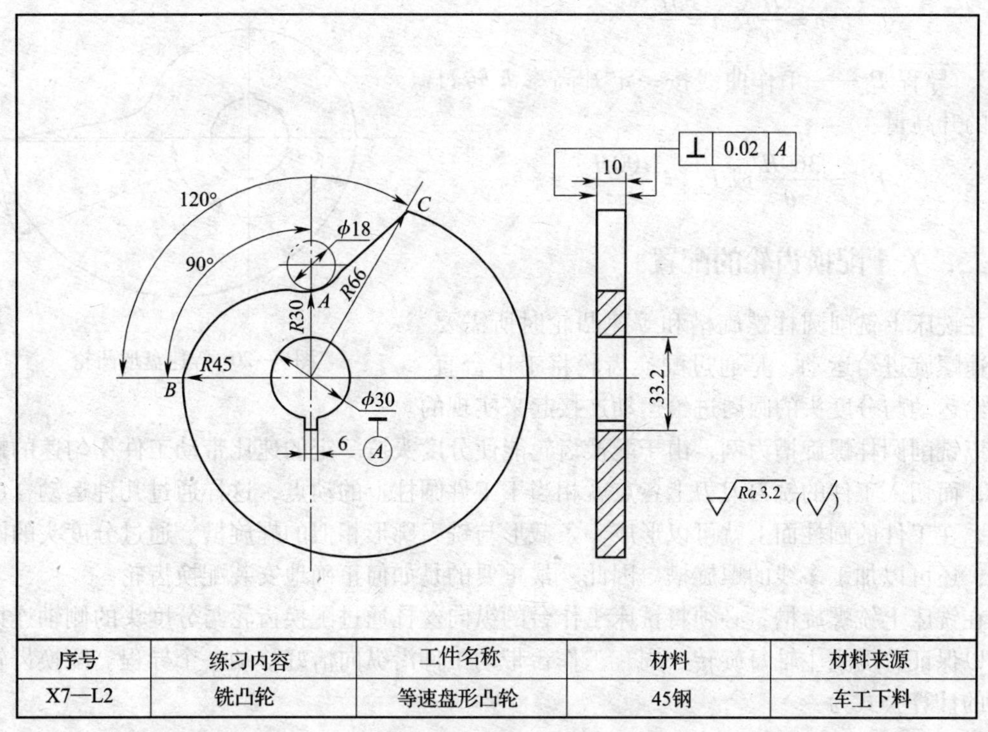

序号	练习内容	工件名称	材料	材料来源
X7—L2	铣凸轮	等速盘形凸轮	45钢	车工下料

图 7—19　铣等速盘形凸轮零件图

由图 7—19 可知该等速凸轮由 *AB* 和 *BC* 两段工作曲线组成。*AB* 段工作曲线的工作角度为 90°，最大半径为 45 mm，最小半径为 30 mm，升高量为 15 mm；*BC* 段工作曲线最大半径为 66 mm，最小半径为 45 mm，升高量为 21 mm。两段螺旋线具有不同的导程。根据平面螺旋线的形成原理，铣削等速盘形凸轮时，需要工件在绕自身轴线转动作圆周进给的同时，还要沿其径向作直线进给。因此，两种形式进给的复合运动同样需要通过在铣床工作台纵向丝杠与分度头间配挂配换齿轮来实现，即通过平面螺旋进给运动来进行铣削。

由于该盘形凸轮坯件内孔已加工好了键槽，故精铣时应以内孔为定位基准，在分度头上进行铣削时可用带键心轴安装，以防铣削时工件发生松动。

相关理论

一、等速盘形凸轮的特点

等速盘形凸轮的工作曲线是平面等速螺旋线（阿基米德螺旋线），凸轮在周边上的一动点在凸轮转过相等角度时，沿半径方向的位移量是相等的。这种特性，可由凸轮的三要素，升高量 H、升高率 h 和导程 P_h 来表示。等速盘形凸轮的主要几何要素见图 7—20。

1. 升高量 H——工作曲线的半径极值之差：

$$H = R_{max} - R_{min}$$

2. 升高率 h——单位工作角度（或圆周等分）的升高量：

$$h = \frac{H}{\theta} \text{或} h = \frac{H}{z}$$

3. 导程 P_h——工作曲线按一定升高率 h 转过一周的升高量：

$$P_h = \frac{360H}{\theta} \text{或} P_h = \frac{100H}{z}$$

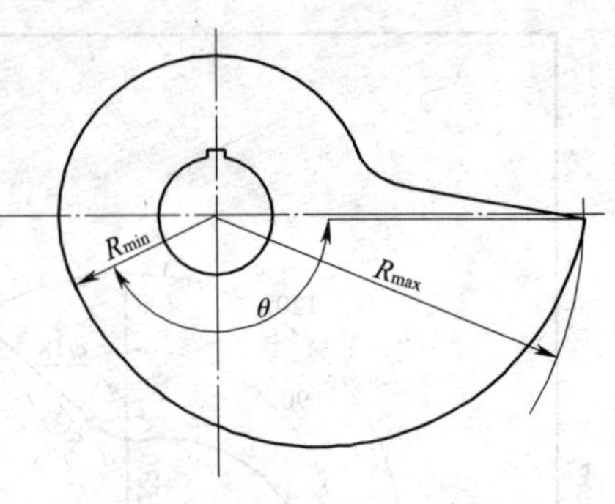

图 7—20　等速盘形凸轮

二、关于配换齿轮的配置

在铣床上铣削圆柱螺旋槽和等速凸轮时所需要的匀速螺旋进给运动，是通过配换齿轮将工作台直线进给运动与分度头的圆周进给运动连接起来实现的。

以铣削圆柱螺旋槽为例，由于配换齿轮能使分度头按一定的速比带动工件作匀速的螺旋运动，而切入工件的铣刀刀刃上各点就相当于工件圆柱上的动点，这样通过几种运动合成的实现，在工件的圆柱面上就可以形成一条截形与铣刀廓形相似的螺旋槽。通过分度头的圆周分度，还可以加工多线的螺旋槽。因此，最重要的是如何正确地安装配换齿轮。

在铣床上铣螺旋槽，必须将铣床工作台的纵向丝杠通过配换齿轮与分度头的侧轴连接起来，以保证分度头主轴每旋转一周，工作台带动工件沿纵向恰好移动一个导程。配换齿轮传动比的计算公式为：

$$i = \frac{z_1 z_3}{z_2 z_4} = \frac{40P_{丝}}{P_h}$$

其中　z_1、z_2、z_3、z_4——配换齿轮齿数；

$P_{丝}$——工作台纵向丝杠螺距；

P_h——工件导程。

配换齿轮的齿数选择，可以根据工件导程 P_h 或传动比 i 的比值，在有关手册中的速比、导程、配换齿轮表中直接查出。

铣削时，可以通过增加中间轮的方法改变配换齿轮传动系统的转动方向，安装方法如图 7—21 所示。

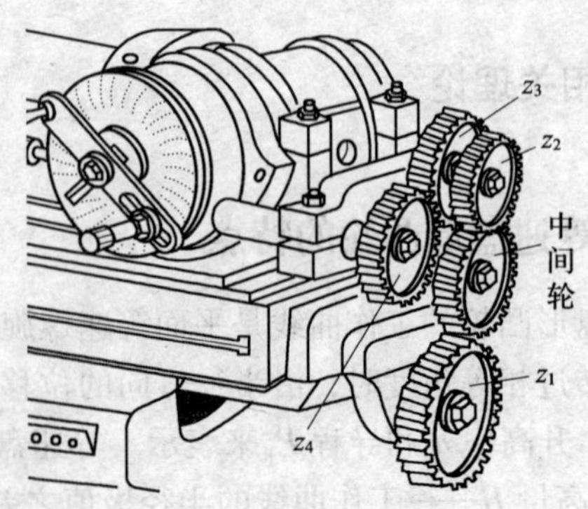

图 7—21　安装配换齿轮

三、等速盘形凸轮的铣削方法

等速盘形凸轮在立式铣床上用立铣刀铣削。铣削时，铣刀轴线与工件的轴线互相平行。按照铣刀旋转轴线与铣床工作台面的位置关系，等速盘形凸轮的铣削方法分为垂直铣削法和倾斜铣削法两种。

无论采用哪种方法铣削，为保证铣削时始终处于逆铣状态，应遵守以下加工原则：铣削时工件旋转方向必须与铣刀旋转方向相同（见图 7—22）；配换齿轮机构的转动方向最好是使铣刀从半径最小处开始铣削，逐渐铣向半径最大处，即无论是垂直铣削（$\alpha = 90°$）还是倾斜铣削，纵向进给方向应使工件中心逐渐远离铣刀。

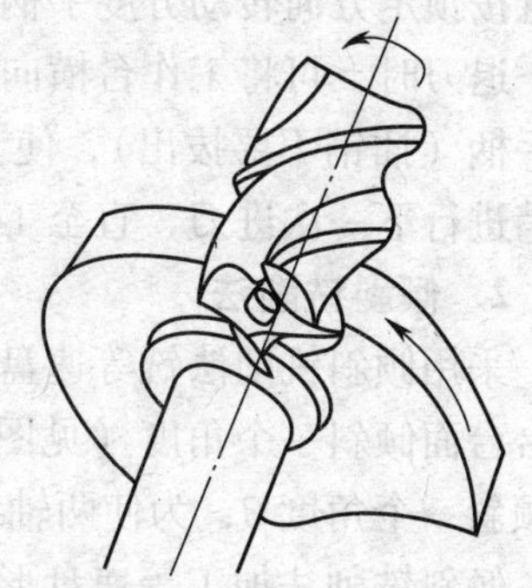

图 7—22　铣削等速盘形凸轮时铣刀与工件的旋转方向

1．垂直铣削法

垂直铣削法最适于铣削半径大于 160 mm 且只有一条工作曲线，或虽有几条工作曲线，但它们的导程都相等的等速盘形凸轮。如果铣削半径小于 160 mm 就需要在分度头侧轴与挂轮架之间安装接长轴来铣削。

采用垂直铣削法铣等速盘形凸轮时，铣刀轴线与工件的轴线互相平行，并同时垂直于铣床工作台台面，如图 7—23 所示。

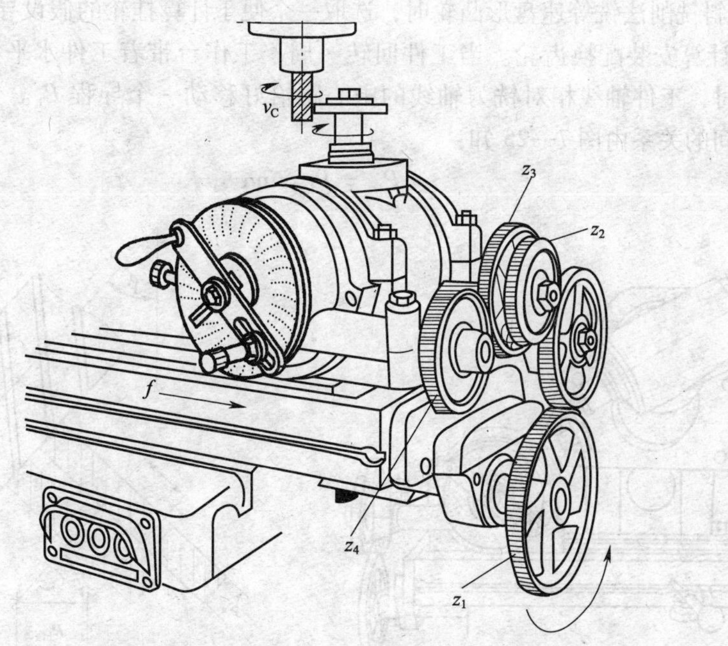

图 7—23　垂直铣削法

用垂直铣削法加工等速盘形凸轮时配换齿轮的计算公式与铣螺旋槽时相同，即：

$$\frac{z_1 z_3}{z_2 z_4} = \frac{40P_{丝}}{P_h}$$

如果凸轮由几段不同导程的工作曲线组成，则需分几次挂轮分别对各段进行铣削。

对刀时，若从动件是对心直动的“对心凸轮”，对刀时应使铣刀和工件的中心连线与工作台纵向进给平行；若从动件是偏置的“偏心凸轮”，对刀时应利用工作台的横向进给使铣刀的中心偏离工件的中心，偏移的距离必须等于从动件的偏心距 e，并且偏移的方向也必须与从动件的偏置方向一致。

进刀时，要先将分度手柄上的定位插销拔出，然后纵向移动工作台，使工件靠近铣刀（此时工件只移不转），待铣刀切入工件到预定深度时，再将定位插销插入分度孔盘孔内。接着按预定方向转动分度手柄，使之带动分度孔盘及工件转动（工件边转边移）进行铣削。

退刀时，可将工作台横向移动退出（移前先记准刻度），使工件先离开铣刀，再反向摇动手柄（插销不要拔出），使工件反向转动，退回到起始位置。再将工作台横向复位，拔出插销进行下一次进刀，直至工件铣削至符合要求为止。

2．倾斜铣削法

采用倾斜铣削法铣等速盘形凸轮时，铣刀轴线与工件的轴线互相平行，并同时与铣床工作台台面倾斜一个角度（见图 7—24）。因此，分度头仰起一个角度 α 后，立铣头也必须相应倾斜一个角度 β，为使两轴线相互平行，$\beta = \alpha - 90°$。

倾斜铣削法加工等速盘形凸轮，具体操作方法与垂直铣削法基本相同，但与之相比计算准确、加工范围广泛、能不更换配换齿轮加工不同导程的曲线，而且操作简便、不受凸轮尺寸的限制。故此法在等速盘形凸轮的加工中，有不受工作曲线数目和导程大小限制的优点，只要安装一组固定不变的配换齿轮，就可以铣出几段不同导程的曲线，所以较为常用。

采用倾斜铣削法铣等速盘形凸轮时，选取一个便于计算挂轮的假设导程 $P_{h假}$，并以此假设导程 $P_{h假}$ 计算安装配换齿轮。当工件回转一周，工作台带着工件水平移动一个假设导程 $P_{h假}$ 的距离时，工件轴线相对铣刀轴线的中心距恰好移动一个导程 P_h。分度头起度角 α 与 P_h、$P_{h假}$ 之间的关系由图 7—25 知：

$$P_h = P_{h假}\sin\alpha$$

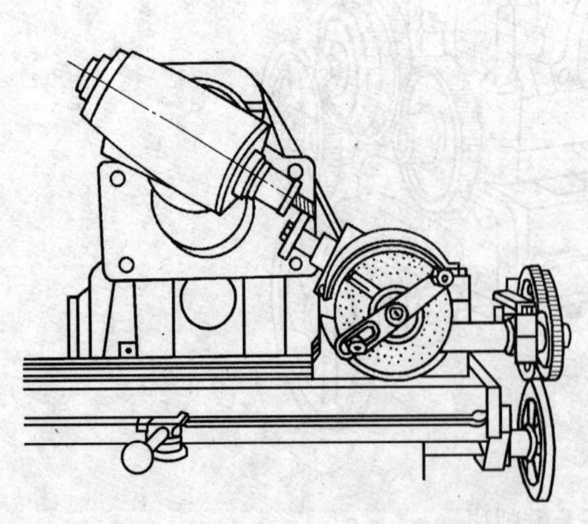

图 7—24　用倾斜铣削法铣等速盘形凸轮

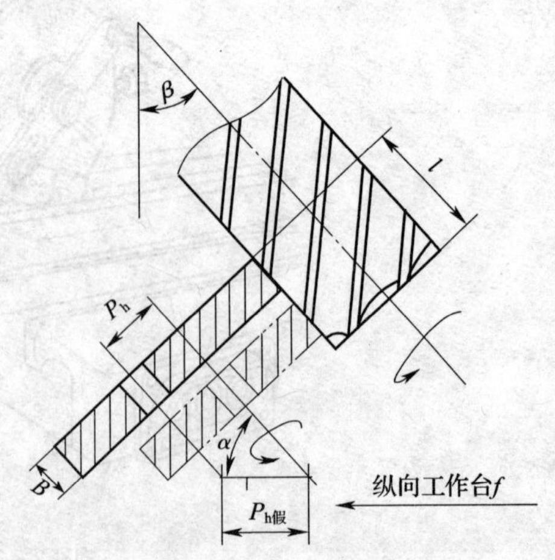

图 7—25　倾斜铣削法加工原理

铣削时，工件随着工作台作水平移动，同时与铣刀的切削位置会沿铣刀轴向移动，所以要求铣刀有足够的切削刃长度，所选铣刀刀刃长度 l 应满足凸轮升高量 H 的要求。即：

$$l = B + H\cos\alpha + (5 \sim 10)\text{mm}$$

式中　B——凸轮的厚度，mm；

H——被加工凸轮轮廓线的升高量，mm；

α——分度头仰角，(°)。

采用倾斜铣削法加工等速盘形凸轮，需计算等速盘形凸轮导程 P_h 和确定假设导程 $P_{h假}$。若凸轮由若干不同升高量的曲线组成，应按前述公式分别计算各段导程 P_{h1}、P_{h2} 等，然后根据其计算结果确定一个假设的导程 $P_{h假}$ 用来配置配换齿轮。$P_{h假}$ 是一个便于与各实际导程计算的相对数值，且是其中的最大值。$P_{h假}$ 也可在相关铣削用表中直接选取，并直接得到配换齿轮的齿数。在加工过程中，只需按 $P_{h假}$ 的数值计算选择安装配换齿轮：

$$\frac{z_1 z_3}{z_2 z_4} = \frac{40P_{丝}}{P_{h假}}$$

在铣削各段不相同的导程时，只要改变分度头和立铣头的倾斜角度就可进行加工。分度头起度角 α 和立铣头倾斜角度 β 可由下面公式确定：

$$\alpha = \arcsin \frac{P_h}{P_{h假}}$$

$$\beta = 90° - \alpha$$

与垂直铣削法相比，倾斜铣削法可以弥补垂直铣削法因行程不够限制加工或需要接长装置等的缺陷，又可避免铣削多导程凸轮时的多次齿轮安装；解决了一些大质数或带小数的导程用垂直铣削法铣削时无法精确挂轮的问题。

另外用倾斜铣削法加工凸轮时，只需操纵升降台即可方便地实现进刀和退刀，使铣削的操作过程更为简单、方便。

特别提示

1. 假设的导程必须大于或等于凸轮上各段工作廓线中的最大导程，并且能方便地计算配换齿轮。

2. 假设的导程 $P_{h假}$ 与凸轮上各段工作廓线中最大导程之差应尽量小，否则会使分度头仰角 α 减小（$\sin\alpha = P_h/P_{h假}$），α 的减小又会使立铣刀的刀刃长度 l 增大，导致立铣刀刚度减小和选择困难。

3. 铣削时，立铣头和分度头主轴的扳转角度 β 和 α 调整应尽量准确，因为它们的误差将直接影响凸轮导程的精度。

任务实施

一、粗铣去余量

1. 划线

将工件表面进行涂色，利用图中所给参数计算出升高率，采用“等分描点法”划线，并打样冲眼。

所谓“等分描点法”是指：首先算出凸轮各段工作曲线的升高率，将每段工作曲线按一定角度划分成若干等份，算出每一等份的升高量，然后从起始处半径开始，每转过一个等分角，在原始半径基础上累加一个升高量，描出其在等分线上的位置点，当各等分线上的位置点均被标出后，用光滑曲线连接各点即可划出凸轮的轮廓曲线，如图 7—26 所示。

2. 装夹

该工件可用压板压紧在工作台面上。工件在工作台面上装夹时下面应垫以平行垫铁，以防铣伤工作台。平口钳和工件在铣床上的安装位置要便于操作者观察与操作。当铣床正面没有纵向操作手柄时，工件要靠近工作台端部纵向手柄所在一侧、压板避开加工部位安装，如图 7—27 所示。

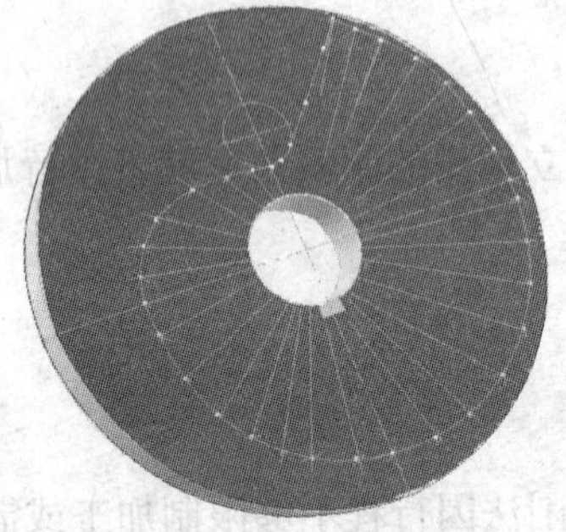

图 7—26　在凸轮毛坯上划线

图 7—27　粗铣时工件的装夹

3. 选择铣刀

在铣削曲面时若是铣凸圆弧，铣刀直径大小不受限制；若是铣凹圆弧则必须保证立铣刀半径等于或小于凹圆弧的曲率半径，即 $R_{刀} \leqslant R_{凹}$，否则曲线外形将被破坏。另外，在条件允许的情况下，尽可能选取直径较大的立铣刀以保证铣削时有足够的刚度。现根据图样中凸轮的曲线外形要求，应选择直径为 18 mm 的立铣刀进行加工。

4. 粗铣外形

对工件进行粗铣去余量，可用双手联合进给铣曲面的方法。铣削时，双手同时操纵横向、纵向手柄，协调配合，如图 7—28 所示；双眼密切注视，使铣刀切削刃始终与划线相切，并铣去半个样冲眼。因本任务是粗铣去余量，所以铣削时与划线均匀保留 2 mm 左右余量即可。最后，将凸轮 *CA* 段直线型面部分按划线直接铣出。

图 7—28　双手联合进给粗铣工件余量

操作提示

1. 开始铣削前，应调整好工作台楔铁的松紧，使工作台运动灵活，便于双手操作。

2. 余量大的地方应采用逐渐趋近法分几次将余量铣去，待余量均匀后，一次精铣至尺寸。

3. 双手配合进给时，铣刀在两个方向上始终要保持逆铣，以免铣伤工件和折断铣刀。

4. 凸凹曲面转换时要迅速协调，以免出现凸起或深啃。

5. 铣削外形较长且变化较平缓的曲面时，沿长度方向可采用机动进给，另一个方向采用手动进给配合。

6. 手动进给铣削曲线外形时，生产效率低、加工质量往往不稳定，需要操作者手脑配合，不断变换进给方向和切削位置，并且要时刻注意始终保持逆铣。所以要想熟练掌握相关的技能，需经过反复练习。

二、精铣凸轮曲面

1. 相关计算

由于图 7—19 中的两段工作曲线的导程不同，所以采用倾斜铣削法铣凸轮更为方便准确，工件螺旋面导程和配换齿轮计算如下：

（1）计算工件螺旋面导程

$$P_{hAB} = \frac{360H_{AB}}{\theta_{AB}} = \frac{360}{90} \times 15 = 60(\text{mm})$$

$$P_{hBC} = \frac{360H_{BC}}{\theta_{BC}} = \frac{360}{240} \times 21 = 31.5(\text{mm})$$

（2）设定假定导程 $P_{h假}$ 并计算验证配换齿轮

现设假定导程 $P_{h假} = 70$ mm，则：

$$\frac{z_1 z_3}{z_2 z_4} = \frac{240}{P_{h假}} = \frac{240}{70} = \frac{100 \times 60}{25 \times 70}$$

（3）分度头仰角计算

1）铣 AB 段时：

$$\sin\alpha_{AB} = \frac{P_{hAB}}{P_{h假}} = \frac{60}{70} = 0.857\ 14$$

$$\alpha_{AB} = 59°$$

2）铣 BC 段时：

$$\sin\alpha_{BC} = \frac{P_{hBC}}{P_{h假}} = \frac{31.5}{70} = 0.45$$

$$\alpha_{BC} = 26°45'$$

（4）立铣头偏转角度计算

1）铣 AB 段时：　$\beta_{AB} = 90° - \alpha_{AB} = 90° - 59° = 31°$

2）铣 BC 段时：　$\beta_{BC} = 90° - \alpha_{BC} = 90° - 26°45' = 63°15'$

2. 加工准备

（1）确定铣床和铣刀

1）由于在铣削 BC 段时，铣床主轴偏转角度要达到 63°15′，故应在 X6132 万能铣床上安装万能立铣头进行铣削。

2）铣刀的选择与安装。选择铣刀直径应等于滚子直径，铣刀长度 l 应满足：

$l = B + H_{BC}\cot\alpha_{BC} +（5 \sim 10）= 10 + 21\cot 26°45' +（5 \sim 10）= 51.7 + 8.3 = 60$（mm）

故现选择直径为 $\phi 18$ mm，刃部长度大于 60 mm 的锥柄立铣刀。

（2）安装工件

将莫氏 4 号锥度心轴安装在分度头主轴前端，并检测其径向跳动量是否合格。然后在分度头主轴后端用拉杆将心轴紧固；再将工件以内孔定位，衬以垫圈，用螺母紧固，如图 7—29 所示。

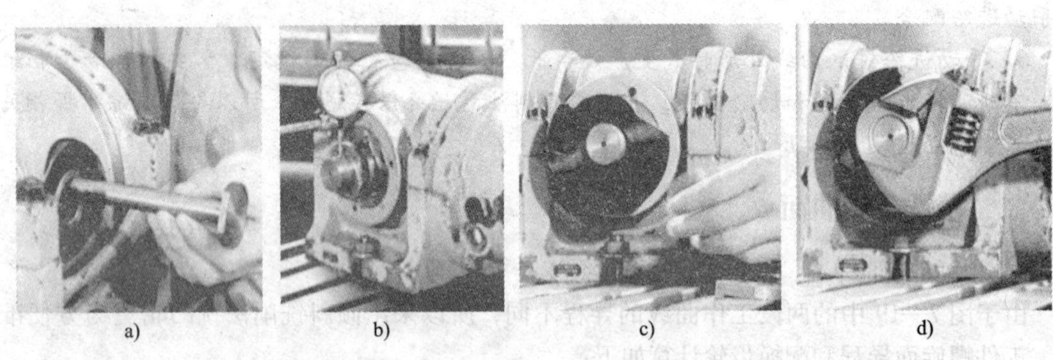

a)　　b)　　c)　　d)

图 7—29　精铣时工件的安装

a）用拉杆拉紧心轴　b）检测心轴径向跳动量　c）以孔定位　d）用螺母紧固

（3）安装挂轮

按计算结果 $z_1 = 100$，$z_2 = 25$，$z_3 = 60$，$z_4 = 70$，将 z_1 安装于工作台丝杠上，z_4 安装于分度头的侧轴上，并检查旋转方向与移动方向之间的关系是否正确，如图 7—30 所示。

图 7—30　安装挂轮

（4）调整铣削位置

所加工的为对心直动凸轮，将立铣刀轴线与分度头轴线调整在纵向进给方向的同一平面内。按照计算数值调整分度头仰角（见图 7—31）和立铣头偏转角。然后分别移动和转动工件，使铣刀与工件工作曲线的起始位置相接触，记录升降台读数，将分度手柄插销插入分度孔盘孔中。

3．精铣凸轮的廓形

调整好分度头和工作台位置，开车利用升降进给进刀后，将横向和升降进给机构锁紧，即可开始铣削，如图 7—32 所示。

（1）铣削 *AB* 段曲面型面

a)

b)

图 7—31　分度头仰角的调整

a）扳转回转体　b）紧固回转体

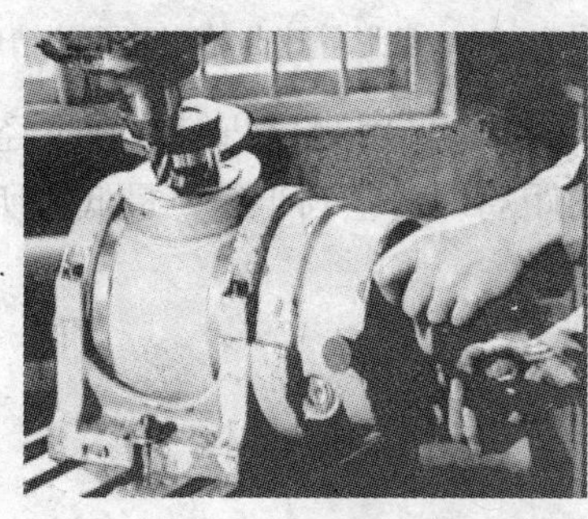

图 7—32　精铣凸轮螺旋曲线廓形

开车后利用双手转动分度手柄进刀铣削 *AB* 段（0°～90°，手柄转过 10 转），使凸轮工作型面符合要求。通过升降台来进刀、退刀时，由于进刀方向与实际进刀量之间呈 α 角，所以进刀时升降台上升量要大于实际进刀量。进刀时径向进刀量 $T_{径}$与升降台进刀量 $T_{升}$之间的关系为：

$$T_{径} = T_{升} \sin \alpha$$

（2）铣削 *BC* 段曲面型面

重新调整分度头仰角和立铣头偏转角度，以同样的方法完成 *BC* 段曲面型面的铣削。

4．检验

分别对凸轮各段曲线的位置精度、导程、圆弧尺寸及其表面质量进行检查。

（1）等速凸轮检测的主要项目

1）凸轮工作廓线的主要参数。包括导程、升高量、工作廓线所占的圆心角等。

2）凸轮工作型面的形状和位置精度。主要是螺旋型面素线的直线度和工作型面的起始位置。

（2）检测方法

1）凸轮升高量的检测。检测等速盘形凸轮的升高量时，将工件装夹在分度头的心轴上。按从动件位置安置百分表。摇动分度头，检查用百分表测量到的最小半径到最大半径时指针的变动数值和工作曲线的圆心角，是否分别等于升高量 *H* 和设计工作角度，并可以用测得的数值计算出等速盘形凸轮的导程，如图 7—33 所示。

2）凸轮工作型面形状精度的检测。盘形凸轮工作型面的素线应为直线且平行于凸轮轴线，检测时可使用90°角尺检查工作曲面上各处素线对垂直于凸轮轴线的基准平面的垂直度，如图7—34所示。

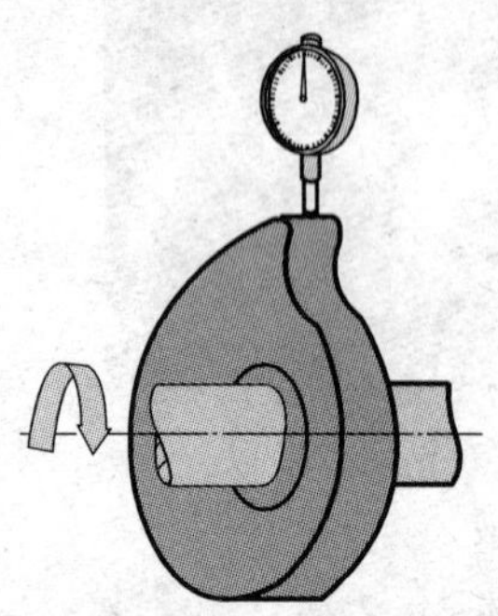
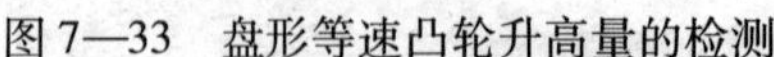

图7—33　盘形等速凸轮升高量的检测

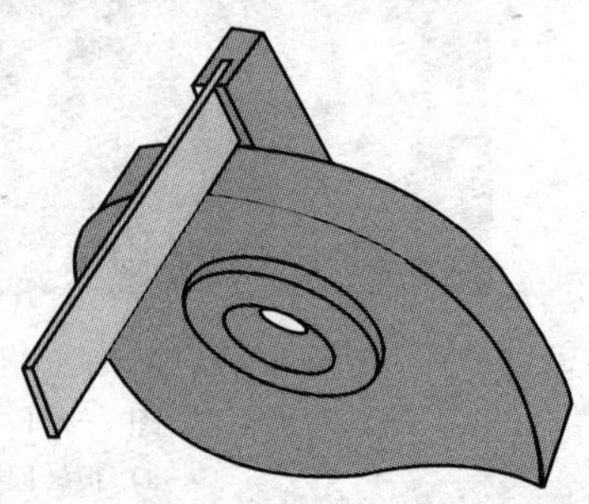

图7—34　盘形等速凸轮型面形状精度的检测

3）凸轮工作型面起始位置的检测。对于盘形凸轮采用测量凸轮基圆半径的方法，用游标卡尺直接量得工作廓线上最低点到凸轮中心的距离即为基圆半径，最低点所在位置即是工作型面的起始位置。

操作提示

1. 操作时要反复检查校验工件导程、配换齿轮、分度头起度角（仰角）计算是否正确；操作时要仔细核查配换齿轮的安装顺序、分度头和主轴调整位置是否正确。其中任何一个环节的失误都会造成加工出的凸轮导程或升高量不正确。

2. 主轴与工件轴线不平行，起刀位置不准确，铣刀几何形状不准等因素都会造成凸轮曲面形状误差，如有锥度、素线不直等。

3. 铣削时的进给量不宜太大，手动进给时转动要慢而均匀，以免影响凸轮工作曲面的表面粗糙度。

任务3　铣削等速圆柱凸轮

学习目标

1. 了解螺旋槽及等速圆柱凸轮的相关知识。
2. 了解螺旋槽及等速圆柱凸轮加工的相关工艺步骤。
3. 掌握螺旋槽铣削和等速圆柱凸轮铣削的工艺方法。

工作任务

机械传动的零部件中，有许多工作表面是由螺旋线形成的。常见的螺旋线可分为圆柱螺旋线、圆锥螺旋线和平面螺旋线，而其中由圆柱螺旋线和平面螺旋线轨迹构成的零件最为常见。如各种圆柱螺旋齿刀具、等速圆柱凸轮、蜗杆、斜齿轮等，其齿槽均为圆柱螺旋槽；而等速盘形凸轮、平面螺纹等零件的工作曲线均为平面螺旋线。本任务我们将通过学习图 7—35 所示等速圆柱凸轮的铣削来掌握加工圆柱螺旋槽和圆柱凸轮的相关知识。

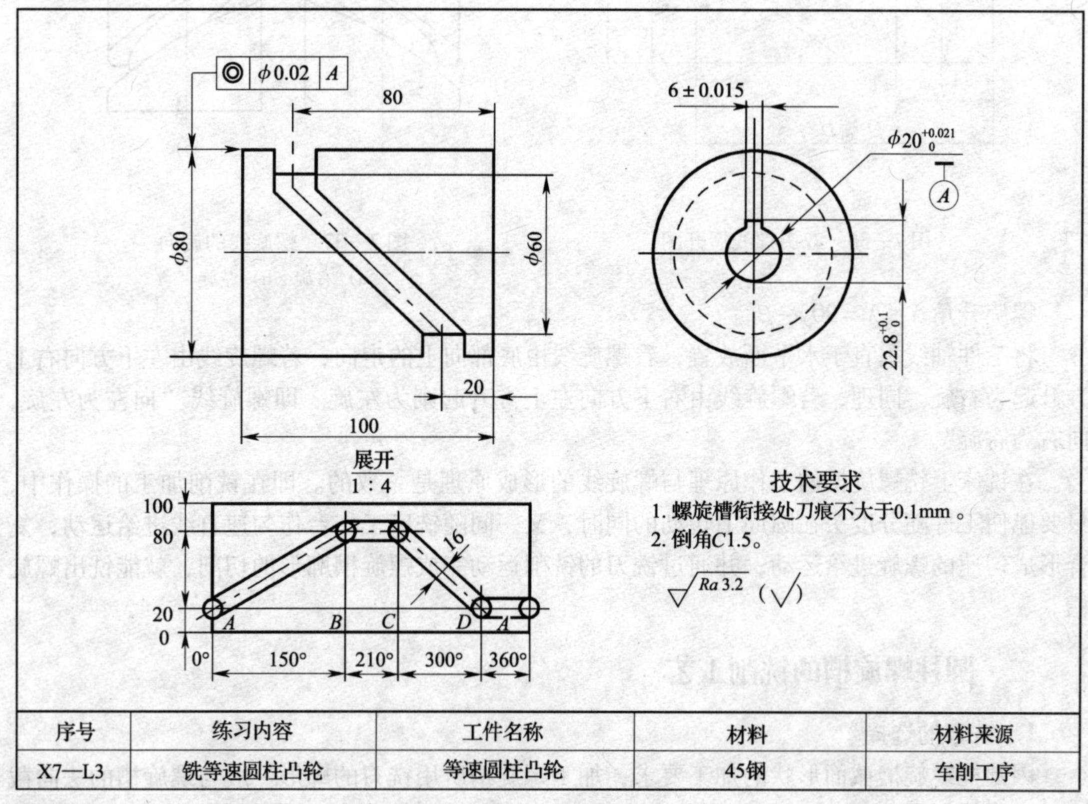

序号	练习内容	工件名称	材料	材料来源
X7—L3	铣等速圆柱凸轮	等速圆柱凸轮	45钢	车削工序

图 7—35　等速圆柱凸轮

相关理论

一、圆柱螺旋槽的概念

圆柱螺旋槽的工作表面，就是在圆柱上若干螺旋线的组合。圆柱上任一点，随着圆柱作等速旋转的同时，该点又沿圆柱的轴线方向作等速直线移动，形成了螺旋运动，则该点的运动轨迹就是圆柱螺旋线。螺旋线的主要要素有螺旋线的导程 P_h、螺距 P、螺旋升角 λ、螺旋角 β、螺旋线头数 n，以及螺旋槽的旋向等，如图 7—36、图 7—37 所示。

导程 P_h：$P_h = \pi D\cot\beta$

螺距 P：$P = \dfrac{P_h}{n}$

螺旋角 β：$\beta = \arctan \dfrac{\pi D}{P_h}$

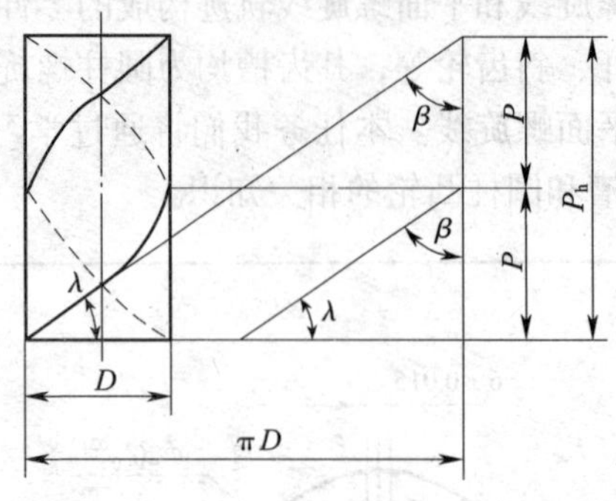

图 7—36 双头螺线展开图

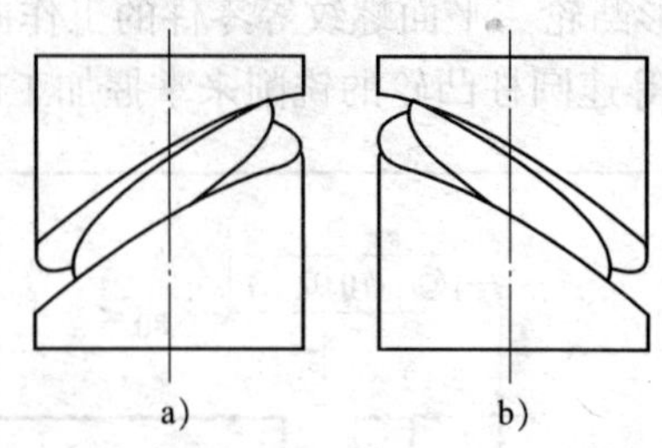

图 7—37 螺旋线的旋向

a）右旋 b）左旋

螺旋升角 λ：$\lambda = 90° - \beta$

将工件轴线垂直于水平面放置，看螺旋线由底部向上的走向，若螺旋线由左下方向右上方升起为右旋。同理，若螺旋线由右下方向左上方升起则为左旋。即螺旋线“向左为左旋，向右为右旋”。

在铣床上铣螺旋槽的工作原理与螺旋线的形成原理是一致的。即在铣削加工的操作中，只要能使工件随分度头在圆周上转动的同时，又一同随铣床工作台作匀速直线进给运动，复合形成匀速的螺旋进给运动，并通过铣刀的铣削运动完成螺旋槽廓形的切削，就能铣出螺旋槽。

二、圆柱螺旋槽的铣削工艺

1. 铣刀的选择

因圆柱螺旋槽截面形状的加工要求，加工螺旋槽所用铣刀的廓形一般与螺旋槽的法向截面形状相符。常用的铣刀主要是立铣刀和三面刃铣刀。由于同一圆柱螺旋槽在不同直径处的螺旋角不相等，造成加工中存在着干涉现象，引起螺旋槽侧面过切而出现畸形。为减轻槽面的干涉程度，在加工法向截面形状为矩形的螺旋槽时只能用较小直径的立铣刀进行精加工铣削；选用盘形铣刀只能用于粗加工。在加工其他截面形状的螺旋槽时，应尽可能选择直径较小的盘形铣刀。

2. 铣削位置的调整

铣刀采用划线与试切相结合的对中心的方法，即在调整工作台横向位置时，目测使铣刀切痕在划出的两条对称于中心的平行直线间居中即可，使工件的轴线与铣刀的廓形中心线重合，然后紧固工作台横向进给，才能对工件进行铣削。

在卧式铣床上若采用盘形铣刀铣削螺旋槽，盘形铣刀的对称平面应与工件轴线倾斜一个螺旋角 β 而同螺旋槽的切削方向一致，故需要对工作台在水平面方向进行偏转。工作台偏转方向由螺旋槽的旋向决定，即操作者站立在铣床正面前，松开回转台紧固螺母，铣右旋螺旋槽时，逆时针方向（向右）偏转工作台；铣左旋螺旋槽时，顺时针方向（向左）偏转工作台，如图 7—38 所示。工作台的偏转通常在铣刀对中以后进行，而采用立铣刀则不需作任何调整。

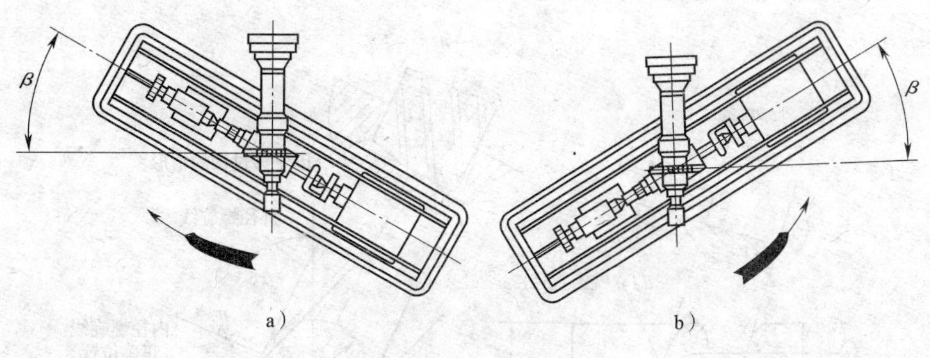

图 7—38　工作台的偏转方向

a）左旋左手推　b）右旋右手推

3. 铣削矩形截面螺旋槽时的干涉现象

在铣床上铣削螺旋槽时，当工件回转一周时，铣刀相对于工件在轴线方向移动的距离等于导程。在一条螺旋槽上，不论是槽口还是槽底的螺旋线，其导程是相等的。由螺旋角 β 的计算公式 $\tan\beta=\frac{\pi D}{P_h}$可知，在导程 P_h不变时，直径 D 越大，螺旋角 β 越大；D 越小则 β 也越小。因此，在一条螺旋槽上，自槽口到槽底，不同直径处的螺旋角是不相等的。由于螺旋角大小不同，在同一截面上切线的方向也不同，在切削过程中会出现将不应切去的部分切去，使槽的截面形状发生偏差的干涉现象。

（1）用三面刃铣刀铣矩形螺旋槽

如果矩形螺旋槽使用三面刃铣刀铣削，由于三面刃铣刀侧面刀刃的运动轨迹是一个圆形平面，而矩形螺旋槽两侧是螺旋形曲面，导致无法贴合，即产生过切干涉现象，如图 7—39 所示。三面刃铣刀直径越大，螺旋槽越深，槽侧与铣刀接触长度就越长，干涉越严重。另外，槽侧越接近槽口，干涉越多，切去量也越多。所以，用三面刃铣刀铣矩形螺旋槽时，槽口会被铣大，干涉现象比用立铣刀铣削时严重得多，因此，精铣矩形螺旋槽时一般不能采用三面刃铣刀而应用立铣刀。

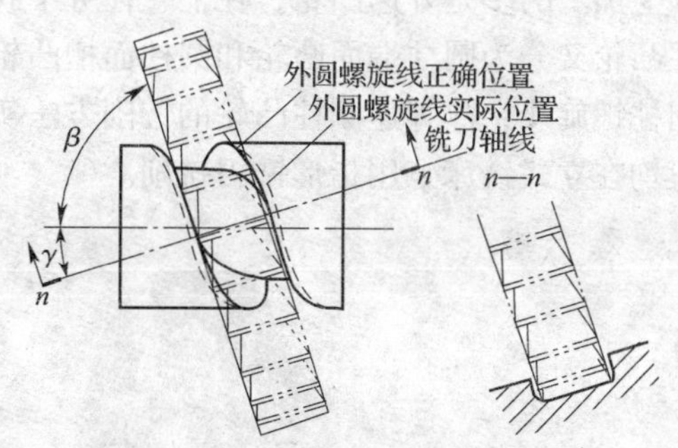

图 7—39　用三面刃铣刀铣削矩形螺旋槽时的干涉现象

（2）用立铣刀铣削矩形螺旋槽

用立铣刀铣削矩形截面的螺旋槽时的干涉现象如图 7—40 所示。

1）从螺旋槽的槽口到槽底，不同直径上的螺旋线的螺旋角 β 逐渐减小，到槽底时螺旋角最小，立铣刀铣削时产生的干涉从零开始逐渐增大，到槽底处干涉最严重，槽底宽度被扩到最大。

2）螺旋槽的螺旋角 β 越小，产生干涉的程度也越小，当 $\beta=0°$时则不会有干涉现象存在。

3）螺旋槽的深度尺寸越小，干涉也越小。在矩形螺旋槽的螺旋角 β 和槽深 h 确定后，要获得正确的法向截面形状，应使用直径小的立铣刀铣削，且立铣刀的直径越小，干涉也越小。

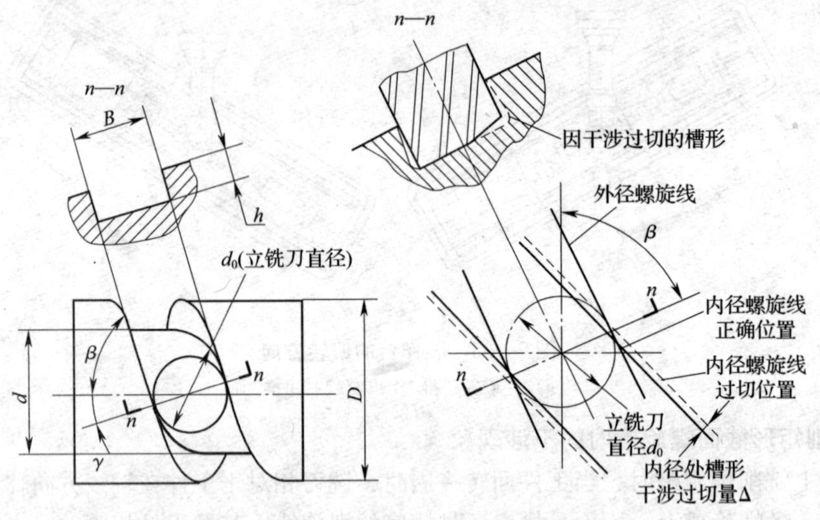

图 7—40　用立铣刀铣削矩形截面的螺旋槽时的干涉现象

三、关于等速圆柱凸轮

凸轮是具有曲线或曲面轮廓的一种构件。常见的凸轮有盘形凸轮和圆柱凸轮，通常在铣床上加工的多是等速凸轮，在上一任务中我们已经学习了等速盘形凸轮的铣削方法。等速圆柱凸轮又分为圆柱端面凸轮和圆柱面槽凸轮，如图 7—41 所示。等速圆柱凸轮的工作曲线是圆柱螺旋线，故等速圆柱凸轮的铣削方法实际上就是在圆柱体上铣削不同导程的螺旋槽，一般均在立式铣床上用指形铣刀铣削。

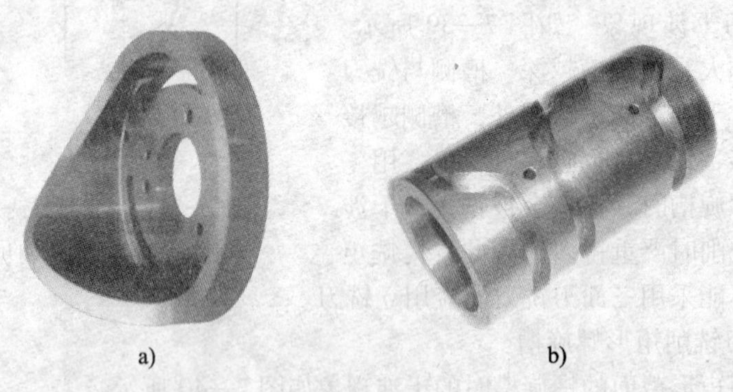

a)　　b)

图 7—41　等速圆柱凸轮的形式

a）等速圆柱端面凸轮　b）等速圆柱面槽凸轮

四、等速圆柱凸轮的导程计算

等速圆柱凸轮的工作廓线是圆柱螺旋线，即凸轮圆柱面上的一动点在凸轮转过相等转角时，沿圆柱轴线方向的位移量相等。等速圆柱凸轮的导程计算方法与圆柱螺旋槽的导程计算相同。在实际工作中，图样给定的条件各有差异，具体计算时分为以下几种方式：

1．图样给定螺旋角 β 和圆柱直径 D，计算导程 P_h

$$P_h = \pi D\cot\beta$$

2. 图样给定螺旋槽所占的圆周角 θ 及升高量 H，计算导程 P_h

$$P_h = \frac{360°}{\theta}H$$

3. 通过放大图上实测的螺旋角 β 和已知直径 D，计算导程 P_h

用5∶1 或 10∶1 的放大比例将凸轮外圆柱面展开成平面图，用量角器测出螺旋角 β，然后根据 β 值计算出导程 P_h。这种方法有一定误差，但如测绘准确，一般能达到凸轮的加工要求。对于在各段凸轮槽连接处带有缓冲过渡圆弧的凸轮，直接计算导程 P_h，反而会产生很大的误差。因此，一般均采用作放大图实测螺旋角计算导程的方法。

五、等速圆柱凸轮的铣削

等速圆柱凸轮的工作曲线是圆柱螺旋线，一般是在立式铣床或卧式万能铣床上用立铣刀或键槽铣刀铣削。如图 7—42 所示，铣削时铣刀的直径是按从动件滚子直径进行选择的，以便加工出的槽形能够与从动件滚子有良好的接触。由于凸轮的螺旋槽（面）有左右之分，螺旋角的大小一般也不相同，所以必须分段调整配换齿轮进行铣削。其加工方法与铣削工件螺旋槽方法相似，但比一般螺旋槽铣削要复杂。凸轮工件多采用分度头装夹，配置几组配换齿轮进行加工。通过各种不同的配换齿轮速比来达到不同的导程要求。配换齿轮的配置有侧轴挂轮和主轴挂轮两种方法。

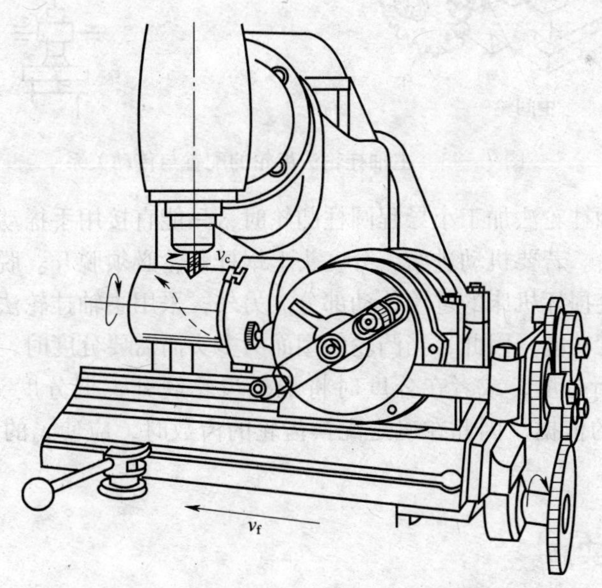

图 7—42　等速圆柱凸轮的铣削

1. 侧轴挂轮法

采用侧轴挂轮法铣削等速圆柱凸轮时，其配换齿轮的计算方法与铣削圆柱螺旋槽工件相同：

$$\frac{z_1 z_3}{z_2 z_4} = \frac{40P}{P_h}$$

2. 主轴挂轮法

若等速圆柱凸轮的导程 P_h 较小，当其导程 $P_h < 16.67$ mm 时，采用侧轴挂轮法会出现无法配置配换齿轮的问题。这时应采用主轴挂轮法来缩小配换齿轮的速比，如图 7—43 所示。用主轴挂轮法可缩小配换齿轮的速比 $\frac{z_1 z_3}{z_2 z_4}$。主轴挂轮法是将配换齿轮配置在工作台纵向丝杠与分度头主轴后端的挂轮轴之间。由于传动链不再经过分度头的蜗杆蜗轮副，此时配换齿轮按下式进行计算：$\frac{z_1 z_3}{z_2 z_4} = \frac{P_{丝}}{P_h}$。

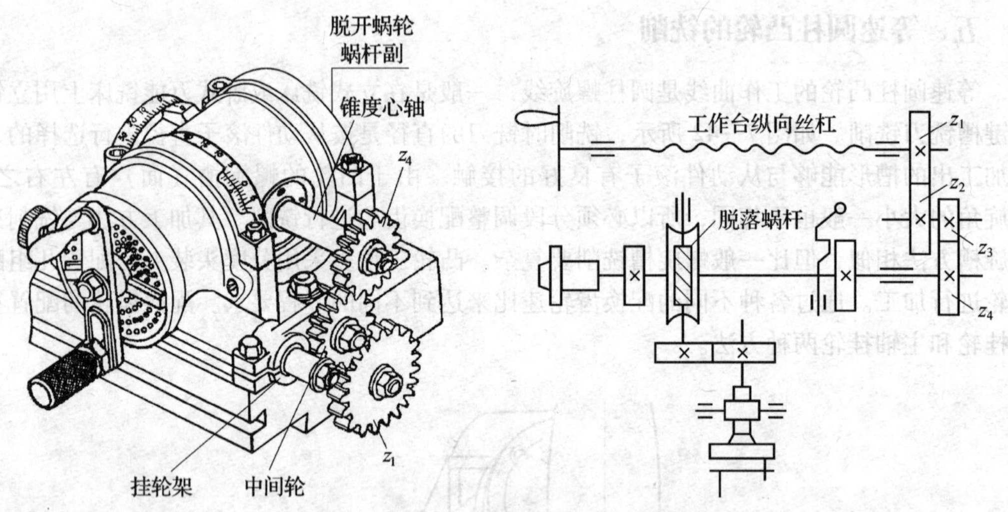

图 7—43　主轴挂轮法齿轮的配置与传动关系

采用分度头主轴挂轮法加工小导程圆柱凸轮时，只能直接用手摇动分度手柄或工作台纵向进给手柄实现进给。若要机动进给，分度头上蜗杆蜗轮必须脱开。脱开之前，绝不能采用机动进给，否则将会损坏机床的进给传动部分。另外，采用主轴挂轮法加工圆柱凸轮时，由于分度头已失去分度功能，因此，当凸轮的型面为多头而需要分度时，只能在分度头主轴上加设分度装置来进行分度，或者在分度时将配换齿轮脱开，把分度头主轴后端的从动配换齿轮 z_4 作为分度的依据，因此在确定配换齿轮的齿数时，应使 z_4 的齿数为工件线数的整数倍。

任务实施

一、工艺分析

图 7—35 所示的等速圆柱凸轮共由 4 段工作曲线组成，槽宽为 16 mm。与凸轮相接触的从动件滚子直径 $d = 16$ mm。工作曲线 AB 段，升高量 $H_{AB} = 60$ mm，升角 $\theta_{AB} = 150°$，用于工作进给；BC 段为环形槽，升高量 $H_{BC} = 0$，$\theta_{BC} = 60°$，用于工作停止（保持原位，不进给）；

CD 段为回程段，使从动件回到初始位置，$H_{CD} = -60$ mm，回程角 $\theta_{CD} = 90°$用于实现快速退出；*DA* 段也是环形槽，$H_{DA} = 0$，$\theta_{DA} = 60°$，为停止段。4 段槽形曲线的衔接处接刀痕要求不大于0.1 mm。凸轮基准孔精度等级为 IT7，凸轮外圆柱面与基准孔的同轴度公差为 ϕ0.02 mm。其铣削步骤可划分为：

导程及挂轮的相关计算—铣刀的选择与工件的装夹调整—各段凸轮槽的铣削—质量检测

操作提示

凸轮铣削过程中应注意：

1. 凸轮的工作型面应符合所规定的导程（或升高量）、旋向、槽深等要求。
2. 凸轮的工作型面应与凸轮的某一基准部位处于正确的相对位置。
3. 凸轮的工作型面应符合预定的形状，以满足从动件接触方式的要求。
4. 凸轮的工作型面应具有较小的表面粗糙度值。

二、铣刀的选择

用立铣刀铣削圆柱凸轮，其实质和用立铣刀铣削螺旋槽的情况是一样的，因此，必然存在干涉现象。但是在铣刀的选择上则有所不同，铣削圆柱矩形螺旋槽时，选用的立铣刀直径越小，产生的干涉（槽底尺寸变大）也越小，而当矩形螺旋槽是用做凸轮槽（即铣削圆柱凸轮）时，立铣刀或键槽铣刀的直径应该按凸轮从动件滚子直径大小选取，与选取小于滚子直径的铣刀铣削相比，虽然矩形槽干涉要大，各法向截面上矩形两侧的直线度要差，但槽形与从动件滚子的贴合接触良好。故根据图 7—35 的要求，现选择直径为 16 mm 的立铣刀进行铣削。

三、铣削过程中的相关计算

看清图样，了解加工要求，按从动件滚子直径选择立铣刀的直径为 16 mm，进行相关计算。

1. 各段导程的计算

$$P_{hAB} = \frac{360}{\theta_{AB}}H_{AB} = \frac{360}{150}\times 60 = 144(\text{mm})$$

$$P_{hCD} = \frac{360}{\theta_{CD}}H_{CD} = \frac{360}{90}\times(-60) = -240(\text{mm})$$

$$P_{hBC} = P_{hDA} = 0$$

计算值出现负号表示回程，螺旋槽旋向相反（左旋）。

2. 配换齿轮的计算

AB 段
$$\frac{z_1 z_3}{z_2 z_4} = \frac{40P_{丝}}{P_{hAB}} = \frac{240}{144} = \frac{5}{3} = \frac{100\times 60}{40\times 90}$$

$z_1 = 100$ 安装在工作台纵向进给丝杠上，$z_4 = 90$ 安装在分度头的侧轴上，检查工件转动方向应与工作台丝杠转动方向相同。

CD 段 $$\frac{z_1z_3}{z_2z_4}=\frac{40P_{丝}}{P_{hCD}}=\frac{240}{-240}=-\frac{80\times 25}{40\times 50}$$

出现负号表示在挂轮时，应增减一个中间轮，使工件转动方向与工作台丝杠转动方向相反。

四、加工准备

1. 在 X5032 型铣床上，分别安装和校正分度头和铣刀。然后安装配换齿轮。

2. 工件的装夹、校正与对刀。在坯件上按图样尺寸进行涂色、划线、打样冲，以保证加工时的铣削位置正确，并使曲线在连接处不发生过切现象，如图 7—44 所示。

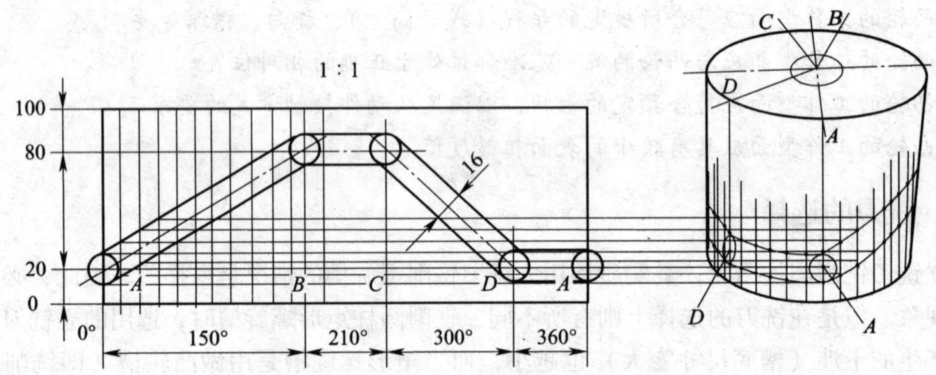

图 7—44 在坯料上划出凸轮槽的位置线

然后，将工件坯件用 ϕ20h6 的专用带键心轴在分度头上装夹并校正。

安装心轴时，应校正其外圆柱面的径向跳动在 0.02 mm 以内，并保证心轴轴线与工作台台面平行，且与纵向进给方向平行。

按划线将铣刀调整至 A 处，并使铣刀轴线通过工件轴线呈垂直相交。挂轮后再调整位置，需将分度插销拔出孔盘进行。

五、凸轮槽的铣削

1. *AB* 段的铣削

铣刀对准 A 处后，上升工作台调整切深 $a_p=10$ mm（如果用立铣刀加工，须在 A 处预先钻好落刀孔），用手逆时针方向摇动工作台纵向丝杠（从挂轮一侧看为顺时针）或作同向的自动进给，铣削 AB 段凸轮槽至 B 处。

2. *BC* 段的铣削

AB 段铣好后，锁紧工作台纵向进给。拔出分度插销，根据 $\theta_{BC}=60°$，在 54 孔的孔圈上缓慢、匀速摇动分度手柄 6 圈又 36 个孔距，铣削 BC 段至 C 处。停车，松开纵向进给紧固螺钉，并锁紧分度头主轴。

3. *CD* 段的铣削

根据计算结果更换安装第二组配换齿轮（注意加 1 个中间轮），松开分度头主轴锁紧手柄，先拔出分度插销，反摇丝杠手柄，以消除间隙。然后将分度插销插回孔盘并启动铣床，

用与铣 *AB* 段时相反的方向进给铣削 *CD* 段至 *D* 处。

4. *DA* 段的铣削

CD 加工好后，再次锁紧工作台纵向进给，拔出分度插销，按 $\theta_{DA}=60°$，同样在 54 孔的孔圈上缓慢、匀速摇动分度手柄 6 圈又 36 个孔距，手动进给铣削 *DA* 段至 *A* 处。切痕接齐后，降下工作台、停车并松开纵向进给紧固螺钉。

六、等速圆柱凸轮的检测

如图 7—45 所示，等速圆柱凸轮的升高量可通过将塞规塞入凸轮螺旋槽的拐点处，用百分表分段测量；圆柱凸轮工作型面形状精度则使用塞规和塞尺检查螺旋槽各处法向截面的形状精度；对于圆柱凸轮工作型面起始位置，可用游标卡尺测量或将凸轮的基准端面放在平板上用百分表检测，型面到基准端面距离最小的临界位置即是工作型面的起始位置。

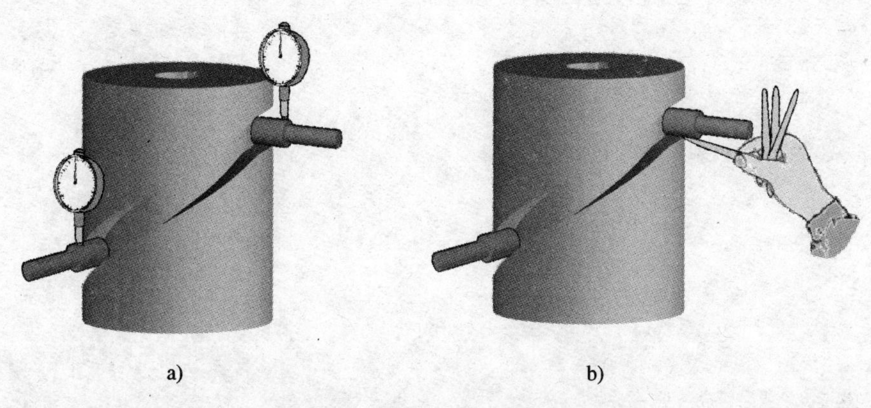

a)　　b)

图 7—45　等速圆柱凸轮的检测

a）升高量的检测　b）工作型面形状精度的检测

操作提示

1. 凸轮工件用心轴定位装夹时，最好用键连接，且轴向用细牙螺母紧固。

2. 铣圆柱螺旋槽时，分度头主轴必须随工作台移动而回转，因此，需松开分度头主轴紧固手柄和分度孔盘紧固螺钉，并将分度手柄的插销插入分度孔盘孔中，铣削时不允许拔出，以免铣坏螺旋槽。

3. 在安装配换齿轮时，螺母应紧固在挂轮轴的端面上，而不要紧固在过渡套或齿轮上，以免影响配换齿轮的正常运转。

4. 铣削导程 $P_h<60$ mm 的螺旋槽时，由于传动比 $i>4$，工作台在移动时，会使分度回转过快，易造成铣削时“打刀”，这时应将工作台的机动进给改为手动进给，即手摇分度手柄进给，减小进给量以保证切削平稳。

5. 铣削多头螺旋槽时，在铣完一道螺旋槽时，应先拧紧分度孔盘紧固螺钉，再将分度插销拔出分度孔盘进行分度。分度插销拔出分度孔盘孔后，不能移动工作台位置，以免造成螺旋槽的形位误差增大，而使工件报废。分度后，待插销插入孔盘后，再松开分度孔盘紧固螺钉，进行下一螺旋槽的铣削。

6. 配换齿轮安装的间隙应松紧适度，不要过松或过紧。用手刚能轻轻转动齿轮为宜。

7. 完成对刀纵向退出工件后，应将横向进给机构锁紧。

8. 螺旋槽铣完需要纵向退刀时，必须先降下工作台，再进行退刀。否则铣刀会将螺旋槽的一个侧面铣伤，将槽的宽度铣大。

项目八

铁床的常规调整与一级保养

任务 1　铣床的常规调整

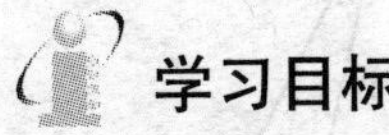

1. 了解铣床主轴及工作台结构的相关知识。
2. 掌握铣床常规调整的内容和方法。

铣床的常规调整是指在日常使用过程中，由于铣床的各运动部件的零件之间产生松动、位移，以及磨损等，而对铣床进行的调整。常规调整主要包括主轴轴承间隙的调整、纵向工作台丝杠轴向跳动间隙的调整、纵向工作台丝杠螺母间隙的调整和铣床各导轨间隙的调整。若不能对这些内容及时调整，铣床在日常工作中就无法满足各种铣削方式的需要和零件加工精度的要求。

本任务铣床常规调整的具体内容包括工作台丝杠轴向间隙的调整、铣床各进给导轨间隙的调整。

一、X6132 铣床主轴变速箱的构造

X6132 型铣床主轴变速箱的结构如图 8—1 所示。主电动机安装在床身的后面，通过弹性联轴器与轴Ⅰ相连。传动轴Ⅰ～Ⅴ均由滚动轴承支撑。轴上的滑移齿轮由相应的拨叉机构来拨动，使其与相应的齿轮啮合，从而实现主轴转速的变换。

1. 主轴

主轴即图 8—1 中的轴Ⅴ，是变速箱内最重要的部件。由三个滚动轴承支撑，由于主轴的直径较大和轴承之间的距离较短，因此，能保证主轴具有足够的刚度和抗振动能力。前轴承是决定主轴几何精度和运动精度的主要轴承，采用了精度等级较高的圆锥滚子轴承。主轴中部的轴承决定主轴工作的平稳性，采用精度等级较前轴承低一级的圆锥滚子轴承。后轴承对铣削的加工精度影响较小，主要用来支撑主轴的尾端，采用深沟球轴承。

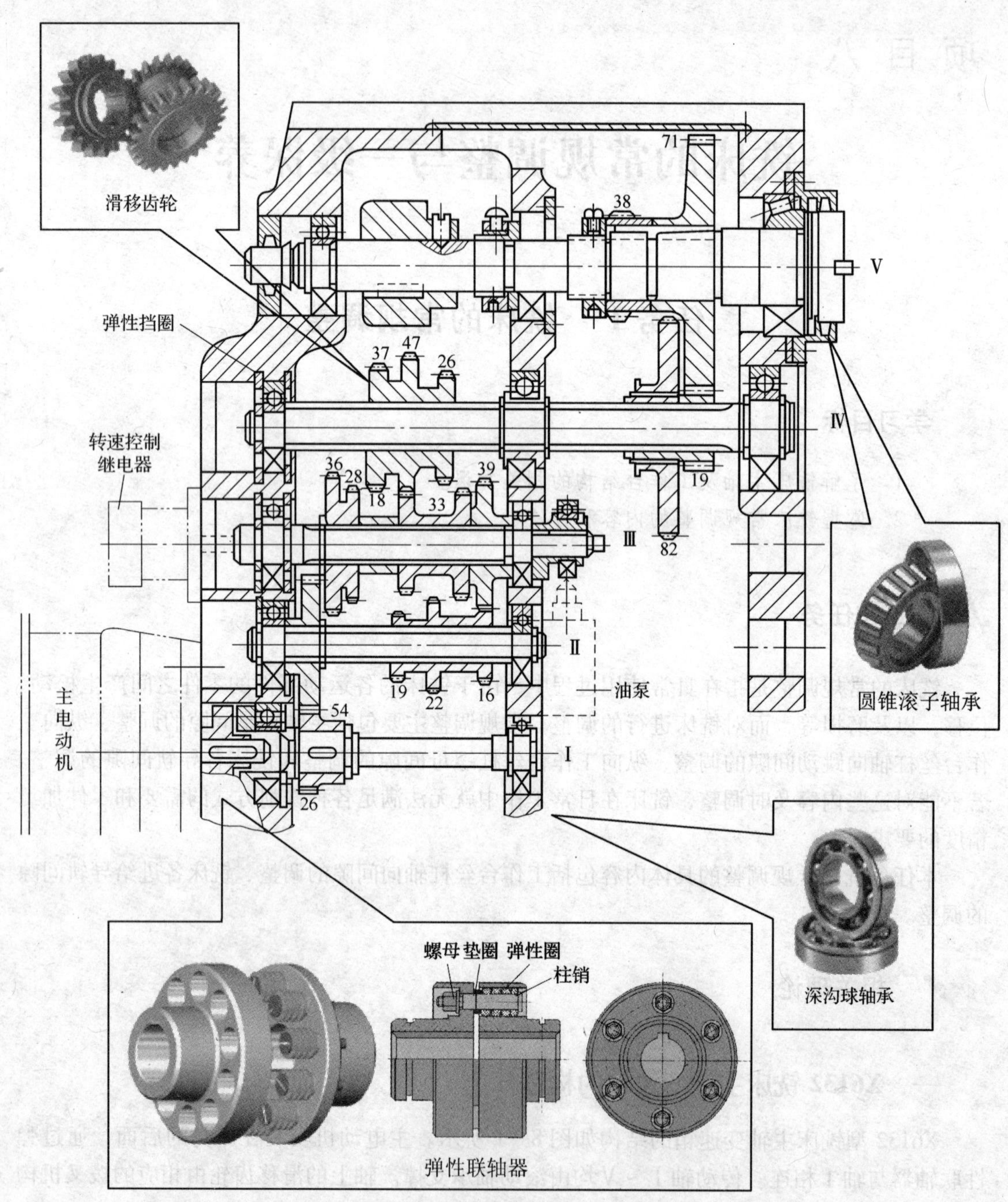

图 8—1　X6132 型铣床主轴变速箱的结构图

主轴后部，在中后轴承间装有飞轮，用以在铣削过程中储存和释放能量，减少振动，使主轴回转均匀和铣削平稳，尤其是在用齿数较少的铣刀进行铣削时，飞轮的作用更为突出。有的厂家在制造 X6132 型铣床时，利用增加 $z = 71$ 的大齿轮（靠近主轴前端）的质量来替代飞轮的作用，而不再另装飞轮。

2. 中间传动轴

中间传动轴即变速箱中的轴Ⅱ、轴Ⅲ、轴Ⅳ，都是花键轴。在轴Ⅱ上装有可沿轴向滑移的三联齿轮。轴Ⅲ上的各齿轮之间用套圈隔开，齿轮不能轴向滑移。轴Ⅲ的左端，装有用于制动主轴的转速控制继电器；轴Ⅲ的右端，装有带动润滑油泵的偏心轮。轴Ⅳ上装有可滑移的三联齿轮和双联齿轮。轴Ⅱ轴Ⅲ各用两个深沟球轴承支撑；轴Ⅳ由于较长，为了加强轴的刚度和抗振性，采用了三个深沟球轴承支撑。

各中间传动轴上一端（图 8—1 中的左端）的深沟球轴承，其外圈都采用弹性挡圈固定在床身上，其内圈用弹性挡圈固定在轴上，即轴的一端相对床身不能作轴向移动。另一端的深沟球轴承，其外圈在床身的孔内不作轴向固定，只在轴端用弹性挡圈将轴承内圈固定，这样可使传动轴在发热和冷却时有沿轴向伸缩的余地，此外，也便于制造和装配。

3. 弹性联轴器

主电动机轴与轴Ⅰ之间用弹性联轴器连接。弹性联轴器的结构如图 8—1 所示。它由两个半联轴器组成，两半联轴器分别安装在主电动机轴和轴Ⅰ上，两半联轴器之间用带有弹性圈（有弹性的橡胶圈或皮革圈）的柱销、垫圈和螺母连接并传递动力。利用弹性套的弹性补偿两轴之间的少量相对位移（偏移和倾斜），并缓和冲击、吸收振动。联轴器上的弹性套由于经常受到启动和停止的冲击而容易磨损，当磨损严重时应予以更换。

4. 主轴制动装置

X6132 型卧式铣床的主轴采用转速控制继电器实现制动，继电器装在轴Ⅲ的左端（见图 8—1）。其作用是，当按下主轴“停止”按钮时，能使主轴迅速停止回转。

5. 主轴变速箱的润滑装置

润滑油泵装在轴Ⅲ右端下方（见图 8—1），由轴Ⅲ右端的偏心轮带动。润滑油从油泵输出后，由分油器把油分送到各油管。一方面由油管把油送到主轴的三个轴承和油指示器（油标）；另一方面喷淋到各传动齿轮上，并靠齿轮溅入到其他各个轴承，对齿轮和轴承等机构和零件进行润滑。

二、X5032 铣床立铣头的结构

立铣头安装在床身上部弯颈的前面，两者之间利用一个直径为 360 mm 的凸缘定位。立铣头相对于床身可向左右回转任意角度，但一般只在 45°的范围内回转，故只刻 ±45°的刻线。当铣头转到所需要的位置后，可利用四个 T 形螺钉固定。为了保证主轴准确地垂直于主作台面，当立铣头处于中间零位时，有一个锥形销作精确定位。

X5032 型铣床立铣头的结构如图 8—2 所示。立铣头内，运动自轴Ⅴ传至轴Ⅵ，轴Ⅵ安装在立铣头上，由于锥齿轮在传动时有轴向推力，所以在轴Ⅵ的下端用一对角接触球轴承支撑。轴Ⅵ的上端装有圆柱齿轮 z_3带动主轴上的齿轮 z_4。在 z_3的外面装有深沟球轴承。齿轮 z_3与轴Ⅵ之间用过渡配合和双键结合，以保证装配精度和传递动力。齿轮 z_4用两个深沟球轴承通过轴套安装在立铣头内，它不能作轴向移动。齿轮 z_4与轴套之间用键连接，轴套与主轴之间用花键连接，主轴可在轴套内作轴向滑动。主轴的下半部分安装在主轴套筒内，可随主轴套筒作轴向移动，移动距离是 70 mm，以便调节铣削深度。

主轴套筒的上下移动，是摇动手柄，通过一对锥齿轮 z_5和 z_6带动丝杠旋转，丝杠旋转后使螺孔的支架连同主轴套筒一起作上下移动。主轴套筒移动结束后，应予以夹紧，使之固定在立铣头内，以减小振动。夹紧时，将夹紧手柄顺时针转动。由于两块滑块 1 和 2 的螺纹方向相同而螺距不同，利用其移动量的差值，使两滑块间的距离缩小，从而把主轴套筒夹紧。

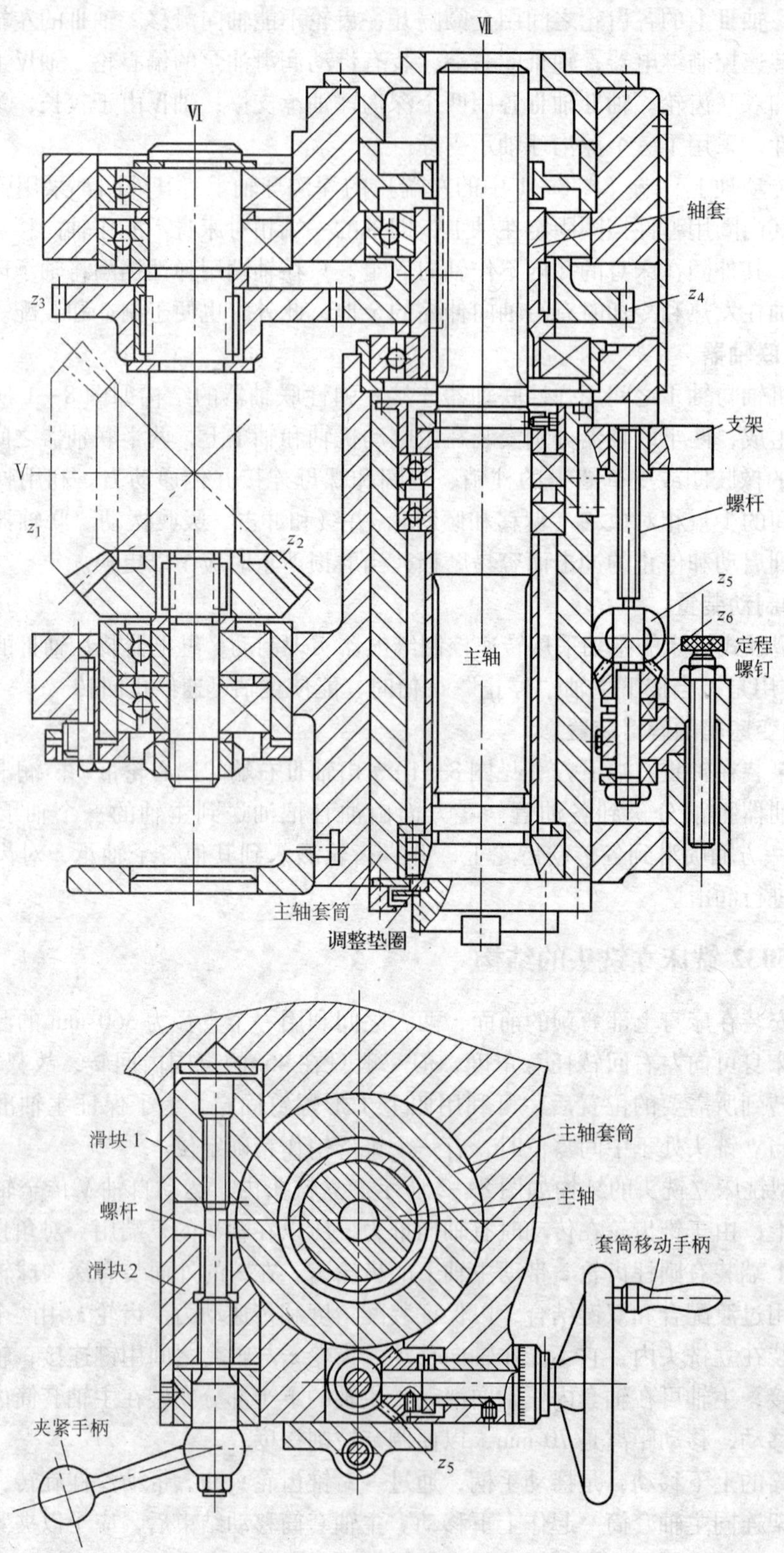

图 8—2　X5032 型铣床立铣头结构简图

三、X6132 铣床工作台的结构

X6132 型卧式铣床工作台的结构如图 8—3 所示。运动由两锥齿轮副传至纵向进给丝杠时，由于丝杠上的锥齿轮与丝杠没有直接联系，必须通过离合器内的滑键带动丝杠转动。螺母的作用是当固定在工作台底座上的丝杠转动时带动工作台一起作纵向进给。工作台在工作台底座的燕尾槽内作直线运动，燕尾导轨的间隙由镶条（塞铁）调整。转盘鞍座由横向进给丝杠带动作横向进给。工作台可随工作台底座绕鞍座上的环形 T 形槽作 ±45°范围内的偏转调整，调整后可用 4 个螺钉和穿在鞍座环形 T 形槽内的销子将工作台底座固定。纵向丝杠两端由深沟球轴承支撑，同时两端均装有推力球轴承，以承受由铣削力等产生的轴向推力。丝杠左端的空套手轮，用于工作台的手动移动，将手轮向右推，使其与离合器嵌合，手轮带动丝杠旋转而使工作台纵向移动。松开手轮时，由于内置弹簧的作用把离合器脱开，避免在机动进给时手轮被带动一起旋转。纵向丝杠右端有带键的轴头，用来安装配换齿轮，以连接分度头等附件。

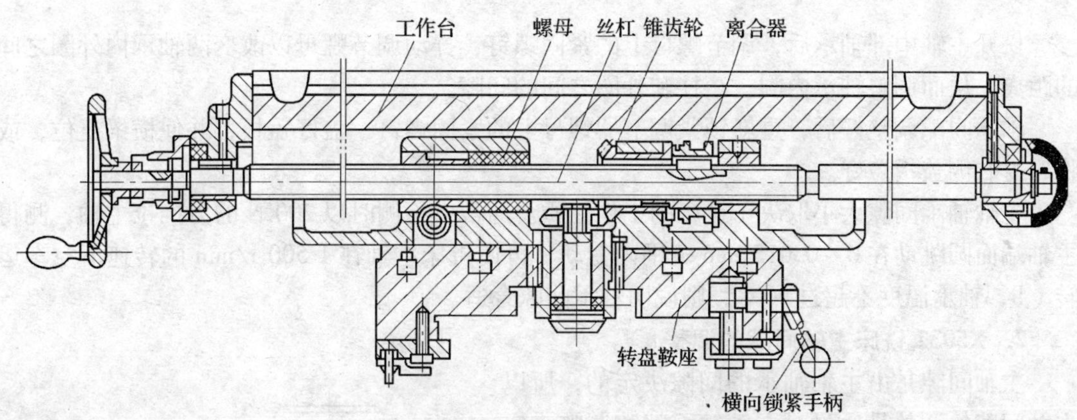

图 8—3　X6132 型卧式铣床工作台的结构

当要求工作台纵向固定时，可旋紧紧固螺钉，通过轴销把塞铁压紧在工作台的燕尾导轨面上，即可紧固工作台。扳紧手柄，可紧固鞍座，使工作台横向固定。

任务实施

一、铣床主轴间隙的调整

如果铣床的主轴轴承间隙调整不当，则铣床主轴在运转时就会出现径向圆跳动和端面圆跳动超差，导致铣削时出现振动、拖刀、让刀等现象，严重时甚至出现烧坏轴承、卡死主轴的故障，故在工作中发现主轴温升过高、转动声音不正常或跳动过大时，应及时进行调整。

1. X6132 型卧式铣床主轴间隙调整（见图 8—4）

X6132 型卧式铣床主轴间隙调整方法和步骤如下：

旋松横梁的紧固螺栓，将横梁移至床身后部，拆下横梁下的盖板或直接拆下床身右侧的盖板。

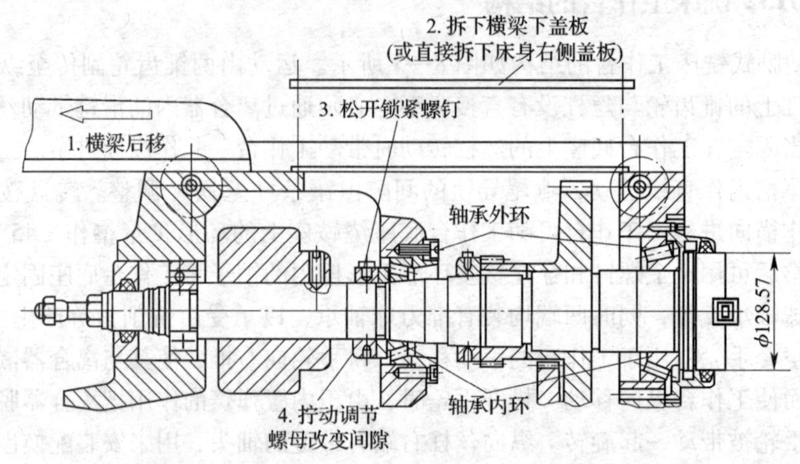

图 8—4　X6132 型卧式铣床主轴间隙的调整

松开主轴中部轴承后，调节螺母上的紧固螺钉，拧动调节螺母以改变两轴承内外圈之间的距离，从而调整轴承内圈、滚柱和外圈之间的间隙。

轴承间隙调整好后，重新锁紧调节器螺母上的紧固螺钉、盖好盖板，并使横梁复位，或将床身右侧盖板盖好。

主轴轴承间隙大小取决于铣床的工作性质。通常，检测时以 200 N 的力推拉主轴，测得主轴端面圆跳动在 0 ~ 0. 015 mm 范围内变动，再使机床主轴在 1 500 r/min 的转速下空车运转 1 h，轴承温度不超过 60℃，则说明轴承间隙合适。

2. X5032 铣床主轴间隙的调整

主轴间隙是由主轴轴承的间隙决定的，所以主轴间隙的调整是通过对主轴轴承间隙调整来实现的。X5032 型立式铣床主轴轴承间隙的调整，可分为径向间隙的调整和轴向间隙的调整。其径向间隙的调整较简单，轴向间隙的调整必须拆卸主轴，须由多人配合完成。

X5032 型立式铣床主轴结构如图 8—5 所示，轴承径向间隙的调整方法如下：

（1）拆下铣头侧面的专用调整孔盖板，松开主轴上的锁紧螺钉，拧松调整螺母。拆下主轴头部下面的端盖，取下由两个半圆环构成的垫片。

（2）根据需要消除间隙的多少，配磨垫片，由于轴颈与轴承内孔的锥度为 1∶12，即每消除 0. 01 mm的径向间隙，需将垫片厚度磨去 0. 12 mm。

（3）将磨后的垫片重新装回主轴，然后用较大的扭矩拧紧调整螺母，使轴承内圈胀开，直到把垫片压紧为止。

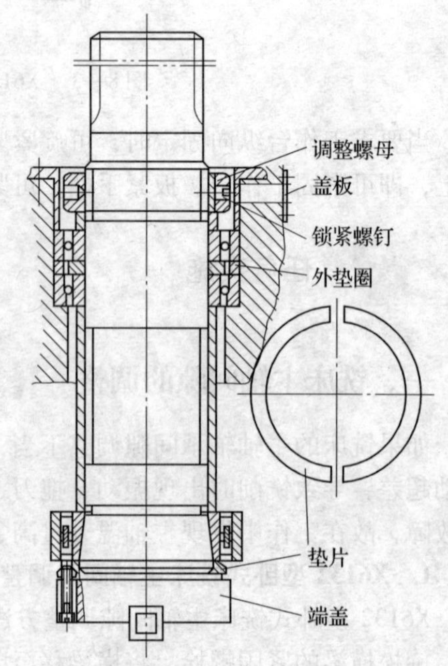

图 8—5　X5032 型立式铣床主轴间隙的调整

（4）把锁紧螺钉拧紧，以防调整螺母松动，然后装上端盖和专用调整孔盖板。

主轴的轴向间隙是靠调整两个角接触球轴承间的垫圈尺寸来调节的。在两轴承内圈的距离不变时，只要减薄外垫圈，就能减小主轴的轴承间隙。轴承间隙大小的测定方法，与X6132型卧式铣床相同。

二、工作台纵向传动丝杠轴向间隙的调整

1. 工作台丝杠与螺母之间间隙的调整（见图8—6和表8—1）

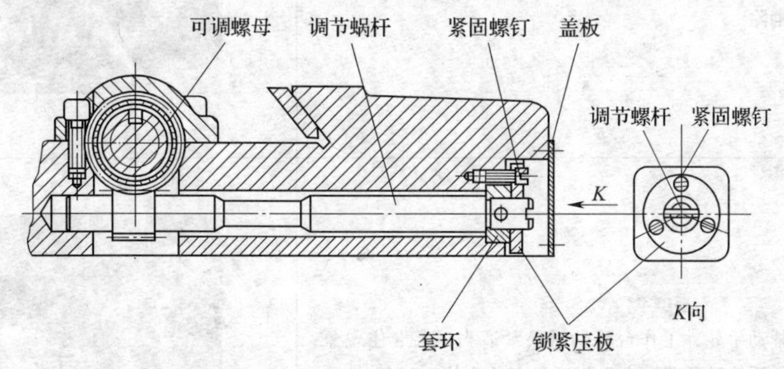

图8—6 工作台丝杠与螺母调整机构

表8—1 工作台丝杠与螺母之间间隙的调整

步骤	内容	图示
步骤1	卸下工作台鞍座前面的盖板	
步骤2	松开锁紧压板上的三个紧固螺钉，但无须取下或过松	

续表

步骤	内容	图示
步骤 3	顺时针转动调节蜗杆，带动外圆为蜗轮的可调螺母旋转，使可调螺母和主螺母的牙侧分别与丝杠齿牙的两个不同侧面靠紧，此时，丝杠与螺母之间的间隙即可消除	
步骤 4	摇动手轮，工作台移动时松紧适当，无卡住现象；反摇手轮时空转量小于刻度盘上的 3 格（0.15 mm），顺铣时空转量小于 2 格（0.10 mm）	
步骤 5	间隙调整好后，拧紧锁紧压板上的三个紧固螺钉，使锁紧压板压紧由销钉与调节蜗杆连为一体的套环，固定调整好的位置，最后装好盖板	

2. 工作台纵向传动丝杠与端面轴承之间间隙的调整（见图 8—7 和表 8—2）

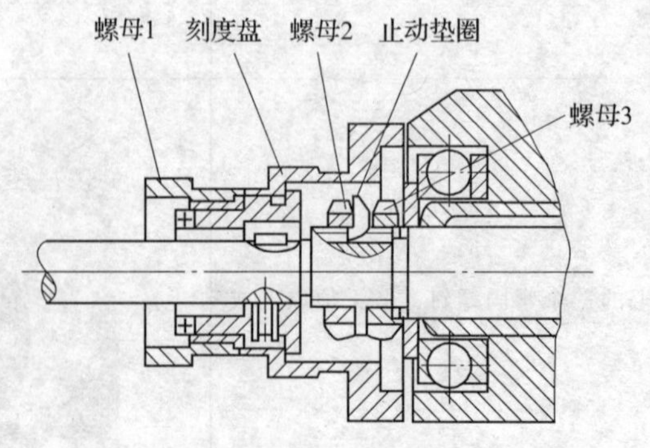

图 8—7　纵向丝杠左端轴承支撑的结构

表 8—2　　工作台纵向传动丝杠与端面轴承之间间隙的调整

步骤	内容	图示
步骤 1	卸下手轮，然后卸下螺母 1 和刻度盘，扳直止动垫圈的卡爪，用 C 形扳手松开螺母 2	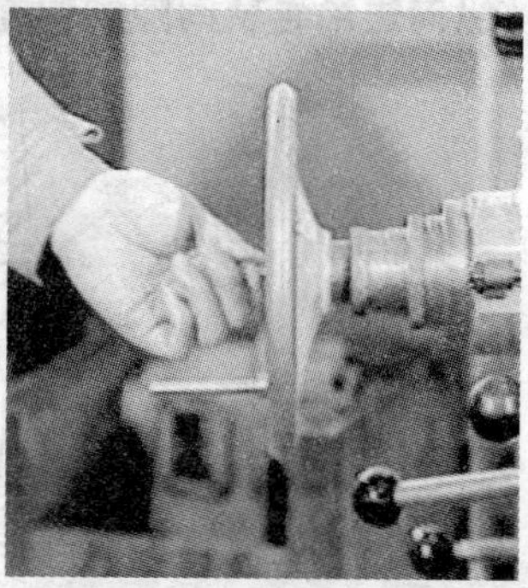
步骤 2	转动螺母 3 调节丝杠轴向间隙（即调节推力球轴承与支架间的间隙），一般轴向间隙量以 0.01～0.02 mm 为宜	
步骤 3	拧紧螺母 2，并反向旋转螺母 3，使两螺母压紧，套上手轮，摇动检验其间隙是否合适	
步骤 4	调整合适后，压下扣紧止动垫圈上的卡爪，再装上刻度盘和螺母 1，最后装好手轮	

三、铣床各进给导轨间隙的调整

1. 纵向进给导轨间隙的调整（见图 8—8 和表 8—3）

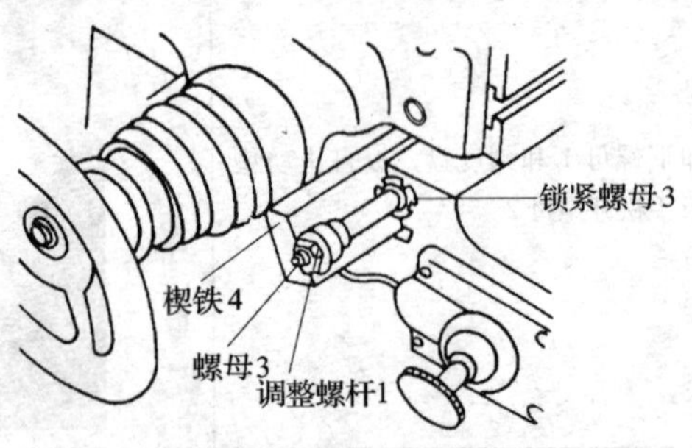

图 8—8 纵向进给导轨间隙的调整

表 8—3 纵向进给导轨间隙的调整

步骤	内容	图示
步骤 1	松开螺母 2 和锁紧螺母 3	 
步骤 2	拧动调整螺杆 1 就能带动楔铁 4 推进或拉出，达到间隙减小或增大的目的，间隙的大小以进给手轮用 147 N 力能摇动为宜	

2. 横向和升降导轨间隙的调整（见图 8—9 和图 8—10）

直接旋动调整螺杆就可带动镶条进退来调整横向和升降导轨间隙的大小。

间隙大小仍用转动手轮的方法测试，横向以 147 N 力能摇动为宜，升降（上升）以 196 ~ 235 N（20 ~ 24 kg）力能摇动为宜。

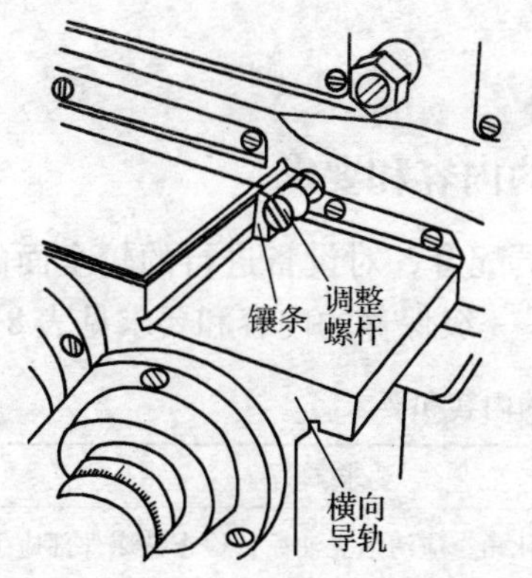

图 8—9　横向导轨镶条的调整

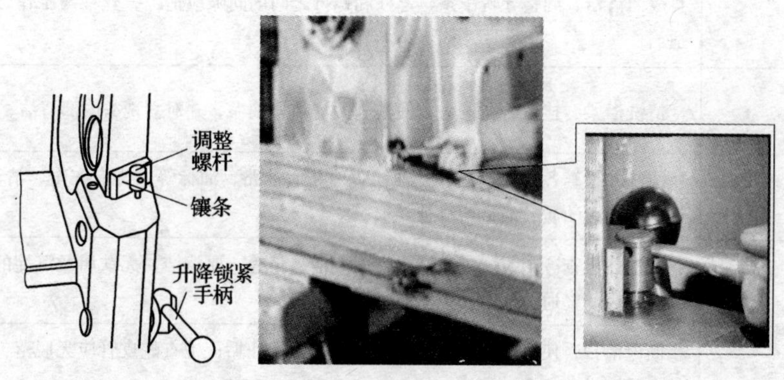

图 8—10　升降导轨镶条的调整

任务 2　铣床的一级保养

学习目标

1. 了解铣床一级保养的内容。
2. 熟悉和掌握铣床一级保养的步骤方法。

工作任务

为了保证工件的加工质量和提高生产效率，操作者除了需要熟练操作铣床外，还必须能对铣床进行合理的维护和保养，以保证铣床的精度，延长铣床的使用寿命。

铣床一般运转 500 h 左右应进行一次一级保养。本任务就是以铣床操作者为主，在铣床维修工配合下对铣床进行一次较全面的保养。

相关理论

铣床一级保养的内容和要求

一级保养是指以机床操作者为主，维修人员配合，对设备进行的较全面的维护和保养。铣床一般运转 500 h 左右应进行一次一级保养。一级保养的内容和要求见表 8—4。

表 8—4　　铣床一级保养的内容和要求

保养内容	要求
机床外观	擦洗铣床的各表面、防护罩及死角，应清洁无油垢；检查铣床外部应无缺件，如手柄胶木球、紧固螺钉等，缺损应及时修配
进给系统	清洗工作台纵横向丝杠和升降台丝杠、螺母，保证工作台各润滑表面无毛刺、无划伤，且表面清洁。调整导轨镶条、丝杠和螺母之间的间隙应适当，丝杠与工作台两端轴承间隙适当
专用附件	清洗横梁、挂架、立铣头，使其表面清洁无油垢，并对立铣头内部清洁、更换润滑脂
润滑系统	清洗并检查各油孔、油杯、油线、油毡、油路、油标等，均应齐全、清洁，油路畅通，油标醒目，油质、油量均符合要求
冷却系统	清洗并检查冷却泵、过滤网、切削液槽、箱等，要清洁，无铁屑及沉淀的杂物，冷却管路应牢固、畅通、清洁、无泄漏
电气系统	断电清扫，使电动机、电气箱内外无积尘、油垢；检查蛇皮管应无脱落，接地牢固、可靠，照明设备齐全、清洁
其他	清洗虎钳、分度头等附件，并进行润滑、涂防锈油；清洁整理工具箱内外及机床周围环境，做到合理、整洁、有序

任务实施

对铣床进行较全面的一级保养

1. 操作准备：准备好拆装工具（内六角扳手、C 字形扳手、一字和十字旋具等）、清洗剂、润滑油料、清洗盆、放置机件的盘子和必要的备件等，如图 8—11 所示。

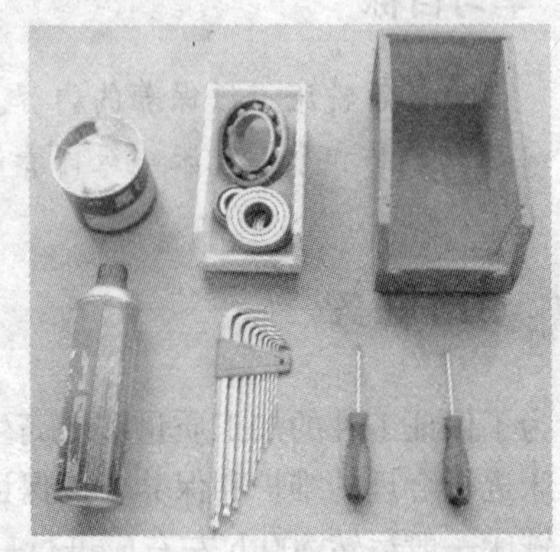

图 8—11　一级保养用具

2. 保养前要切断铣床外接电源，以防触电或造成人身及设备事故，如图 8—12 所示。

3. 用棉纱或软布擦洗床身各部，包括横梁、挂架、各个导轨、主轴锥孔、主轴端面、拨块、后尾等，并修光毛刺，如图 8—13 所示。

图 8—12 切断铣床外接电源

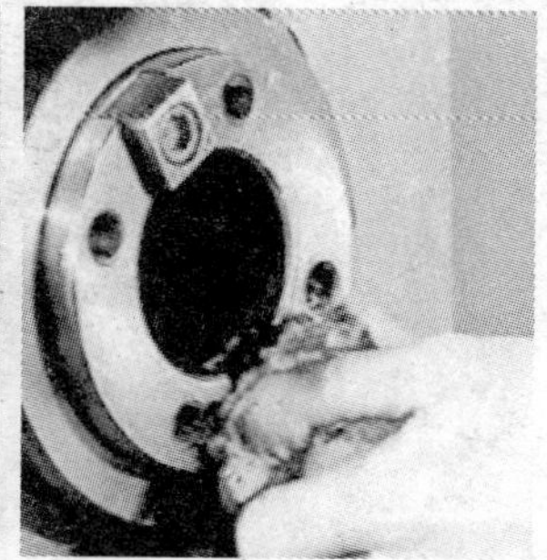

图 8—13 擦洗床身各部

4．拆卸工作台部分

（1）卸去工作台前面 T 形槽中的左撞块，并将工作台向右摇至极限位置，如图 8—14 所示。

a)

b)

图 8—14 卸去左撞块

（2）先将工作台左端手轮拆下，然后将紧固螺母、刻度盘拆下，再将离合器拆下，如图 8—15 所示。

a)

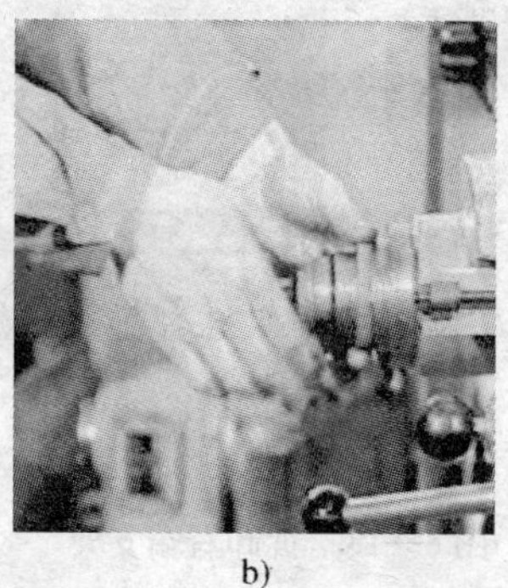

b)

c)

图 8—15 拆左端手轮及组件

（3）拆下止退垫圈和推力球轴承组件，卸下左端轴承支架，如图 8—16 所示。

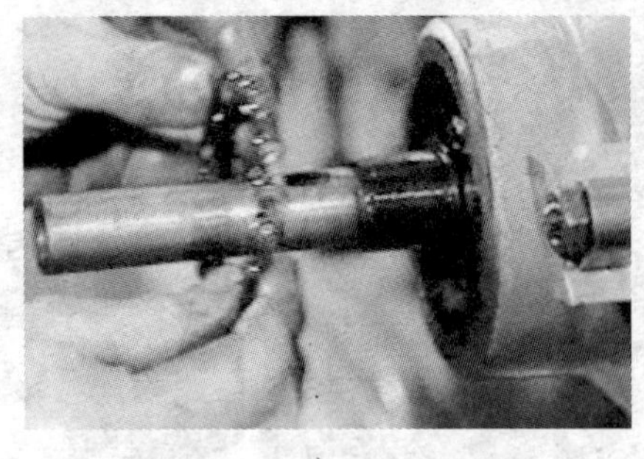
a)

b)

图 8—16　拆左端轴承组件及左端轴承支架

（4）拆卸纵向导轨镶条，再拆下右端端盖，如图 8—17 所示。

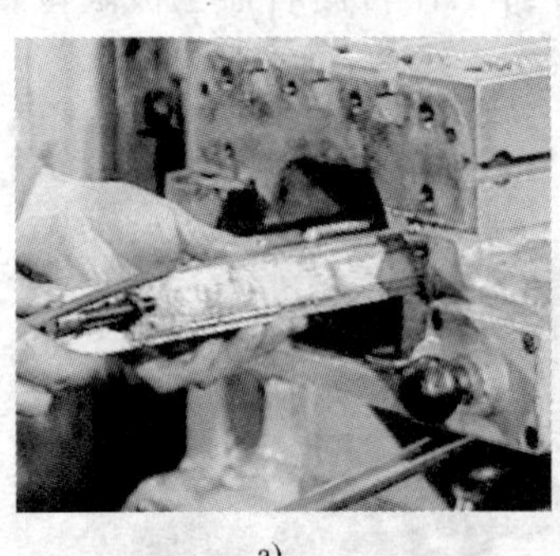
a)

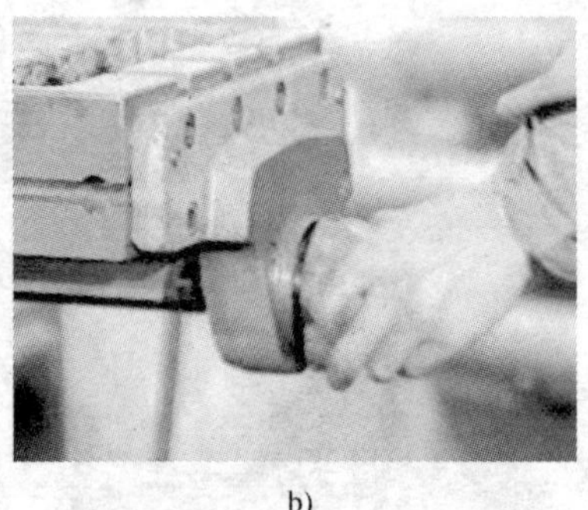
b)

图 8—17　拆左端导轨镶条及右端盖

（5）拆下螺钉，最后拆去支架上的紧固螺钉和定位销，卸下右端支架，如图 8—18 所示。

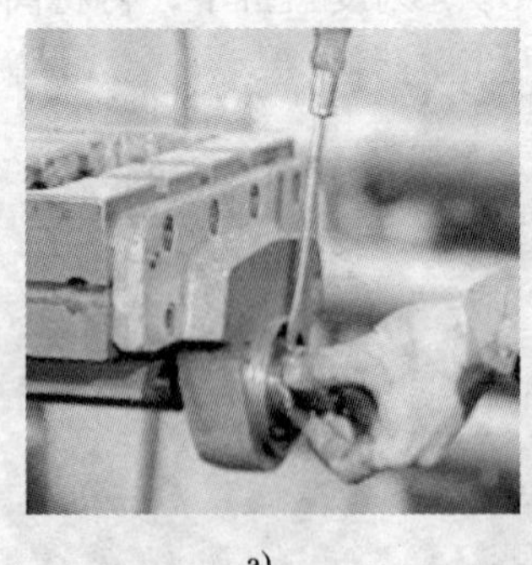
a)

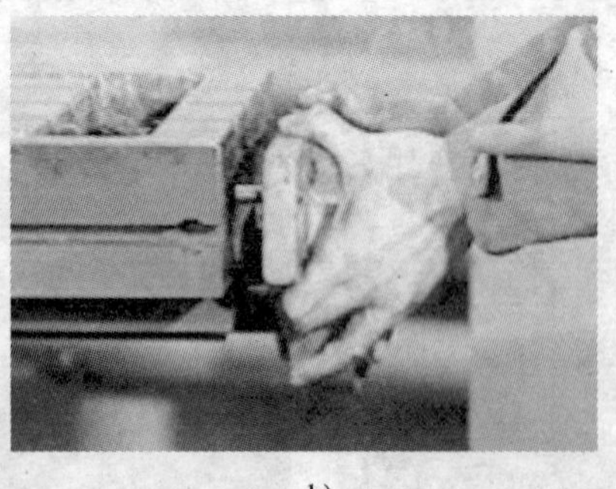
b)

图 8—18　拆卸右端支架

（6）拆卸下右撞块，转动丝杠至最右端，取下丝杠。注意：取下丝杠时应将丝杠的键槽向上，以防卡在离合器中的平键脱落，取下的丝杠应垂直悬挂，以免放置不当而造成变形、弯曲，如图 8—19 所示。

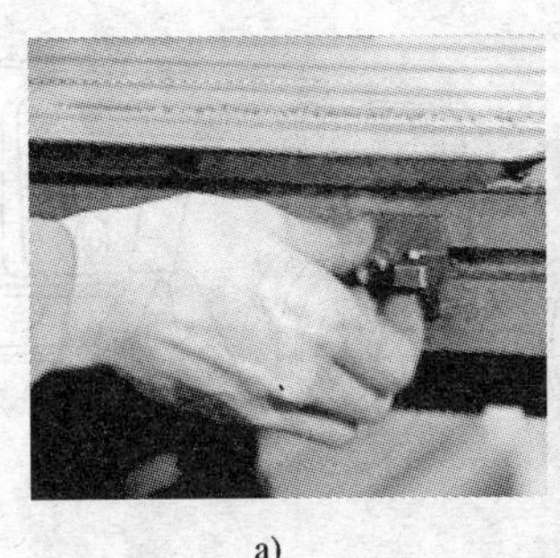
a)

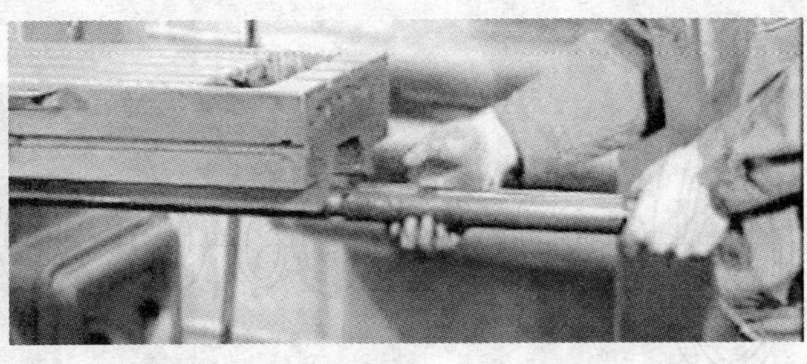
b)

图 8—19　拆卸下右撞块及丝杠

（7）将工作台推至左端，调整升降台，并利用滚杠、垫木将工作台小心取下，置于事先设置的专用架板上，如图 8—20 所示。

图 8—20　取下工作台

5．清洗卸下的各个零件，并修光毛刺，如图 8—21 所示。

6．清洗工作台鞍座内部零件、油槽、油路、油管，并检查手拉油泵、油管等是否畅通，如图 8—22 所示。

图 8—21　清洗卸下的零件

图 8—22　检查、清洗内部零件及油路

7．检查工作台各部无误后，按与拆卸时相反的步骤进行安装。工作台两端零件的组装顺序如图 8—23 和 8—24 所示。

8．调整镶条与导轨、推力球轴承与丝杠之间的间隙以及丝杠与螺母之间的间隙，使其运转正常。

9．拆卸工作台鞍座上的油毡、横向导轨上的镶条、丝杠，并修光毛刺后涂油复位安装。调整镶条松紧使工作台横向移动时松紧适当、灵活正常。

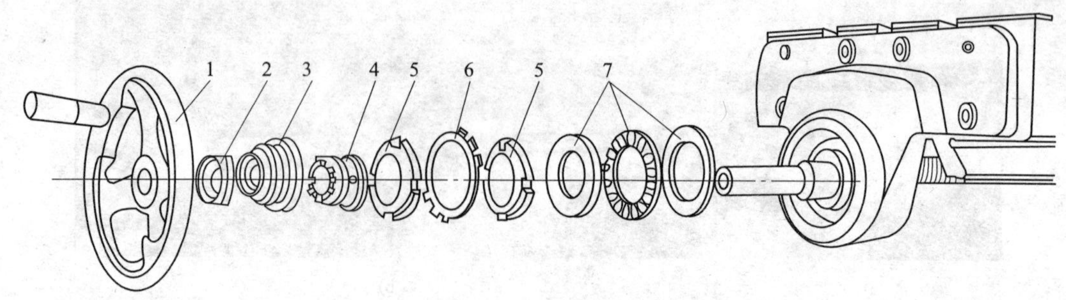

图 8—23　工作台左端组装顺序示意图

1—手轮　2—紧固螺母　3—刻度盘　4—离合器

5—螺母　6—止退垫圈　7—推力球轴承组件

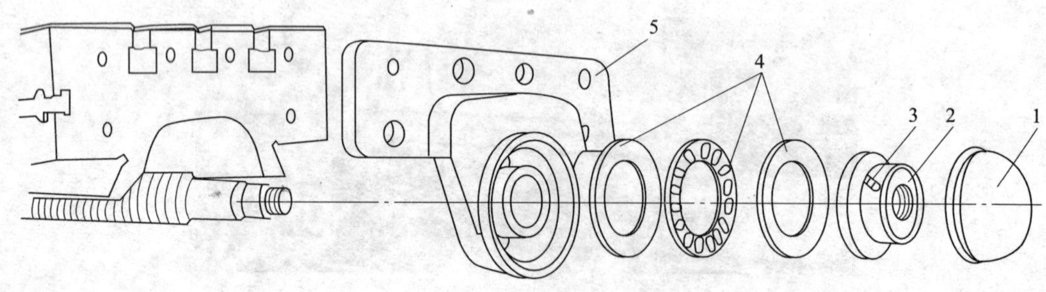

图 8—24　工作台右端组装顺序示意图

1—端盖　2—螺母　3—顶丝　4—推力轴承组件　5—右端轴承支架

10. 上下移动升降台，清洗升降丝杠、垂直导轨和镶条，修光毛刺并涂油调整，使其移动正常，如图 8—25 所示。

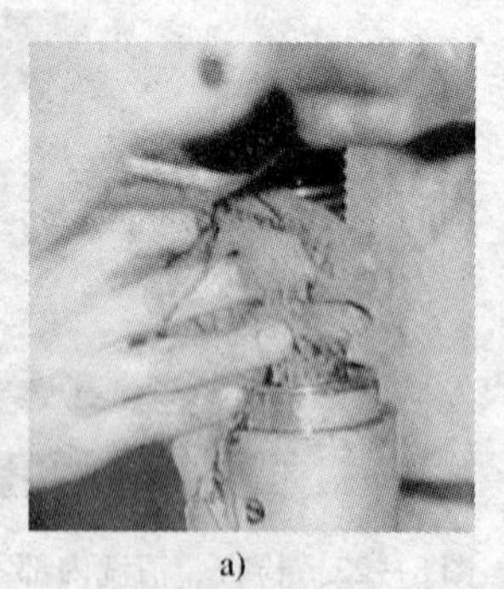

a)

b)

图 8—25　擦拭升降丝杠

11. 拆下床身后电动机防护罩，擦拭电动机，清洗冷却油泵过滤网，清扫电气箱、蛇皮管，并检查是否安全可靠，如图 8—26 所示。

12. 擦洗附件及整机外观，检查各传动部分、润滑系统、冷却系统正常后，先手动后机动试车，使机床正常运转，如图 8—27 所示。

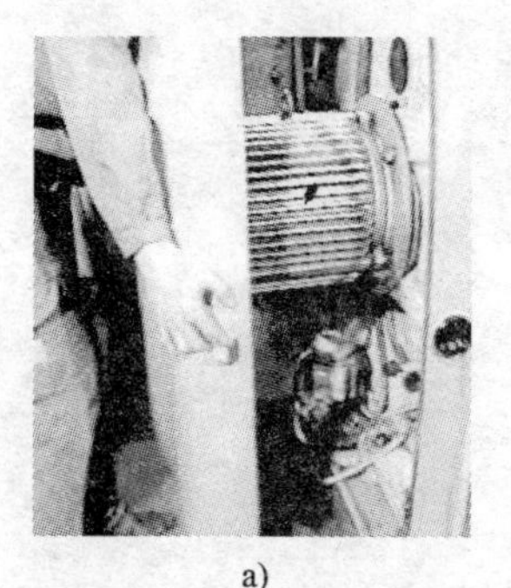

a)

b)

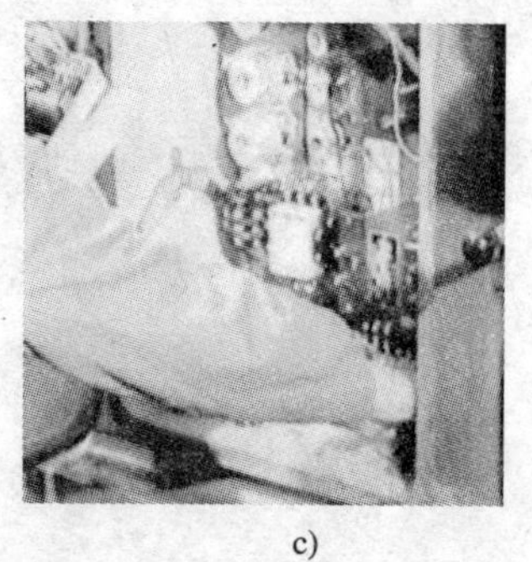

c)

图 8—26　擦拭电动机及清扫电气箱

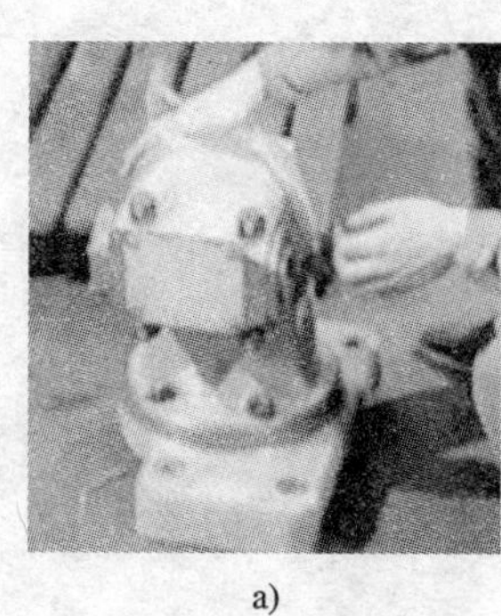

a)

b)

图 8—27　擦洗附件及整机外观

操作提示

1. 做一级保养时，要分组操作，组员之间应注意协调配合，分工协作，统一听从指挥。千万不要因配合不一致，而造成人身及设备的伤害事故。

2. 在拆卸零件需要敲击、振动时，不得用铁锤敲击或用旋具硬撬，应用木锤、橡胶锤或铜锤敲打，以防损伤机床、使配合表面撬伤或产生毛刺。

3. 在调整工作台丝杠与螺母之间的间隙时，若机床服役期较长，往往丝杠中部较两端磨损严重。应注意在调整间隙时以两端为准，否则间隙过小，工作台无法全程顺畅移动。